国家自然科学基金(42374040、42364002)
江西省高等学校教学改革研究省级课题重点项目(JXJG-24-7-4)

GNSS基准站坐标时间序列分析与应用

Analysis and Application of GNSS Reference Station Coordinate Time Series

鲁铁定　孙喜文　贺小星　陈晓勇　著

图书在版编目(CIP)数据

GNSS 基准站坐标时间序列分析与应用/鲁铁定等著.—武汉:中国地质大学出版社,2025.1. —ISBN 978-7-5625-6142-2

Ⅰ.P228.4

中国国家版本馆 CIP 数据核字第 2025AF7977 号

GNSS 基准站坐标时间序列分析与应用 鲁铁定 孙喜文 贺小星 陈晓勇 著

责任编辑:舒立霞 选题策划:舒立霞 责任校对:何澍语

出版发行:中国地质大学出版社(武汉市洪山区鲁磨路 388 号) 邮编:430074
电 话:(027)67883511 传 真:(027)67883580 E-mail:cbb@cug.edu.cn
经 销:全国新华书店 http://cugp.cug.edu.cn

开本:787 毫米×1092mm 1/16 字数:381 千字 印张:14.875
版次:2025 年 1 月第 1 版 印次:2025 年 1 月第 1 次印刷
印刷:广东虎彩云印刷有限公司

ISBN 978-7-5625-6142-2 定价:86.00 元

前　言

全球建立的GNSS基准站网为高精度定位与地球动力学研究提供了高分辨率观测基准。基准站网通过长期连续观测使得监测地壳垂直运动，尤其是垂向季节性运动（包括周年和半年项）成为可能，实现了全球地壳运动自动化监测。然而，GNSS时间序列中不仅包含着构造信号，也包含着非构造信号、季节性周期信号等噪声，这些信号的混合使得时间序列的分析和应用变得复杂。特别是共模误差，作为一种空间相关的误差源，其在大范围基准站网中表现出较强的一致性，对GNSS坐标时间序列的精度和可靠性产生了显著影响。因此，如何有效地提取和剔除共模误差，成为GNSS数据处理中的关键问题。随着对GNSS非线性变化研究的不断深入，研究表明环境负荷对地表垂直位移的影响较大，因此在高精度GNSS数据处理及应用中须加以修正。

基于此，本书系统介绍了GNSS基准站坐标序列分析基本理论与方法，采用GAMIT、GIPSY、BERNESE等数据处理软件对GNSS基准站坐标时序进行解算，探讨了不同解算策略及软件对GNSS坐标时间序列的影响分析，详细介绍了GNSS基准站坐标序列预处理方法。针对GNSS基准站坐标序列非线性变化分离与降噪，采用不同模型NCEP/NCAR、GLDAS/NASA、ECMWF等分析大气、地表水、非潮汐海洋、积雪等负载对GNSS站点位移的影响，提出了广义共模误差方法对GNSS基准站坐标序列共模误差进行分离，并对GNSS基准站坐标序列进行降噪分析。为进一步研究GNSS坐标时间序列最佳噪声模型，本书详细分析了观测墩类型、时间跨度、幕式震颤与慢滑移及非线性信号对基准站坐标序列噪声模型构建的影响。

本书由东华理工大学鲁铁定教授负责全书的组织与统稿，东华理工大学孙喜文、江西理工大学贺小星与东华理工大学陈晓勇负责全书的数据处理和实验分析工作。东华理工大学在读博士生罗正东与陈倩茹，硕士生钱文龙、黄佳伟、陶蕊、徐华卿、许家琪、李威、汪鑫、陈红康、李祯、何锦亮、杨厚明、陈驭龙、毛铭卿等负责全书的资料收集、文字图表检核等工作。

在本书的编写过程中，参阅了大量文献，引用了同类书刊中的部分资料，在此，向相关作者表示衷心的感谢！书中如有不妥之处，恳请广大读者予以批评指正。

著　者

2024年6月

目　录

第 1 章　引　言

GNSS 基准站运动包括线性运动、非线性运动、异常值如粗差和阶跃等(Bock and Gourevitch,1986;Bock et al. ,1997)。线性变化主要反映了测站受同一区域构造应力场控制下的继承性构造运动,而非线性变化主要反映了测站受非潮汐海洋负载、大气负载、冰期后回弹以及水文负载等地球物理效应的作用(田云锋,2011;田云锋和沈正康,2011;贺小星,2013)。已有的研究表明,基准站呈现显著的非线性运动特征,尤其是垂直方向具有明显的时间性(季节性)变化(姜卫平等,2015)。非线性时变信号的存在显著降低了基准站速度场的精度与可靠性(姜卫平等,2015;Kouba,2009)。

目前全球范围内覆盖了约 525 个永久性、连续运行的 International GNSS Service(IGS)跟踪站(见 https://network. igs. org/),站点分布如图 1.1 所示。

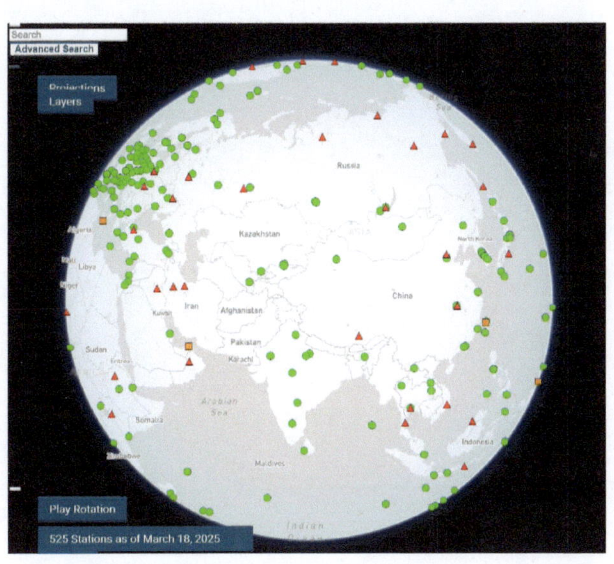

图 1.1　全球 IGS 站分布图

(引自 https://network. igs. org/)

基于 GNSS 基准站坐标时间序列,可以确定基准站的速度场及其不确定度,进而可以用于坐标参考框架建立、地壳构造或块体运动、构造物变形、滑坡移动、地面沉降、海平面变化等研究,为大地测量学及地球动力学研究提供了宝贵的基础数据。随着地球科学和工程建设的发展,面对国家重大战略需求等对 GNSS 基准站速度场及其不确定度的准确性提出了越来越高的要求。例如,全球及区域地壳运动时空变化规律(构造变形的三维精细特征)、现代大地测量基准的建立和维持等，对基准站速度参数精度要求达 0.1mm/a。然而，时变（包括地球物理效应和 GNSS 技术类误差导致的基准站位置变化）、噪声模型、地震等因素仍然是影响确定基准站的速度场及其不确定度准确性的主要原因。

基于此，本专著瞄准北斗应用和高精度卫星导航定位发展需求，结合毫米级地球参考框架的建立和维持、地壳运动时空变化规律、自然灾害监测预警与防范的国家重大战略需求，以 GNSS 基准站坐标时间序列为研究对象：首先，从基准站坐标的精确获取、时间序列模型构建、时间序列信号分析等方面描述了 GNSS 坐标时间序列分析的理论与处理方法；其次，探讨了坐标时间序列噪声模型构建技术，讨论了顾及时变影响的坐标时间序列精密建模、顾及噪声的基准站速度场准确估计方法、幕式震颤与慢滑移对基准站速度的影响等，系统地对基准站坐标时间序列非线性变化精密建模、噪声模型最优估计及影响机制技术难题进行了阐述与分析，有助于确定准确的基准站速度场及其不确定度，无论对大地测量数据分析还是对地球动力学等工程与科学问题都可以提供可靠的技术支持，具有重要的理论意义和应用价值；再次，梳理了坐标时间序列中非线性变化成因机制的研究进展；最后，总结了基于 GNSS 坐标时间序列的应用领域，对 GNSS 时间序列相关数据分析软件进行了系统的介绍，并展望了其未来的发展方向。

第 2 章　GNSS 基准站坐标序列分析基本理论与方法

2.1　时间序列概述

近几十年来，随着 GPS 台站网络的相继建立，全球遍布 2000 多个 GPS 连续运行观测站，形成了一个巨大的 GPS 台站网，极大地提高了 GPS 定位的精度与可靠性。与其他空间大地测量（SLR、VLBI 和 DORIS 等）技术相比，GPS 观测技术具有观测方便、成本低、测量精度高且能同时获取三维坐标与速度等优点，GPS 台站目前已经积累了近几十年的观测数据，形成了时间相对长的时间序列，为人们进一步研究 GPS 误差提供了大量的数据资料。GPS 时间序列成为当前大地测量领域的研究热点之一。

本章主要介绍时间序列的基础理论与分析方法，为后续的 GPS 时间序列分析提供理论基础。

2.1.1　时间序列的基本概念

时间序列简称时序或序列，是指某一系统在不同时刻的数值组成的数列，通常是由按时间先后顺序排列的一连串观测数据（信号）组成的数列，按规定的时间间隔采样，因为采样时的条件不可能完全一样，所以往往会表现出随机性，时间序列的未来取值呈现出不可预测性，同时期的前后观测值之间也存在一定的相关性。

时间序列的定义：对系统的某一个过程或若干变量 $x(t)$ 进行观测，在不同的时刻 $t_1, t_2, \cdots, t_n$（n 为自变量，其中 $t_1 < t_2 < t_n$），得到的离散的具体实现，即时间序列 $\{x(t_1), x(t_2), \cdots, x(t_n)\}$。它表现为含时间意义特性的动态数据，也称为随机过程的具体实现，记为 $X = \{x(t_1), x(t_2), \cdots, x(t_n)\}$。时间序列主要有两种，即离散时间序列和连续时间序列。时间序列一般可以用图表、数学函数等表示，较为高级的表示方法主要有傅里叶变换、小波变换等。

时间序列分析始于 1927 年，是一种按时间顺序排列动态的数据处理方法，揭示历史数据的变化特征，并构建相应的时序模型，以探索信号随时间演变的规律及其前后相关性，从而实现对未来行为的准确预测。目前，时间序列分析已广泛应用于政府决策、工业生产和工程建设等多个领域。

2.1.2 时间序列的组成成分

大部分的时间序列有一个共性，即表现出趋势变化和季节变化，可以通过与时间相关的数学函数建立相应的时间序列模型。一般来说，时间序列主要由四部分组成，包括趋势变化项(trend)、季节性变化项(seasonal term)、循环变化项(cyclical)以及不规则变化项(irregular components)(王振龙，2007)。

趋势变化：是指时间序列随着时间的变化(即时间序列图中的横轴)，表现出上升或降低(即时间序列图中的纵轴)的长期趋势。它表明了时间序列在较长一段时间内的变化趋势，是一种长周期的波动变化，一般为一个季度或一年。趋势变化可以通过时间序列图来描述，采用加权最小二乘方法确定其趋势曲线。时间序列的趋势变化在较长时间内通常比较稳定，表现出不变、递增或递减的趋势，有较好的复现性(王振龙，2007)。

季节性变化：通常是指时间序列包含的一些周期性项，如周年、半周年、季节性变化等。季节性变化往往呈现出规则的变动。也就是说，不同年份的特定月份期间，序列表现出相同或相近的模式。季节性变化主要受季节的影响。在台站网中季节性变化主要体现在积雪、降雨等季节性地表负荷等引起的台站位移。季节性变化对时间序列的影响很大，如果能将季节性变化从时间序列中独立分离出来，就能以渐进的方法稳定时间序列周年的变化。因此在数据处理中，可以去除观测数据中的季节性变化，再对时间序列进行分析处理。

循环变化：主要是指趋势线在较长时间里表现出来的上下波动的现象。循环变化既可以是周期性的变化，也可以不具明显周期性。循环变化的周期长短与振幅大小也不相同。通常一个时间序列的循环是由多个影响因素综合引起的。

不规则变化：又称不规则因子，反映了系统受随机性事件影响而引起的在间断点处的变化(如地震引起的垂直位移)。不规则变化是在时间序列中长期趋势、季节性变化以及循环变化等成分分离后，所剩下的随机部分。在对观测数据进行拟合时，一般先应去除不规则变化，再对数据进行拟合。

一般来说，趋势变化、季节性变化及循环变化较有规律，可以通过建立相应的模型，对系统的未来趋势进行预测与控制；不规则变化则没有明显的规律，具有随机性和不可预见性。

2.1.3 时间序列的主要特征

根据时间序列的定义及其组成要素，可以总结出时间序列具有如下特征(何书元，2003)。

2.1.3.1 时间序列的相关性

时间序列中的数据(或信号)的位置取决于时间，在时间序列中，数据的大小取决于时间的变化，但又不是完全关于时间的严格函数，不同时间的取值有一定的随机性，不可能完全根据已有观测值来预测；前后时刻的数值(或位置)存在一定的相关性。这种相关性表现为静态相关和动态相关。

静态相关性是指不同变量之间的相关性，即互相关性。在静态相关中，不同变量之间的相关性可以用相关系数 ρ 来表示：

$$\rho = \frac{\Sigma(x-\bar{x})(y-\bar{y})}{\sqrt{\Sigma(x-\bar{x})^2 (y-\bar{y})^2}} \tag{2.1}$$

即对样本的具体实现来说，序列前后数据点的随机误差并不是完全独立的，各随机误差之间也存在着相关性。相关性程度由 ρ 表征，其取值范围为 $[-1,1]$，ρ 取负值时表示负相关，正值为正相关，$|\rho|$ 的值越大表示相关度越高，$|\rho|$ 为 1 时表示完全相关，为 0 时表示完全不相关。

因此，一般可以通过回归分析方法来拟合时间序列，最简单的一元线性回归模型，即：

$$Y_i = \alpha + \beta X_i + \varepsilon_i \tag{2.2}$$

与静态相关性不同，动态相关性是针对同一变量，同一变量在不同的时间点之间的依赖关系即为自相关性。时间序列同一变量的这种自相关性可以通过自相关函数来描述。

时间序列分析主要是基于其相关性，通过数据自身之间的相关性及数据的主要特征，采用适当的模型来描述（拟合）时间序列，一旦建立了合适的模型，便可以对时间序列的未来趋势及取值进行预测、仿真等。

引起时间序列之间存在相关性的原因多种多样。它可以由系统变量自身的惯性引起，也可以来自模型误差，或者源自观测数据的处理过程。

2.1.3.2 时间序列的平稳性与非平稳性

1. 平稳时间序列

假设时间序列是 X_t，$E(X_t^2) < \infty$，且有：

(1)均值 $\mu_X(t) = E(X_t)$，$\mu_X(t)$ 与时间 t 无关。

(2) $\{X_t\}$ 的协方差函数 $\gamma_X(r,s) = \mathrm{Cov}(X_r, X_s) = [(X_r - \mu_X(r))(X_s - \mu_X(s))]$，其中 $\gamma_X(t+h,t)$ 与时间 t 及 h 无关。满足上述(1)与(2)性质的时间序列为平稳时间序列。

从上可知，对平稳时间序列，其随机变量的均值和方差与时间 t 无关，其自协方差结构的不变性是平稳时间序列的特性。

平稳时间序列分为宽平稳和严平稳两种。宽平稳通过序列的二阶矩来描述其统计性质。

对时间序列 $\{X_t, t \in N\}$，$Z = \{0, \pm 1, \pm 2, \cdots\}$，若有：

(1)对任何的 $t \in N$，$E \mid X_t^2 \mid < \infty$。

(2)对任何的 $t \in N$，$E(X_t) = m$。

(3)对任何的 $t,r,s \in N$，$\gamma_x = \gamma(r+t, s+t)$，其中 γ_x 为协方差。满足上述(1)与(2)性质的时间序列为宽平稳时间序列。

严平稳时间序列是指序列 $\{X_t, t \in N\}$，对一切正整数 k 和 $t_1, \cdots, t_k$，$h \in Z$，$(X_{t_1}, \cdots, X_{t_n})$ 和 $(X_{t_1+h}, \cdots, X_{t_n+h})^{\mathrm{T}}$ 的联合分布都相等，即满足：

$$F_{t_1,t_2,\cdots,t_m}(x_1, x_2, \cdots, x_m) = F_{t_1+t,t_2+t,\cdots,t_m+t}(x_1, x_2, \cdots, x_m) \tag{2.3}$$

严平稳时间序列是指其具体实现在两个等长的时间间隔上具有相似的统计特性。

2. 非平稳时间序列

平稳时间序列保持均值、方差不变的性质，而非平稳时间序列的均值与方差随时间变化，有明显的趋势变化。非平稳时间序列主要有两种，即均值非平稳过程、方差和自协方差非平稳过程。

2.1.3.3 时间序列的波动聚集性

时间序列的波动聚集性是指时间序列虽然在振幅上存在着上下波动，但是这种波动围绕着一个固定的均值在循环摆动，同时在不同的时间间隔里波动程度有一定的差异，并不是一成不变的。波动聚集性体现了时间序列可能绕着某一水平线频繁波动，呈现出平稳时间序列特性；也可能显示出随机的变化；还可能出现季节性趋势。

2.1.4 时间序列模型

时间序列模型是一种先进的统计方法。时间序列模型是指对一系列的随机观测值 $\{x_t\}$，描述其联合分布，即均值方差等性质，x_t 是 X_t 的具体实现。时间序列分析中，最重要的是选择一个合适的模型(或一类模型)。根据已获得的时间序列，采用合适的模型可以对其进行预测。时间序列模型主要分为确定性时间序列模型、线性时间序列模型和非线性时间序列模型三类(鄂栋臣等，2005)。

确定性时间序列模型：通常将时间序列分为四部分，即 T_t 指长期趋势，S_t 指季节性变动趋势，C_t 指循环变动趋势，R_t 为随机干扰项。即：

$$\begin{cases} y_t = T_t + S_t + C_t + R_t \\ y_t = T_t \cdot S_t \cdot C_t \cdot R_t \\ y_t = S_t + T_t \cdot C_t \cdot R_t \end{cases} \tag{2.4}$$

式中：y_t 为系统的观测数据记录；R_t 和 R_t^2 的数学期望：$E(R_t) = 0$，$E(R_t^2) = \sigma^2$。实际中具体的时间序列模型往往是由加法、乘法和混合 3 种模型叠加或耦合而成的。根据确定性时间序列模型，处理时间序列的方法主要有两种。如果时间序列属于相加模型，则可以把序列中某种影响成分的趋势项去除，剩下另一种成分的趋势项。在实际情况中，确定性时间序列一般假设为乘法模型，因该模型能更好地描述时间序列。

线性时间序列模型：是从统计学角度来揭示各种事件序列内部的统计关系与时间序列观测值之间的统计关系。目前比较成熟的模型主要有自回归滑动平均(ARMA)模型、自回归综合滑动平均(ARIMA)模型和季节性(season)模型等。平稳时间序列一般采用 ARMA 模型，而非平稳时间序列采用 ARIMA 模型。

非线性时间序列模型：主要考虑了一个系统或现象中存在非线性因素，因此当存在非线性因素影响时，线性时间序列模型只能是对系统或现象的近似。为了达到满意的效果，而引入非线性时间序列模型。常用的非线性时间序列模型有双线性(BL)模型、指数回归(EAR)模型和自激励门限回归模型。

2.1.5　时间序列分析方法

时间序列中包含了系统的已观测得到的信号，这些历史观测值隐藏着系统的规律及相关信息，通过对历史观测值进行分析，可以找出系统的内在统计特性及未来发展规律。时间序列分析方法是根据有限长的序列观测数据（或记录），建立相应的能反映其时间序列特性，并以此对系统进行预报和控制的方法，见图 2.1（王国举和尤宝平，2012）。

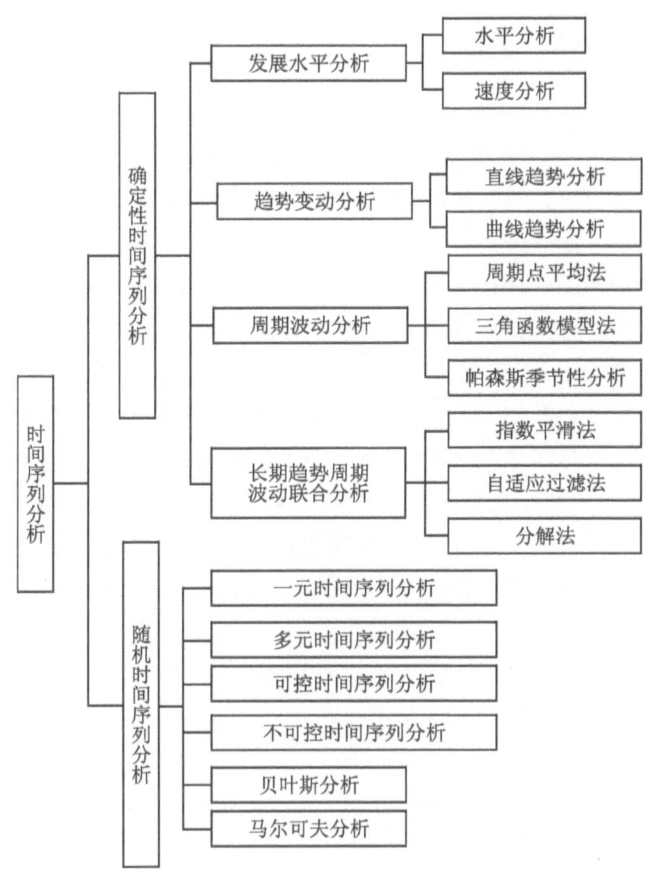

图 2.1　时间序列分析中主要的分析方法

2.2　GNSS 基准站坐标序列函数模型

为了有效地对 GNSS 基准站坐标时间序列进行分析，需要对其建立相应的时间序列数学模型。从 GPS 原始坐标时间序列中提取感兴趣的地球物理相关信号，成为了大地测量及地球动力学、地壳形变等研究的热点之一。为了更加有效地对 GPS 坐标时间序列进行分析，需要对其建立相应的时间序列模型。目前广泛应用于 GPS 坐标时间序列分析领域的数学模型如下（黄立人，2006）：

$$y(t)_{E|N|U} = a + bt + c\sin(2\pi t) + d\cos(2\pi t) + e\sin(4\pi t) + f\cos(4\pi t) + \sum_{j=1}^{n_g} g_j H(t - T_{g_j}) + \varepsilon_i \tag{2.5}$$

式中：$y(t)$为历元 t 时刻所对应的 GPS 测站坐标观测值，包含 E、N、U 共 3 个坐标分量；$t_i(i = 1,\cdots,n)$ 代表 GPS 站点单日解坐标序列对应的历元，单位为年（小数年）；a 为 GPS 测站位置，为序列的平均值；b 为线性速度，即趋势变化项；系数 c 、d 、e 、f 为年周期和半年周期项的系数（待估计参数）；$\sum_{j=1}^{n_g} g_j H(t - T_{g_j})$ 为跳变改正项（g_j 表示跳变振幅；T_{g_j} 为跳变发生的时刻（即历元）；n_g 表示跳变个数；j 为跳变编号，这里假定发生偏移的时刻 T_g 已知；H 为海维西特阶梯函数，在跳变前 H 值为 0，跳变后 H 值为 1）；ε_i 为历元 t_i 的观测噪声（张恒璟，2011；贺小星，2013）。该模型在 GPS 坐标时间序列分析及应用中发挥着重要的作用，是目前应用最为广泛的模型之一。

上述经典 GPS 坐标时间序列模型中参数估值的精度主要受 GPS 噪声模型、时间序列长度、数据缺失率等影响。Blewitt 和 Lavallée(2002)的研究指出，为了获得较可靠的时间序列模型参数估值，时间序列的长度至少为 2.5 年；此外，粗差的存在也会影响参数估值（速度及其不确定度）的可靠性，在建立模型之前需要对时间序列进行相应的粗差探测。随着 GPS 坐标时间序列长度的积累以及时间序列分析方法的改进，研究表明，GPS 坐标时间序列不仅包含周年、半周年谐波信号，如 GPS 交点年，其周期为 1.04cpy。此外，还包括一些高阶谐波信号（Penna and Stewart，2003）。因此，上述经验模型仍然存在一定的局限性。

考虑到经典时间序列模型的不足之处，Bogusz 和 Klos(2016)指出由于 GPS 时间主要呈现出周期性，且任一周期的信号都存在与之对应的一个主频率，即不同周期的信号之间对应不同的频率，提出了基于频率的时间序列模型。假定 GPS 测站时间序列包含确定性部分（包括趋势和季节性变化）以及随机部分（随机噪声）作为背景噪声。在对应的函数模型中周期性信号包含：①Mf body tide，其周期为 13.66d(Ducarme et al.，2008)；②Tidal alias，其周期为 14.6d(Amiri-Simkooei，2013)；③Alias period of M2（周期 14.76d），Alias period of O1（周期 14.19d）(Ray et al.，2013)。根据上述周期信号，Bogusz 和 Klos(2016)提出的 GPS 坐标时间序列模型可以表示为：

$$\begin{aligned} x(t) = {} & x_0 + v_x \cdot t + A^{13.66} \cdot \sin(\omega^{13.66} \cdot t + \phi^{13.66}) + \\ & A^{14.6} \cdot \sin(\omega^{14.6} \cdot t + \phi^{14.6}) + \\ & A^{14.19} \cdot \sin(\omega^{14.19} \cdot t + \phi^{14.19}) + \\ & A^{14.76} \cdot \sin(\omega^{14.76} \cdot t + \phi^{14.76}) + \\ & \sum_{i=1}^{9} [A_i^{CH} \cdot \sin(\omega_i^{CH} \cdot t + \phi_i^{CH})] + \\ & \sum_{i=1}^{9} [A_i^{T} \cdot \sin(\omega_i^{T} \cdot t + \phi_i^{T})] + \\ & \sum_{i=1}^{9} [A_i^{D} \cdot \sin(\omega_i^{D} \cdot t + \phi_i^{D})] + \varepsilon_t(t) \end{aligned} \tag{2.6}$$

式中：CH、T、D 分别表示摆动(chandler)、回归(tropical)、交点振荡(draconitic oscillations)；x_0 为初始值；$v_x \cdot t$ 代表线性趋势项(通过最小二乘法进行估计)；$A \cdot \sin(\omega \cdot t + \phi)$ 为周年项；$\varepsilon_t(t)$ 为误差项(主要由随机误差和共模误差组成)。相比经典时间序列模型，该模型的可靠性有待通过大量的实验进一步验证。

GPS 获得的测站坐标时间序列(X 、Y 、Z)通常以空间直角坐标系(WGS84 坐标 XYZ)表示，而在时间序列分析中，更倾向于采用地方空间直角坐标系(如测站地方坐标系 NEU、ENU)表示。由于 WGS84 和 ENU 坐标系都属于空间直角坐标系，二者之间的转换相对较简单，WGS84 和 ENU 之间的转换公式如下：

$$\begin{bmatrix} e \\ n \\ u \end{bmatrix} = \begin{bmatrix} m_{11} & m_{12} & m_{13} \\ m_{21} & m_{22} & m_{23} \\ m_{31} & m_{32} & m_{33} \end{bmatrix} \begin{bmatrix} x - x_0 \\ y - y_0 \\ z - z_0 \end{bmatrix} = \boldsymbol{M} \begin{bmatrix} x - x_0 \\ y - y_0 \\ z - z_0 \end{bmatrix} \tag{2.7}$$

式中：x_0，y_0，z_0 为地方测站空间直角坐标系 NEU 的坐标原点在 WGS84 坐标系中的坐标；而矩阵 $\boldsymbol{M}$ 的具体表达式如下：

$$\begin{cases} m_{11} = -\sin\lambda_0 \\ m_{12} = \cos\lambda_0 \\ m_{13} = 0 \\ m_{21} = -\sin\varphi_0 \cos\lambda_0 \\ m_{22} = -\sin\varphi_0 \sin\lambda_0 \\ m_{23} = \cos\varphi_0 \\ m_{31} = \cos\varphi_0 \cos\lambda_0 \\ m_{32} = \cos\varphi_0 \sin\lambda_0 \\ m_{33} = \sin\varphi_0 \end{cases} \tag{2.8}$$

式中：λ_0 、φ_0 为地方 NEU 坐标系原点的大地经纬度。式(2.7)的逆变换为：

$$\begin{bmatrix} x \\ y \\ z \end{bmatrix} = \boldsymbol{M}^{-1} \begin{bmatrix} e \\ n \\ u \end{bmatrix} + \begin{bmatrix} x_0 \\ y_0 \\ z_0 \end{bmatrix} \tag{2.9}$$

2.3 GNSS 基准站坐标序列随机模型

2.3.1 经典模型

GPS 坐标时间序列噪声经典模型主要包括白噪声、闪烁噪声、随机游走噪声，或者三者的组合模型(黄焱等，2014)。对不同噪声模型，其协方差矩阵可用如下公式表示。

白噪声：

$$C_x = a^2 \cdot \boldsymbol{I} \tag{2.10}$$

白噪声、闪烁噪声、随机游走噪声：

$$C_x = a^2 \cdot \boldsymbol{I} + b_{\mathrm{FL}}^2 \cdot J_{\mathrm{FL}} + b_{\mathrm{RW}}^2 \cdot J_{\mathrm{RW}} \tag{2.11}$$

白噪声加幂律噪声：

$$C_x = a^2 \cdot I + b_{\mathrm{PL}}^2 \cdot J_{\mathrm{PL}} \tag{2.12}$$

式中：a 为白噪声的振幅；矩阵 $\boldsymbol{I}$ 为 $N \times N$ 单位矩阵，N 为时间序列的长度；b 为有色噪声的振幅，其对应的协方差阵为矩阵 $\boldsymbol{J}$。

2.3.1.1 白噪声

若某一随机过程$\{W(t)\}$的随机变量在任意时刻都不相关，且过程相对平稳，那么该过程即为连续白噪声过程，即协方差在任意时刻间隔 τ 都为 0，而且该随机过程里随机变量的均值和方差都相同。$\{W(t)\}$可以表示为：

$$\delta(t) = 0, t \neq 0$$

$$\int_{-\infty}^{+\infty} g(t)\delta(t-\tau)\mathrm{d}t = g(t) \tag{2.13}$$

$g(t)$是关于 t 的单位矩阵，设$\{W(t)\}$的协方差矩阵为 $C_W(\tau)$，表示为：

$$C_W(\tau) = \hat{E}[W(t)W(t+\tau)] = q\delta(\tau) \tag{2.14}$$

式(2.14)中：$\hat{E}(\cdot)$为集平均算子；q 为值不变的常数。$\{W(t)\}$的随机振动 PSD 为：

$$S(f) \approx \int_{-\infty}^{+\infty} q\delta(\tau)\mathrm{e}^{-i2\pi f\tau}\mathrm{d}\tau = q \tag{2.15}$$

由式(2.15)可以得到，在任意频率上，随机过程$\{W(t)\}$的随机振动功率谱密度(power spectral density，PSD)都是常数，即任何频率的贡献率都相等。另外，由式(2.15)可知，在任何时刻，随机过程$\{W(t)\}$都不相关，却表现出充足的能量。在整个频段内，这与实际物理现象不符。故我们把这样的噪声称为白噪声。如果随机过程的白噪声过程分布符合高斯分布，则该过程为“高斯白噪声”。

2.3.1.2 幂律噪声

大多数信号在地球物理中都可以描述成时间域或者空间域上的幂律噪声，该统计过程的随机振动 PSD 为：

$$S(f) \approx P_0\left(\frac{f}{f_0}\right)^k \tag{2.16}$$

式中：f 为空间频率或者时间频率；P_0、f_0 为正则化常数；k 为谱指数，通常 $-3<k\leqslant 1$。$-3<k<-1$ 为分数布朗噪声；$-1<k\leqslant 1$ 为分数白噪声；$k=0$ 为一般白噪声；$k=-1$ 为闪烁噪声(flicker noise，FN)；$k=-2$ 为随机游走噪声(random walk plus white noise，RWN)。

2.3.1.3 闪烁噪声

闪烁噪声也称为粉色噪声，其谱指数为 -1，当 $0<\alpha<2$ 时，通过对 DWN 滤波，可以得到模拟的 PL 序列，该数字滤波器为：

$$H(z) = \frac{1}{(1-z^{-1})^{\frac{\alpha}{2}}}, z > 1 \tag{2.17}$$

将式(2.17)的分母展开，有：

$$H(z)=\frac{1}{1-\frac{\alpha}{2}z^{-1}-\frac{\frac{\alpha}{2}\left(1-\frac{\alpha}{2}\right)}{2!}z^{-2}+\cdots} \tag{2.18}$$

式(2.18)可以等价于：

$$x_n=-h_1x_{n-1}-h_2x_{n-2}-h_3x_{n-3}-\cdots+w_n \tag{2.19}$$

其系数具有如下递推关系：

$$\begin{cases}h_0=1\\ h_n=\left(n-1-\frac{\alpha}{2}\right)\frac{h_{n-1}}{n}\end{cases} \tag{2.20}$$

令 $\alpha=1$，即可模拟闪烁噪声的递推关系式：

$$\begin{cases}h_0=1\\ h_n=\left(n-\frac{3}{2}\right)\frac{h_{n-1}}{n}\end{cases} \tag{2.21}$$

由于闪烁噪声是一个长记忆过程，故仅 $n\rightarrow\infty$ 时，采用式(2.21)模拟的序列才会近似于闪烁噪声。

2.3.1.4　随机游走噪声

通过微分方程和给定的初始条件可以表示随机漫步噪声或者随机游走噪声，即：

$$X(t)=\int_{t_0}^{l}W(t)\mathrm{d}tX(t_0)=0 \tag{2.22}$$

其中$\{W(t)\}$是均值为零的连续白噪声，协方差形式为 $q\delta(t_2-t_1)$。而连续随机漫步噪声的每一历元的期望都为零，即：

$$\hat{E}[X(t)]=\int_{t_0}^{l}\hat{E}W(t)\mathrm{d}t=0 \tag{2.23}$$

连续随机漫步噪声的协方差为：

$$\begin{aligned}\mathrm{Cov}(t_1,t_2)&=\hat{E}(W(t_1)W(t_2)\mathrm{d}t_1\mathrm{d}t_2\\&=\int_{t_0}^{l_2}\int_{t_0}^{l_1}q\delta(t_2-t_1)\mathrm{d}t_1\mathrm{d}t_2\\&=\begin{cases}q(t_1-t_0),\mathrm{if}\ t_2>t_1>t_0\\q(t_2-t_0),\mathrm{if}\ t_1>t_2>t_0\end{cases}\end{aligned} \tag{2.24}$$

从式(2.24)可以得知，随机漫步噪声是一个非平稳过程，其协方差与历元间隔 t_2-t_1 无关，且其方差随着时间增长而变大。

类似于连续随机漫步噪声，离散的随机漫步噪声如下：

$$x(t_k)=x(t_{k-1})+w(t_k) \tag{2.25}$$

在大地测量观测值中，一般认为随机漫步噪声只是由测量标志的不稳定性而引起的运动，该噪声主要集中在低频部分，速度不确定度的影响较大。

2.3.2 分数阶自回归滑动平均噪声(ARFIMA)模型

由幂律噪声的结果可以得出分数阶自回归滑动平均噪声[ARFIMA(1,d,0)]的协方差阵中的元素(Hosking,1981)。

$$\gamma_i = \sigma^2 \frac{\Gamma(d+i)\Gamma(1-2d)}{\Gamma(d)\Gamma(1+i-d)\Gamma(1-d)} \frac{[F(1,d+i;1-d+i;\phi)+F(1,d-i;\phi)-1]}{1-\phi^2} \tag{2.26}$$

式中:d 可以为非整数;σ^2为驱动白噪声的方差;ϕ 为 AR(1)模型系数;$F(a;b;c;z)$为超几何函数。

ARFIMA(1,d,0)噪声的 PSD 为 AR(1)的 PSD 与 PL 噪声的 PSD 之积:

$$S(f) = 2\frac{\sigma^2}{f_s}\frac{1}{\left(2\sin\left(\frac{\pi f}{f_s}\right)\right)^{2d}}\frac{1}{1-2\phi\cos\lambda+\phi^2} \tag{2.27}$$

其中 $\lambda = 2\pi f/f_s$。

2.3.3 GGM 模型(generalized Gauss Markov noise model)

在实际应用中,高斯-马尔科夫(Gauss-Markov,GM)过程是非常重要的一类随机过程。这主要基于以下两点原因:①能够以合理的准确度描述很大一部分地球物理过程;②GM 具有相对简单的数学形式。与 DWN 类似,若指定了 GM 的自相关函数,即完全定义了该过程,这也意味着该过程更高阶的概率密度函数都能够显式地给出。

广义高斯-马尔科夫噪声(generalized Gauss-Markov noise,GGM)$\{y_i\}$的定义满足如下方程:

$$(1-\phi B)^d y_i = w_i \tag{2.28}$$

式中:B 为后移算子($By_i = y_{i-1}$);ϕ 为 AR(1)模型系数;d 为与 PL 噪声模型有关的参数(可为非整数);w_i为方差为σ^2的驱动 DWN 的第 i 个实现。

式(2.28)可以改写为:

$$y_i = \left[1+\phi dB+\phi^2\frac{1}{2}d(1+d)+\phi^3\frac{1}{6}d(1+d)(2+d)B^3+\cdots\right]w_i \tag{2.29}$$

根据 Hosking(1981)和 Kasdin(1995)可知,式(2.29)可以看成传递函数(transfer function)与后移算的乘积形式,即:

$$y_i = [h_0 + h_0 B + h_1 B^2 + h_2 B^3 + \cdots]w_i \tag{2.30}$$

其中冲击响应系数 h_i为:

$$h_i = \frac{\Gamma(d+i)}{\Gamma(d)i!}\phi^i \tag{2.31}$$

式(2.31)即为 Langbein 和 Bock(2004)中广义高斯-马尔科夫模型的定义。

2.4　GNSS 基准站坐标序列线性变化分析方法

2.4.1　时域分析方法

常用的时域下参数估计方法包括极大似然估计(maximum likelihood estimate,MLE)和最小二乘估计,后者包括传统的最小二乘谐波估计和顾及协方差阵的最小二乘方差估计。

坐标时间序列函数模型(姜卫平等,2016)可以表示为:

$$y(t_i)=D+v\cdot t_i+\sum_{j=1}^{n}A_j\cdot\cos(w_j t_i+\varphi_j)+\sum_{k=1}^{ng}g_k\cdot H(t_i-T_k)+\varepsilon(t_i) \tag{2.32}$$

假设上式中随机过程 $\varepsilon(t_i)$ 由振幅分别为 a_w 和 b_k 的白噪声及幂律噪声组成:

$$\varepsilon(t_i)=a_w\cdot\alpha(t_i)+b_k^2\cdot\beta(t_i) \tag{2.33}$$

其观测值协方差阵为:

$$\boldsymbol{C}=a_w^2\cdot\boldsymbol{I}+b_k^2\cdot\boldsymbol{J}_k \tag{2.34}$$

式中:$\boldsymbol{I}$ 为单位阵;$\boldsymbol{J}_k$ 为对应谱指数为 k 的幂律噪声协方差阵。对于选定的噪声模型,最优参数估值为坐标序列残差 $\hat{\varepsilon}(t_i)$ 与其协方差联合概率密度值最大的一组解,即联合概率函数值的对数达到最大:

$$\ln[\text{lik}(\hat{\boldsymbol{\varepsilon}},\boldsymbol{C})]=-0.5[\ln(\det\boldsymbol{C})+N\ln(2\pi)+\hat{\boldsymbol{\varepsilon}}^{\mathrm{T}}\boldsymbol{C}^{-1}\hat{\boldsymbol{\varepsilon}}] \tag{2.35}$$

MLE 作为一种无偏估计,能同时估计时间序列中函数模型和随机模型中各参数及其不确定度。但由于需要反复迭代及求逆,MLE 方法的运算速度为时间序列观测值个数的三次方量级。例如,采用 CATS 软件分析单个测站一个方向 10 的数据需要 6h(Williams,2008)。因此,Bos 等提出了一种具有改进效果的 MLE 方法,利用可用于快速算法求逆的 Toeplitz 方差矩阵,将运算次数降低到了观测值平方量级(Ray et al.,2008);在此基础上又提出了一种针对数据缺失情形下的快速 MLE 算法(Bos et al.,2013),实现了多类参数的无偏同步快速估计。

方差/协方差分量验后估计方法可以通过对同种观测值的不同误差源进行定权,通过最小二乘的方法实现对坐标时间序列模型参数和噪声分量的最优估计。但在处理实际观测数据时,随着测站数量和观测时间的线性增加,该方法的迭代过程也非常耗时。

2.4.2　频谱分析方法

对信号进行频谱分析可以获得较时域分析更多的有用信息,如动态信号中的各频率成分和频率分布范围,再结合最小二乘方法估计谱指数,更好地认知时间序列中的谐波和噪声特性(Ray et al.,2008)。频谱分析通常采用快速傅里叶变换或者周期图法实现,前者适用于均匀采样的数据,后者可以处理有数据间断和缺失的时间序列(Bos et al.,2013)。

2.5 GNSS 基准站坐标序列非线性变化分析方法

随着 GPS 数据处理算法及模型的不断改进，累积的长期 IGS 基准站坐标时间序列为准确分析基准站的稳定性及位置变化规律提供了更好的数据基础。

2.5.1 GPS 坐标时间序列分析参考框架

GPS 坐标时间序列分析需在一个统一的高精度参考框架下进行，随地球表面旋转的地球参考框架较为合适，通常采用国际地球参考框架 ITRF 作为基准。

ITRF 由国际地球自转与参考系统服务（international earth rotation and reference systems service，IERS）通过全球分布的地面观测台站，采用 VLBI、SLR、GPS、DORIS 等空间大地测量技术观测数据建立（Altamimi et al.，2007）。IERS 中心局负责对观测数据进行综合分析处理，得到框架点（地面跟踪站）的坐标和速度以及相应的地球定向参数（EOP），并以 IERS 年度报告和技术备忘录的形式向全球发布。IERS 第一个实现的是 ITRF88，此后，共实现并发布了 11 个版本的 ITRF（1989、1990、1991、1992、1993、1994、1996、1997、2000、2005、2008），每个版本的 ITRF 都取代了先前的一个，为了得到最优的 ITRF 联合平差解，对数据处理技术进行了不断的改进（Petit and Luzum，2010）。对于 ITRF 的建立方法，将在第 3 章进行详细介绍。

ITRF2008 及 ITRF2005 均只给出了 GNSS 基准站的位置及线性速度，并将参与计算的站坐标时间序列包含的噪声假定为白噪声。研究表明，几乎所有 IGS 基准站（特别是高程方向）都呈现显著的周期性运动趋势（Blewitt et al.，2001；Meisel et al.，2009），根据 ITRF 提供的基准站位置及速度计算得到的测站位置表现为“正则化位置”，而非测站的瞬时位置。另外，GPS 坐标时间序列包含的噪声也并非表现为纯白噪声，因此我们有必要深入研究基准站的周期性运动特征及噪声特性，为合理应用基准站数据提供准确的信息。

2.5.2 GPS 坐标时间序列的周期特征分析

对 GPS 坐标时间序列进行周期特征分析有利于建立基准站的非线性运动模型，获得更精确的测站瞬时位置。通常采用频谱分析及小波分析的方法确定测站的周期特征。

2.5.2.1 频谱分析

将信号源发出的信号强度按频率顺序展开，使其成为频率的函数，并考察变化规律，称为频谱分析。对信号进行频谱分析可以获得比时域分析更多的有用信息，如动态信号中的各频率成分和频率分布范围，各频率成分的幅值分布和能量分布，从而得到主要幅度和能量分布的频率值。GPS 坐标时间序列的频谱分析通常采用快速傅里叶变换或者周期图法实现。

自然界中地球物理现象的噪声谱可以通过与频率相关的指数定律进行估计，对一系列的观测值，其功率谱可以描述为白噪声和有色噪声的组合（贺小星，2013）：

$$P_x(f) = P_0 \left(\frac{f}{f_0}\right)^k \tag{2.36}$$

式中：P_0 为常量；f_0 为交叉频率；k 为谱指数，也表示信号相关性程度，k 的值越小表示相关性越高。P_0 、k 及 f_0 可以通过谱能量曲线进行拟合估计，估计精度取决于曲线拟合的程度。谱指数 k 的值一般介于(−3，−1)之间，为非平稳过程即分形布朗运动；而平稳过程的谱指数 k 一般位于(−1，1)之间。一般而言，除白噪声之外的幂指数噪声称为有色噪声(贺小星，2013；鲁铁定等，2024)。

根据不同的谱指数整数值，可将时间序列噪声分为以下几类：

(1)当 $k=-2$ 时，称为随机游走噪声（部分学者也称随机漫步噪声）(RW)，对 GPS 测站时间序列而言，随机游走噪声通常由观测墩的不稳定引起。通过仿真生成的随机游走噪声数据见图 2.2，图 2.3 为其对应的功率频谱(其谱指数仿真估计结果为 $k=-1.96$)。

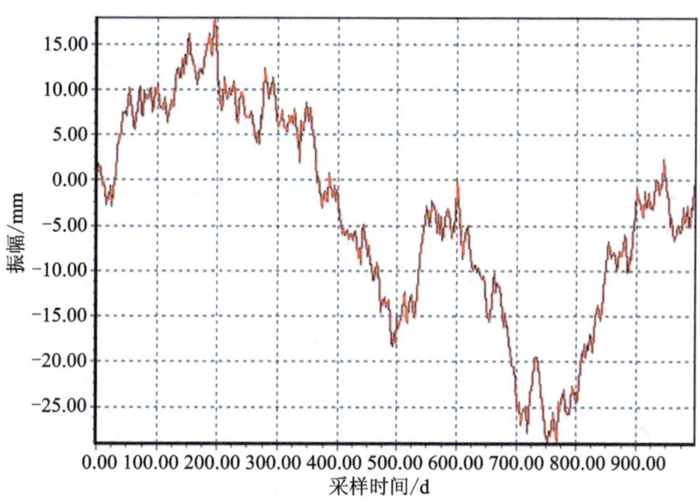

图 2.2　随机游走噪声仿真数据(采样数 $N=1000$)

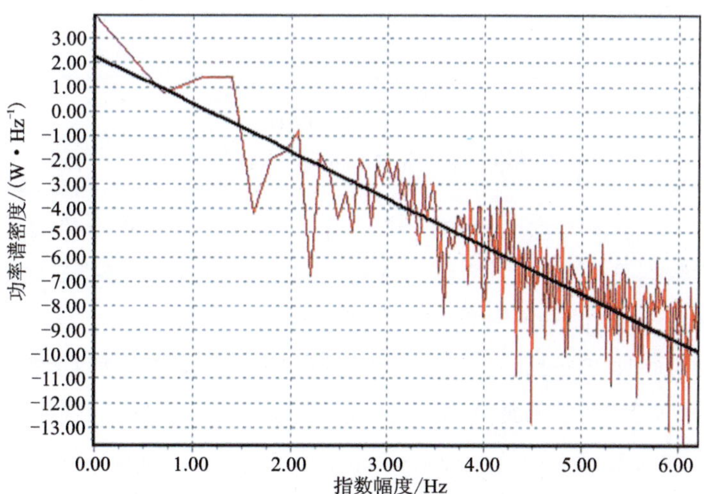

图 2.3　随机游走噪声仿真数据对应功率频谱(估计值 $k=-1.96$)

(2)当 $k=-1$ 时,称为闪烁噪声(FN),闪烁噪声主要与 GPS 信号传播过程相关。仿真生成的闪烁噪声数据见图 2.4,图 2.5 为其对应的功率频谱(其谱指数估计值 $k=-0.94$)。

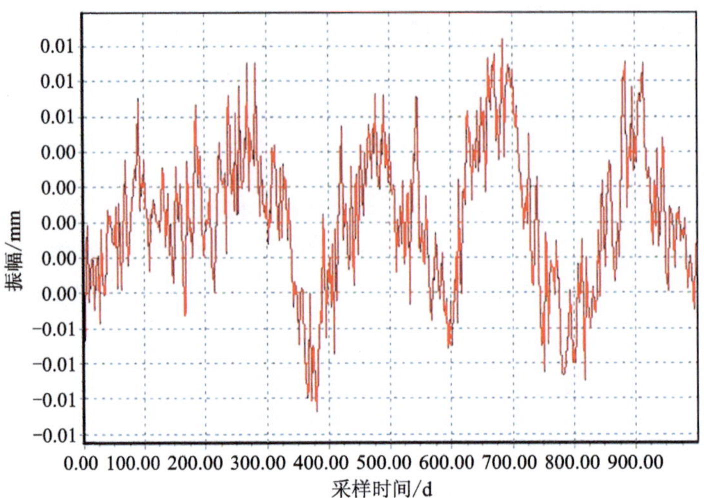

图 2.4 闪烁噪声仿真数据(采样数 $N=1000$)

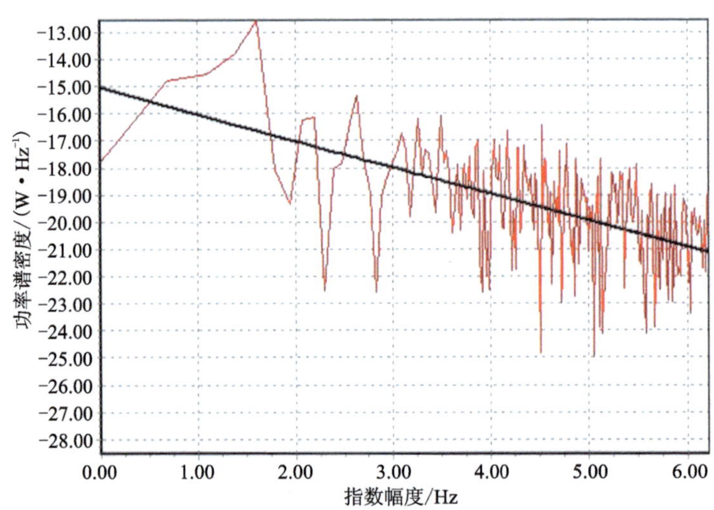

图 2.5 闪烁噪声仿真数据对应功率频谱(估计值 $k=-0.94$)

(3)当 $k=0$ 时,即为传统意义上的白噪声(WN),白噪声又称随机噪声,服从高斯分布。仿真生成的白噪声数据见图 2.6,图 2.7 为其对应的功率频谱(其谱指数估计值 $k=-0.02$),白噪声在频谱表现为平稳,即趋于直线。

通过对 GPS 坐标时间序列进行功率谱分析,可以探测信号的周期性及噪声特性。假定一个等间距采样的(包含 N 个观测值)时间序列 X_j $(j=1,2,\cdots,N)$,对各 GPS 测站的残差时间序列 $\hat{v}$ (E、N、U 三个坐标方向)通过快速傅里叶变换得到功率频谱 $P(\omega)$:

$$P(\omega)=\frac{1}{N}\left|\sum_{j=1}^{N}x(t_j)\exp(-i\omega t_j)\right|^2 \tag{2.37}$$

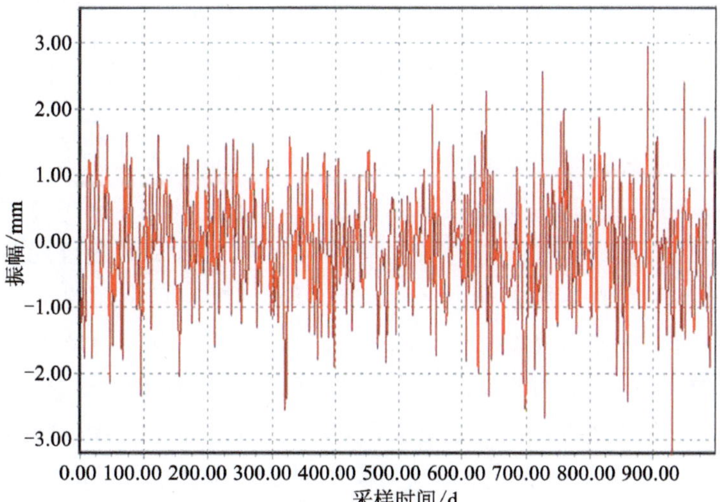

图 2.6　白噪声仿真数据($N=1000$)

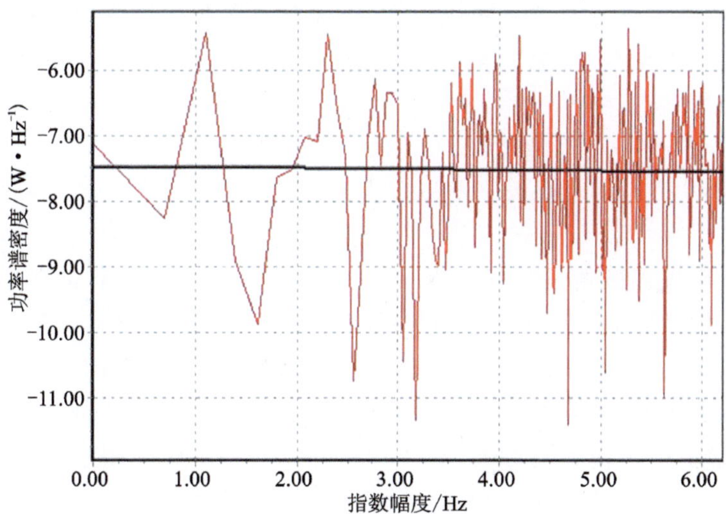

图 2.7　仿真生成的白噪声对应功率频谱($k=-0.04$)

2.5.2.2　快速傅里叶变换

傅里叶变换(Fourior transformation,FT)可以将满足一定条件的函数表示成三角函数或者它们的积分的线性组合,从而实现时间序列在时间域和频率域的变换。离散傅里叶变换(discrete Fourier transformation,DFT)是 FT 的一种,其实质是有限长序列傅里叶变换的有限点离散采样。设 $f(k)$ 是长度为 M 的有限长序列,则定义 $f(k)$ 的 N 点离散傅里叶变换为:

$$F(j)=\sum_{k=0}^{N-1} f(k) w^{jk}, j \in [0, N-1] \tag{2.38}$$

$F(k)$ 的离散逆变换为:

$$f(k)=\frac{1}{N}\sum_{j=0}^{N-1}F(j)w^{-jk},k\in[0,N-1] \tag{2.39}$$

式中：$w=\mathrm{e}^{-2\pi i/N}$，$|F(j)|$ 是 $f(k)$ 的振幅谱，功率与振幅的平方成正比，相应的谱称为功率谱（刘大杰，2000）。

快速傅里叶变换（fast Fourior transformation，FFT）是一种非常有效的计算 DFT 的算法，其基本特点就是利用 DFT 的周期性和对称性，减少乘法和加法运算次数，从而大幅度减少 DFT 的计算工作量，但是 FFT 算法要求数据均匀采样。对 GPS 连续观测站要求在数年的时间里均匀采样是不现实的，因此采用 FFT 计算 GPS 坐标时间序列的频谱时需首先对其进行插值。当时间序列间断时间较短时，一般插值方法均可获得较好的效果（张恒璟等，2011）。然而，当间隔时间较大时，通用的插值方法（如三次样条插值）效果不理想，甚至严重影响时间序列的分析结果。武艳强等（2004）通过对 GPS 和地震形变时间序列的研究，提出了多点三次样条插值的方法，在一定条件下可以解决时间序列处理中较多数据的缺失问题。

2.5.2.3 周期图法

周期图法是一种信号功率谱密度估计方法，计算方法是先取信号序列的离散傅里叶变换，然后取其幅频特性的平方除以序列长度 N，即：

$$X(\mathrm{e}^{j\omega})=\sum_{n=0}^{N-1}x(n)\mathrm{e}^{-j\omega n} \tag{2.40}$$

$$\hat{S}_{NX}(\omega)=\frac{1}{N}\left|X(\mathrm{e}^{j\omega})\right|^2 \tag{2.41}$$

由于序列 $x(n)$ 的离散傅里叶变换 $X(\mathrm{e}^{j\omega})$ 具有周期性，由此获得的功率谱 $\hat{S}_{NX}(\omega)$ 同样具有周期性，因此将其称为周期图。周期图是信号功率谱的有偏估计，与所选信号序列的长度有关，具有随机起伏的局限性。由于采用 DFT 计算功率谱，周期图法计算速度较慢，但是相较于 FFT 有一个优势，计算频谱时不需要均匀采样的数据。国内外学者已就周期图法的随机起伏局限性提出了多种解决方法，其中，改进的 Scargle 周期图法已广泛应用于非均匀 GPS 坐标时间序列频谱的计算（Scargle，1982；Bousquet et al.，2008）。

2.5.2.4 小波分析

考虑到基准站坐标受多种地球物理现象的共同影响，有随机变化的因素，而频谱分析方法不能识别信号的局部特征，可以使用小波分析在时间域和频率域同时研究时间序列的变化特性。

小波就是小的波形。“小”是指它具有衰减性，如局部非零；“波”是指它的波动性，即振幅呈振荡形式。作为一种时间窗和频率窗都可改变的时频局域化分析方法，小波分析技术在时、频两域都具有表征信号局部特征的能力，是时间序列分析的有效工具（李洁园，2009；杨厚明等，2024）。

实际应用中通常把连续小波变换的尺度和平移参数离散化，使之转化为离散小波变换形式，二进离散小波变换公式如下：

$$\begin{aligned} \Psi_{j,k}(t) &= 2^{f/2}\Psi(2^f t - k) \\ W_f(j,k) &= [f(t), \Psi_{j,k}(t)] \end{aligned} \tag{2.42}$$

对任一信号 S，离散小波变换第一步运算是将信号分为低频部分 A_1（近似部分）和高频部分 D_1（细节部分）。第二步改变尺度因子后再对低频部分 A_1 进行第一步的运算，依次反复进行。即有 $A_0 = A_1 \oplus D_1 = A_2 + D_2 + D_1 = \cdots$。假定采样率为 f_s，则信号序列包含的最高频率成分为 $\frac{f_s}{2}$，D_1、D_2、D_j 和 A_j 信号频率成分分别为 $\left[\frac{f_s}{4},\frac{f_s}{2}\right]$、$\left[\frac{f_s}{8},\frac{f_s}{4}\right]$、$\left[\frac{f_s}{2^{j+1}},\frac{f_s}{2^j}\right]$、$\left[0,\frac{f_s}{2^{j+1}}\right]$。

2.6　基于 GNSS 基准站坐标序列的地球参考框架建立与维持

地球参考框架是地球参考系的实现，除了能够给测绘和工程提供几何和物理基准外，还可以提供全球变化在气象和地球物理方面的部分监测信息，诸如海平面变化、冰质量的平衡、地表水文的变迁、地球动力学、地壳运动、地形变、大气降水、电离层变化等（陈俊勇，2005，2007）。研究地球参考框架的建立与维持在经济、社会、科学的发展过程中具有极其重要的意义。

2.6.1　利用 GNSS 基准站网建立地球参考框架

建立与维持地球参考框架的关键在于利用各种大地测量技术获取参考框架点的坐标和速度，实现参考系的各项规定。采用地心坐标系是国际测量界的总趋势。随着空间大地测量技术的迅猛发展，利用 GNSS 基准站网建立与维持高精度全球或区域地心动态坐标框架成为最经济有效的方式。

高精度地心坐标参考框架的建立不仅是个理论问题，也是个实际观测与数据处理问题，它与 GNSS 基准站网中 GNSS 站点的数量、质量、选取、分布、均匀性及密度、观测与数据处理方法等有关。根据建立坐标框架的 GNSS 基准站分布范围，可将地心坐标框架分为全球及区域坐标框架。

2.6.1.1　地球参考系及其实现

理想的地球参考系统定义为一个与地球接近且随之一起旋转的参考三面体。牛顿框架下的物理空间被看作一个三维欧几里得仿射空间，因此参考三面体也属于欧几里得仿射框架 (O,E)。其中，O 为空间内的一点，称之为原点，E 为矢量空间的基，规定 E 为右手正交系。参考系的定向采用与基矢量共线的 3 个单位向量表示，单位向量的长度则表示参考系的尺度 λ：

$$\lambda = \| \boldsymbol{E}_i \|_{i=1,2,3} \tag{2.43}$$

综上所述，理想参考系选取的关键问题是如何定义原点、尺度和定向参数。根据 IERS 协议 2010，国际地球参考系统 ITRS 最终定义为：

(1)坐标原点位于地心，它是整个地球（包含海洋和大气）的质量中心。

(2)长度单位是米，这一尺度和地心局部框架的 TCG 时间坐标保持一致，符合 IAU 和 IUGG 1991 年决议，由相对论模型得到。

(3)坐标系的初始定向采用国际时间局 BIH 给出的 1984.0 方向。

(4)定向随时间的演变由相对于整个地球的水平板块运动的无净旋转条件 NNR 保证。

假设参考系的原点近似位于地球质心(地心)，z 轴指向地极方向，尺度近似为国际单位制米，则任何位于地球附近的点的笛卡尔坐标从一个地球参考系统(1)转换到另一个地球参考系统(2)可以采用三维相似变换表示：

$$\boldsymbol{X}^{(2)} = \boldsymbol{T}_{1,2} + \lambda_{1,2} \cdot \boldsymbol{R}_{1,2} \cdot \boldsymbol{X}^{(1)} \tag{2.44}$$

式中：$\boldsymbol{T}_{1,2}$ 表示平移矢量；$\lambda_{1,2}$ 为尺度因子；$\boldsymbol{R}_{1,2}$ 为旋转矩阵。两个参考系间的标准变换可通过传统的七参数欧几里得相似变换完成：3 个平移参数、1 个尺度参数以及 3 个旋转角，分别记为 $T_1, T_2, T_3, D, R_1, R_2, R_3$，以及它们相对于时间的一阶倒数 $\dot{T}_1, \dot{T}_2, \dot{T}_3, \dot{D}, \dot{R}_1, \dot{R}_2, \dot{R}_3$。位于地球参考系统(1)下的坐标矢量 $\boldsymbol{X}_1$ 转换成地球参考系统(2)下的坐标矢量 $\boldsymbol{X}_2$ 的表达式为：

$$\boldsymbol{X}_2 = \boldsymbol{X}_1 + \boldsymbol{\Gamma} + D\boldsymbol{X}_1 + \boldsymbol{R}\boldsymbol{X}_1 \tag{2.45}$$

式中：$\lambda_{1,2} = 1 + D$，$\boldsymbol{R}_{1,2} = (\boldsymbol{I} + \boldsymbol{R})$；$\boldsymbol{I}$ 为单位矩阵；$\boldsymbol{\Gamma} = \begin{pmatrix} T_1 \\ T_2 \\ T_3 \end{pmatrix}$；$\boldsymbol{R} = \begin{pmatrix} 0 & -R_3 & R_2 \\ R_3 & 0 & -R_1 \\ -R_2 & R_1 & 0 \end{pmatrix}$。

通常情况下，$\boldsymbol{X}_1, \boldsymbol{X}_2, \boldsymbol{\Gamma}, D, \boldsymbol{R}$ 均为时间的函数，对式(2.45)按时间求导可得：

$$\dot{\boldsymbol{X}}_2 = \dot{\boldsymbol{X}}_1 + \dot{\boldsymbol{\Gamma}} + \dot{D}\boldsymbol{X}_1 + D\dot{\boldsymbol{X}}_1 + \dot{\boldsymbol{R}}\boldsymbol{X}_1 + \boldsymbol{R}\dot{\boldsymbol{X}}_1 \tag{2.46}$$

考虑到 D 和 $\boldsymbol{R}$ 的量级约为 10^{-5}，$\boldsymbol{X}$ 的值约为 10cm/a，$D\dot{\boldsymbol{X}}_1$ 和 $\boldsymbol{R}\dot{\boldsymbol{X}}_1$ 的值 100 年的变化约为 0.1mm，因此可以忽略不计。则式(2.46)可简写为：

$$\dot{\boldsymbol{X}}_2 = \dot{\boldsymbol{X}}_1 + \dot{\boldsymbol{\Gamma}} + \dot{D}\boldsymbol{X}_1 + \dot{\boldsymbol{R}}\boldsymbol{X}_1 \tag{2.47}$$

参考框架是参考系的物理实现，由一系列坐标及速率精确已知的物理点组成。在一个给定的时刻固定一个地球参考框架需要求解 7 个参数 $T_1, T_2, T_3, D, R_1, R_2, R_3$，若要定义参考框架的时间演化则需要附加以上 7 个参数所对应的时间导数 $\dot{T}_1, \dot{T}_2, \dot{T}_3, \dot{D}, \dot{R}_1, \dot{R}_2, \dot{R}_3$。利用 GNSS 基准站网建立参考框架的实质即为确定此 14 个转换参数。

ITRF、IGS 等全球地心坐标参考框架均为国际地球参考系统 ITRS 的实现，其基准应满足 ITRS 的定义。各国家建立的区域地心坐标参考框架同样应满足 ITRS 定义，并且以 ITRF 作为顶层框架，与 ITRF 基准站进行联测，是 ITRF 在各区域的加密。这里我们给出最新的 ITRF2008、ITRF2005 及中国大地坐标系 CGCS2000 基准的定义。

ITRF2008 基准的定义：

(1)原点，在 2005.0 相对于 ILRS 提供的 SLR 时间序列的平移参数和平移速率为零。

(2)尺度，在 2005.0 相对于 VLBI，SLR 时间序列平均尺度及尺度变化速率的尺度因子和尺度速率为零。

(3)定向，在 2000.0 相对于 ITRF2005 的旋转参数和旋转速率为零，通过 131 个站点的 179 个测站实现。

ITRF2005 基准的定义：

(1)原点，在 2000.0 与 ILRS 提供的 SLR 时间序列之间平移参数和平移速率为零。

(2)尺度，在 2000.0 与 IVS 提供的 VLBI 时间序列之间尺度因子和尺度速率为零。

(3)定向及其随时间的演变，在 2000.0 与 ITRF2000 之间旋转参数和旋转速率为零。

CGCS2000 基准的定义：

(1)原点，位于包括海洋和大气的整个地球的质量中心。

(2)长度，单位为米(SI)，与地心局部框架的 TCG(地心坐标时)时间坐标一致。

(3)初始定向由 1984.0 时国际时间局(BIH)的定向给定。

(4)定向随时间的演化由整个地球的水平构造运动无净旋转(no－net－rotation)条件保证。

2.6.1.2 GNSS 基准站的选择

GNSS 基准站的选择直接关系到所建立的坐标框架的质量，因此必须使用观测条件及硬件质量较好、稳定性较高的测站。ITRF 基准站的选择一般满足下列条件：

(1)尽可能保证测站在全球范围均匀分布。

(2)连续观测时间长达 3 年以上。

(3)埋点稳定，尽量远离板块交界处和板块变形区域。

(4)并置站优先考虑。

(5)速度误差优于 3mm/a。

(6)至少 3 种不同观测技术的解的速度残差小于 3mm/a。

图 2.8、图 2.9 给出了 ITRF2005 及 ITRF2008 所选用测站的全球分布。利用 GNSS 基准站实现全球及区域地心坐标框架时，其站点的选择应尽可能遵循上述原则。

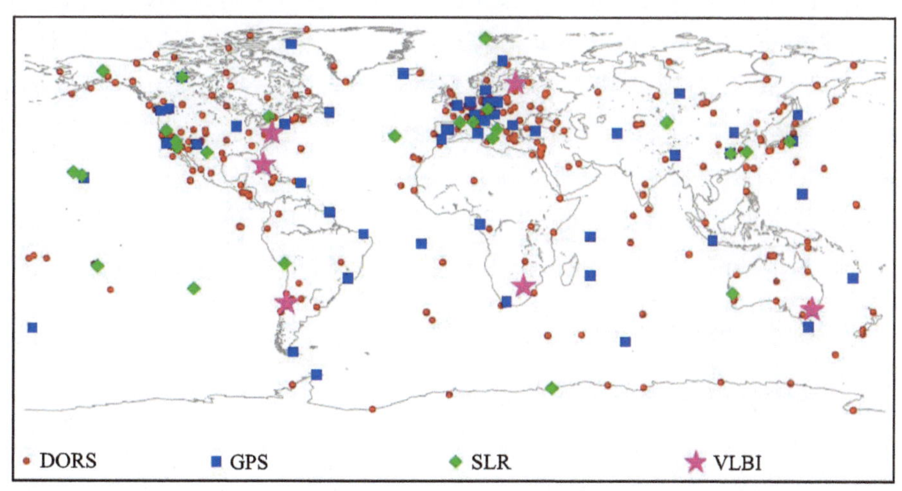

图 2.8 ITRF2005 站点分布

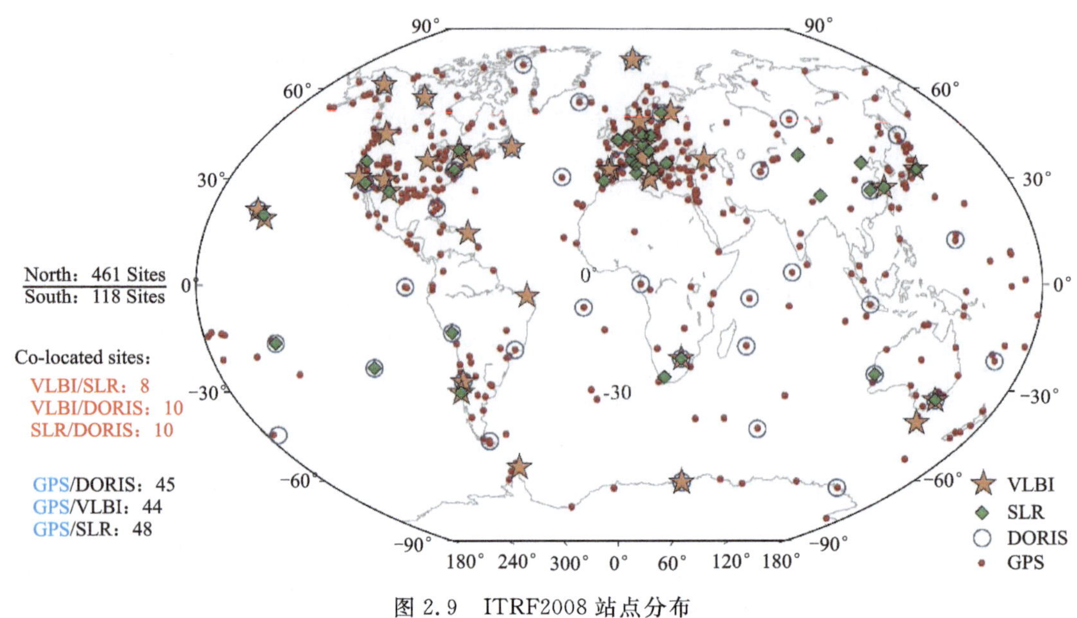

图 2.9　ITRF2008 站点分布

2.6.1.3　GNSS 技术的组合原理

目前地球参考框架的建立采用基于 SINEX 文件的组合方式，通过对经过处理得到的测站位置及速度进行 14 参数转换实现。组合分为两个层次：技术内组合（intra-technology combination）与技术间组合（inter-technology combination）。

技术内组合指的是同种技术间的组合，例如 IGS05 框架则是通过组合 7 个 IGS 分析中心的 SINEX 文件得到。技术间组合指的是不同技术间的组合，其实质是对各种技术内组合解进行二次组合，通过加入准确的并置站信息实现。根据 ITRS 及其实现 ITRF 的经验，不同空间大地测量技术组合的方法（即技术间组合）用于建立全球框架具有不可替代的优势。ITRF2005 及 ITRF2008 采用的则是这种组合方式，首先对各技术中心提供的时间序列 SINEX 文件进行技术内组合形成由参考时刻测站的位置及速度以及每日 EOP 组成的长期解，然后将得到的 4 种不同技术的长期累积解连同并置站的局部联系进行技术间组合，以获得最优的全球测站位置及速度（Altamimi et al.，2011）。其基本数据处理流程如图 2.10 所示。利用 GNSS 基准站网建立全球及区域地球参考框架时可采取同样的步骤。

2.6.1.4　利用 GNSS 技术建立地球参考框架的步骤

综合以上内容，利用 GNSS 技术建立地球参考框架可采取如下基本步骤：

（1）建立观测台站，进行空间测量。测站的选取可参照 ITRF 参考站标准。一般而言，高精度的测站位置仅需短期观测即可得到，但测站速度必须累计至少半年的观测资料。

（2）根据协议约定，按照参考框架的基准定义采用国际推荐的模型参数、常数，对观测数据进行处理，解算测站坐标及 EOP 参数。

（3）堆栈测站坐标及 EOP 参数序列，获得各种技术的周解 SINEX 文件，实施技术内组

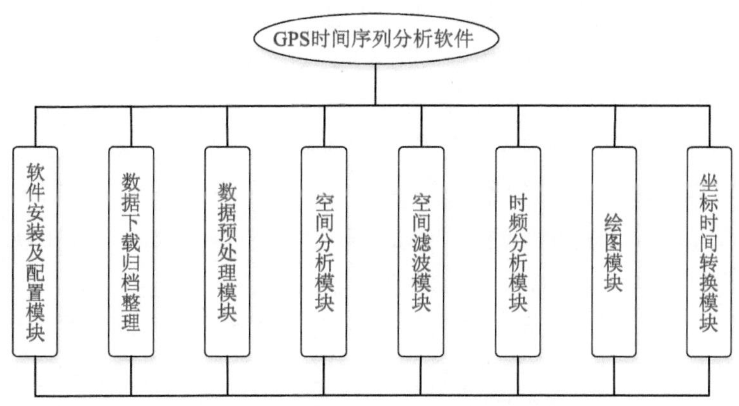

图 2.10　GPS 坐标时间序列分析软件框架

合，得到每种技术的长期解。

(4)检验并置站间局部联系的可用性及准确性，联合不同技术的长期解进行技术间组合，获得技术间组合的长期解，从而确定参考框架。

GPS 数据处理是国际参考框架（ITRF）维持及获得高精度 GPS 应用的前提，而高精度 GPS 数据的解算主要依赖于 GPS 后数据处理软件。GPS 单日解坐标序列作为 GPS 应用的数据基础，获取的坐标序列精度、可靠性优劣，直接影响后续的应用。GPS 处理方法一般可以分为两类：基于双差观测值（如 GAMIT）、非差观测值（如 GIPSY）。考虑到不同数据处理软件的算法存在的差异以及软件自身存在的随机误差、未模型化的系统误差等，可能对定位结果产生影响（Ye，2002）。现有的研究对不同数据处理软件的影响，如算法的不完善、解算模型是否存在模型随机误差及系统误差等缺乏深入的研究。因此，探讨单日解坐标序列解算的最佳策略，消除不同 GPS 高精度后数据处理软件自身算法的不完善、模型系统偏差等引入的随机及系统误差，提高坐标序列的精度有重要意义。

2.6.2　地心坐标参考框架的维持

现代大地坐标框架是动态的，或者准动态的。从地球动力学的观点来看，地面点坐标因板块运动、地壳形变、潮汐负荷等因素的影响而发生变化，因此对一个高精度的坐标系必须考虑该坐标系的维持问题，即需按一定的复测策略保证站坐标和速度的不断精化。根据范围、实现及应用的不同，可以把地球参考框架的维持简单地分为全球参考框架维持和区域参考框架维持。

全球参考框架的维持主要是为了满足地球动力学研究认识非刚性、动态地球的需要而提出的，要求提供长期、绝对的基准(包括原点、尺度、定向及其时间演化)。一般表现为两种形式：一是给出点位坐标的速度并对速度不断地进行修正；二是给出点位的时间序列。以点位速度模型形式维持参考框架是以测站作线性运动为前提，而坐标时间序列则可以表现测站的非线性运动、各种不连续性和物理参数的时变特性。

国际上精度最高、影响最大的全球参考框架 ITRF 的维持由 IERS 负责。ITRF 的维持是一个不断加深认识、不断完善的过程。ITRF88 和 ITRF89 仅给出了测站坐标，没有根据实测数据估计全球速率场，站速率推荐采用 AM0-2 模型。考虑到 AM0-2 是根据几百万年的变更资料确定的地质模型，从 ITRF91 开始使用实测数据估计速度场，无实测数据的地方则采用地质模型补齐，定向随时间的演变与板块运动模型 NNR-NUVEL-1 或者 NNR-NUVEL-1A 对准。从 ITRF88 到 ITRF97 均只给出了定向随时间的演变，并没有考虑原点和尺度的变化率，ITRF2000 和 ITRF2005 则明确给出了原点和尺度的速率定义。此外，ITRF2005 以前 ITRF 的维持以地面站的坐标和速度形式给出，从 ITRF2005 开始，站坐标时间序列成为新的 ITRF 产品。

区域参考框架的维持则主要是为了满足区域地球动力学研究以及快速精密定位的需要。对于区域参考框架维持，同样可以采用两种方法实现：①根据区域特有的变形特点，通过制定区域形变模型，实现所谓的“半动力基准”，例如新西兰大地基准 2000。该方法的关键在于建立区域形变模型。建立模型时，需考虑长期的形变趋势以及由异常事件引发的变形（例如地震或者火山作用）。②建立基于 GPS 技术的 CORS 网进行维持，例如欧洲的 EPN 永久跟踪站网络（Kenyeres and Bruyninx，2004）。该方法是公认的维持区域参考框架最经济、最有效的手段。建立 CORS 维持参考框架，意味着采用站点实测坐标时间序列方式，而不是采用欧拉模型方式来维持参考框架。

总的来说，无论是全球参考框架，还是区域参考框架，对框架点位坐标进行时间序列分析是维持地球参考框架的唯一有效手段。

2.6.3 全球及区域地心参考框架现状

2.6.3.1 全球地心参考框架

目前的全球性参考框架主要有国际地球参考框架 ITRF（International Terrestrial Reference Frame），IGS 参考框架，WGS84（World Geodetic System 1984），GLONASS 地球参考框架 PZ90，正在建设中的伽利略地球参考框架 GTRF（Galileo Terrestrial Reference Frame），以及中国拟建的北斗地球参考框架 CTRF（COMPASS Terrestrial Reference Frame）。ITRF 是 ITRS 的实现，为目前应用最广泛、精度最高的参考框架，被大多数研究机构所采用，GPS、Galileo 等所用的坐标系统均向其对准；IGS 与 ITRF 相似，但仅使用 GPS 数据进行实现和维持；PZ90、GTRF、CTRF 分别为 GLONASS、Galileo 卫星导航系统及中国的北斗卫星导航系统所使用的参考框架，是 ITRS 的具体实现之一。

1. 国际地球参考框架 ITRF

ITRF 由 IERS 通过全球分布的地面观测台站，采用 VLBI、SLR、GPS、DORIS 等空间大地测量技术的观测数据建立。其发展历程详见 2.5.1 节。从 ITRF2005 开始，ITRF 的实现基于站坐标和 EOP 参数（极移、UT1、日长参数）的时间序列，最终目标是建立实现 ICRF、ITRF、EOP 完全内洽的产品——IERS200x（Integrated Earth Orientation Parameters，Radio Sources，and Site Coordinates 200x）。

$$\text{IERS200x} = \text{ITRF200x} + \text{EOP200x} + \text{ICRF200x} \tag{2.48}$$

使用测站位置时间序列的优点是可以监测测站的非线性运动以及不连续性，研究参考框架物理参数、原点和尺度随时间的变化规律。从解的时间序列联合平差得到的 EOP 参数可以用来对 IERS 的 C04 序列(IERS 发布的 EOP 产品)进行再校准，从而保证 ITRF 和 EOP 的一致性。输入的时间序列解包括由国际 GNSS 服务组织 IGS(International GNSS Service)、国际激光测距服务组织 ILRS(International Laser Ranging Service)、国际 DORIS 服务组织 IDS(International DORIS Service)提供的周解，以及由国际甚长基线干涉服务组织 IVS (International VLBI Service for Geodesy and Astrometry)提供的日解。除 DORIS 之外，其他每种技术的时间序列解均基于技术内组合解。

2. 世界大地坐标系统 WGS84

WGS84 由美国国防部建立，是 GPS 系统采纳的大地测量参考系，于 20 世纪 80 年代中期推出，被作为 GPS 系统广播星历和 NIMA 精密星历的参考框架。为了维持和提高 WGS84 框架的精度，美国国防部先后对 WGS84 进行了 3 次精化处理，分别发布了 WGS84(G730)、WGS84(G873)和 WGS84(G1150)，其参考历元分别为 1994.0、1997.0 和 2001.0。由于数据质量和处理方法的提高，WGS84(1150)的精度及与 ITRF2000 的一致性水平有了显著的提高，在 1cm 精度水平上符合，各坐标分量的精度优于 1cm。

3. IGS 参考框架

IGS 参考框架为 IGS 产品提供了一个稳定可靠的内部参考框架，目前为止，IGS 已发布了 IGS96、IGS97、IGS00、IGb00、IGS05 及 IGS08 参考框架。与 ITRF 系列参考框架不同，这些参考框架仅基于 GPS 技术实现，保证了 IGS 产品的内部一致性。最新的 IGS 参考框架为 IGS08，选用 91 个高质量站点通过赫尔默特相似变换与 ITRF2008 对准(Rebischung et al.，2011)。

4. PZ-90

PZ-90 坐标系是俄罗斯的 GLONASS 卫星所采用的导航坐标系(魏娜，2008)，由地面 26 个点的地心坐标实现。这些点的地心坐标由站点对 Geo-IK 卫星的多普勒、激光测距、卫星测高以及对 GLONASS 和 Etalon 卫星的微波、激光观测数据用卫星大地测量方法计算得到，其坐标精度为 1～2m。这 26 个点包括了 GLONASS 的地面监测站。

由于资金问题，GLONASS 发展一度停滞，其参考框架的维持和精化也随之停滞。近年来发射了新的 GLONASS 卫星，使其逐步具备全球覆盖的能力，相信 GLONASS 参考框架的精化和维持将会有较大的发展。

5. 伽利略地球参考框架 GTRF

伽利略系统是欧洲的卫星导航系统，该系统与目前广泛使用的 GPS 系统相比，在技术、功能和服务领域上均具有领先优势。伽利略系统作为一个全球性的卫星导航定位系统，需要一个与之相匹配的国际地球参考框架，伽利略参考框架 GTRF 正是基于这一背景而建立的，符合 ITRS 的定义，并与 ITRF 对准。

GTRF 参考框架将直接服务于伽利略系统，是伽利略所有用户的基础。这些用户来自大地测量、地球物理、海洋学、全球变化、地理信息系统 GIS、地球灾害监测和导航等各方面。因此，高精度、稳定的伽利略参考框架 GTRF 的实现是伽利略所有最基本的产品和服务的基础。GTRF 的建立和维持，可以为伽利略卫星导航定位系统的产品和服务提供参考基准，对伽利略系统的推广和使用有着十分重要的意义，同时也可以为其他地球科学相关的研究与应用提供参考基准，对地球参考框架的精化以及开展航空航天、空间探测和系统地球方面的研究也有举足轻重的作用。

6. COMPASS 地球参考框架 CTRF

COMPASS 地球参考框架 CTRF 是中国拟建的地球参考框架，基于北斗导航系统 COMPASS 建立（杨元喜，2010；杨元喜等，2011），是所有 COMPASS 相关应用及服务的基础，同时也可以为我国对地观测及其他地球科学研究与应用提供参考框架。CTRF 的定义建议采用 ITRS 最新的 IERS 协议 2010 定义，使其成为 ITRS 的具体实现之一，并且与最新的 ITRF 参考框架（目前为 ITRF2008）对准。CTRF 的实现模式拟通过静态的地面跟踪站（包括 COMPASS、GPS、SLR、VLBI 跟踪站）和动态的卫星及天体共同建立与维持。为了保证 CTRF 的自洽性与精确性，CTRF 应不断更新并定期检核（自定义更新时间或者按照 IERS 协议更新）（刘经南等，2009）。

2.6.3.2　区域地心参考框架

尽管 ITRF 是国际公认的应用最为广泛、精度最高的地球参考框架，然而由于不同的用户对测站网的分布、密度和现势性有不同的要求，ITRF 网测站数量有限，全球分布也不均匀，显然不能满足导航、测图等实际应用，各国或地区根据需要建立和维持各自的区域参考框架是必需的。区域参考框架的实质是国家或洲际范围内对 ITRF 的加密。IAG 在 1992 年 IUGG 第 20 次大会一号决议中提出以下建议：①高精度大地测量学、地球动力学、海洋学研究应当直接使用 ITRF 或者与 ITRF 建立明确关系的其他参考框架。②为了获取较高的精度，可以建立相对刚性板块无显著运动的区域参考系统，而且这一参考系统在特定历元应当与 ITRS 精确符合。世界上大多数国家和机构都采用第一条建议建立和维持自己的参考框架，以保证区域参考系统对应的框架实现上与 ITRF 一致。北美、欧洲、澳大利亚、新西兰等发达国家和地区都相继建成了地心坐标系，在亚洲，我国周边国家也先后建立了地心参考框架，实现了地心参考框架的现代化。

1. 欧洲参考框架 EUREF

自 1987 年以来，IAG 第十委员会，积极致力于建立维持欧洲参考框架 EUREF，并且几乎所有欧洲的国家都积极参与了该项工作。EUREF 的长期目标是定义、实现及维持欧洲参考框架，包括地理空间位置及高程分量的确定。

EUREF 已经建立了“欧洲大地基准系统 89(ETRS89)”和“欧洲高程基准系统(EVRS)”。

ETRS 的定义为在 1989.0 与 ITRS 保持一致，并固连于稳定的欧亚板块，遵循 IAG 在 IUGG 第 20 次大会一号决议中的第二条建议。

ETRS89 由 EUREF 于 1995 年建立的 GPS 连续运行基准站（CORS）网（EPN）进行维持，可以提供具有厘米级精度的点位地心三维坐标。EPN 与 IGS 有紧密的联系和合作，是 IGS 在欧洲区域的加密，与 IGS 数据处理标准和模型完全一致。站点总数超过 200，并且 37% 的站点同时提供 GPS 及 GLONASS 数据。16 个分析中心分别按照 EUREF 技术工作组（TWG）的准则处理各子网数据，向 EPN 组合中心提交站坐标的周自由网解，然后由组合中心进行统一处理，组合成最终解 ETRFyy，与 ITRFyy 对准。从 GPS 周 1400 开始，IGS 采用绝对天线相位中心改正取代原来的相对天线相位中心改正，实现了 IGS05 框架，EPN 遵循同样的原则，从 GPS 周 1400 开始，与 IGS05 对准。

作为欧洲大地测量基础设施的支持，EUREF 已成为了关键的一环，并将成为全球大地测量观测系统（GGOS）的重要合作伙伴。ETRS89 和 EVRS 已由欧盟的“欧洲控制测量与欧洲地理学会”和“欧洲国家制图与地籍局”等单位推荐采用，以支持广泛地涉及大地坐标框架的多种科学应用和研究：如地球动力学、海平面监测和天气预报等。

2. 南美洲参考框架 SIRGAS

SIRGAS 是涉及美、中美和北美诸多国家的一项测绘科技合作计划，其主要目的是在美洲共同建立和维持一个洲际范畴的地心三维大地坐标框架，通过遍布整个拉丁美洲及加勒比海的大约 200 个连续运行站网络（SIRGAS-CON）实现。SIRGAS 的定义与 ITRS 一致，是 ITRS 在南美洲的区域加密。SIRGAS 成员国则通过构建 GNSS 连续运行站实现与 SIRGAS 兼容的国家参考体系。

从 GPS 周 1495 开始，SIRGAS-CON 的数据处理策略被重新定义为两个层次：选择均匀大陆分布，位置稳定的站点作为核心网（SIRGAS-CON-C），以维持参考框架的长期稳定性，并与 ITRS 建立基础联系；其他遍布各国的站点则作为区域加密子网（SIRGAS-CON-D），与核心网联合解算，从而获得各国各站点的地心三维坐标及速度。这样做的目的是各国可以遵循与 IERS 及 IGS 标准和协议一致的 SIRGAS 数据处理准则，处理自己国家境内的连续运行站数据，得到各国自身的参考框架。SIRGAS-CON-C 网的解算由德国大地测量研究所（DGFI）负责。DGFI 同时也是 IGS 的一个协作组织。由于并非各国都有自己的处理中心，因此现有的站点被分成了 3 个加密网（北部、中部和南部加密网），各加密网由当地数据处理中心（IGAC、IBGE、IGG-CIMA）完成。4 个分析中心分别提供测站坐标的松弛周解，然后再由 SIRGAS 组合中心（DGFI、IBGE）使用统一的策略进行组合，得到框架点的最终坐标及速度。此前，所有 SIRGAS-CON 网的数据均由 DGFI 处理。这种数据分析处理策略迄今为止与之前的解算方法符合得很好，但是如今的子网分布存在两个缺点：①各 SIRGAS-CON 站点在不同的子网解算时所赋的权重不等；②由于没有足够多的当地处理中心，各处理中心必需的冗余度不够（即每个站点至少参与 3 个处理中心的计算）。因此，必须在拉丁美洲各国加强建设当地处理中心，例如阿根廷、墨西哥、秘鲁、厄瓜多尔、乌拉圭、委内瑞拉等。

如今 SIRGAS 已完成了两个大地测量项目，即 SIRGAS95（与 ITRF94 对准，参考历元

1995.0)和SIRGAS2000(与ITRF2000对准,参考历元2000.0),计划今后的任务是将美洲各国的大地网联测,将各个国家的大地网作为SIRGAS整个大地坐标框架中的一个子框架(一个分网)。此外SIRGAS还计划为全美洲定义、实现和维持一个统一的正常高程系统。

3. 北美参考框架 NAREF &SNARF

NAREF是ITRF/IGS在北美地区的加密,可划分为6个区域子网,包括北美超过800个连续运行站(其中有55个站同时属于ITRF/IGS框架点),数据处理严格遵循IGS标准,提供的产品包括站坐标的周解及年速度。为了更好地表征板块内部的运动,2003年北美有关测绘部门建立了一个“稳定的北美大地坐标框架(SNARF1.0)”工作组,其目标是定义一个毫米级板块固定的北美参考框架,用于支持在该区域开展的有关地球动力学研究,如板块内运动的地球物理解释,以及速度场的对比等(陈俊勇和党亚民,2009)。SNARF采用质量最好的118个基准点定义(标石稳定,且连续观测时间超过3年),在IGb00框架下组合NAREF的6个区域子网、北美东部的普渡解(GAMIT与GIPSY的联合解)以及加拿大的基础网(CBN)三部分的解,最终生成SNARF1.0,与ITRF2000保持一致,参考历元为2003.0。框架点的选择依据地质和工程所认定的稳定标准而定,分布均匀,位于所在板块的稳定部分,以定义无整体旋转约束(no-net-rotation)条件。此外,该框架采用了一种使GPS速度场和冰后回弹调整的地球物理模型有机结合的新技术,利用该技术,可以很好地对板内水平和垂直运动用模型进行描述。

2005年6月,在UNAVCO的年度报告里,发布了该参考框架的第一个版本。基于改进的GPS速度场和ITRF2005的该参考框架新版本于2007年底发布,其产品包括所有参考点的坐标和速度场值、一个冰后回弹调整模型,以及ITRF2000下的板块旋转矢量。今后,SNARF将增加基准站的数目,融入新建立的区域网解,例如阿拉斯加地区及加拿大西北部的GIPSY解等,进一步扩大SNARF的覆盖密度,考虑除冰后回弹以外的地球物理因素影响的测站位移,如水文负荷与大气负荷等,从而逐步取代与ITRF相差1.5m的北美基准NAD83。

4. 非洲参考框架 ARREF

非洲超过50个国家采用不同的大地基准和坐标系,并且有的国家同时使用两种或者多种局部坐标系,各国互不兼容,边界区域存在分歧,使得与地理信息有关的区域及大陆制图和规划遭遇了极大的挑战,建立统一的非洲坐标系统成为迫切的需求。

2000年以来,IAG、IGS强烈主张通过共享国际资源和技术合作,基于全球导航定位系统(GNSS)在非洲建立统一的、与ITRF及IGS标准一致的现代地心坐标框架AFREF。AFREF是ITRF在非洲大陆的加密,通过间距大约1000km的永久GPS站网实现和维持,用户可以免费获取站点数据。这些站和全球IGS站统一解算,解算策略遵循IGS/IERS协议,获得的站点精度为厘米级。AFREF将整个非洲大陆按照地理分布划分为5个子网:NAFREF(north)、AFREF(south)、CAFREF(center)、EAFREF(east)、WAFREF(west)。实际上,AFREF是一个基准网,该网可以今后在各国家范围内建立永久/半永久GPS运行站实施加密,建成属于各个国家的、与ITRF一致的国家坐标参考框架(Lavallée et al.,2006)。

AFREF 提供的产品与 IGS 相同，包括各站点的坐标、精密轨道以及为大气建模提供导航数据。就局部应用而言，当地用户可以使用一台接收机通过与连续运行 GPS 站的观测数据进行后处理得到站坐标。

AFREF 具有广泛的用途，其最终目的将实现非洲大陆测绘产品的基准统一转换，建立统一的垂直基准，并为非洲精确大地水准面的建立提供支持，同时为地壳形变研究提供连续监测数据。此外，航空业也将从中受益，实现精密导航。与此类似，AFREF 采用的定位技术还将在长期气候监测、地基天气预报以及实现毫米级的长期海平面监测中发挥潜力；而低轨卫星携带的机载 GPS 接收机则能帮助我们更深入地了解地球重力场及大气、电离层映射以及精确授时的细节信息。

5. 中国大地坐标系 CGCS2000

经典大地测量网标定的坐标系统不可避免地存在局部变形，因为经典大地测量受局部地球物理因素的影响，如地壳运动、局部大气影响等。此外，经典大地测量网还受累积误差的影响。单纯采用参心、二维、低精度、静态的大地坐标系统，例如 1954 北京坐标系、1980 西安坐标系及其相应的基础设施作为我国现行应用的测绘基准，必然会带来越来越多的不协调问题，产生众多矛盾，制约高新技术的应用。为了顺应时代的需求，2008 年 7 月 1 日起，我国全面启用 2000 国家大地坐标系（CGCS2000）。

CGCS2000 坐标框架是由分布全国的 30 个永久跟踪站、2600 个“2000 国家 GPS 大地控制点”和原有天文大地网点组成，是我国第一个地心三维、连接于国际地球参考框架 ITRF97，坐标具有明确历元（2000.0），点位间相对精度达 10^{-7}，相对于地心绝对点位精度（GPS 网点）优于 0.2m 的坐标框架。参考框架通过连续的或重复的高精度空间大地测量观测维持其动态性，参考历元为 2000.0，体现为 2000 国家 GPS 大地网在历元 2000.0 的点位坐标和速度，也就是说，CGCS2000 框架由大约 2500 个 GPS 点在历元 $t_0=2000.0$ 的坐标 $X(t_0)$ 和速度 $\dot{X}(t_0)$ 构成。这些点在历元 $t(t\neq t_0)$ 的坐标 $X(t)$ 按下式计算：

$$X(t) = X(t_0) + (t - t_0)X(t_0) \tag{2.49}$$

如果速度 $X(t_0)$ 未知，还应根据周围已知点的速度内插得到，或按现成的板块运动模型计算。

CGCS2000 的科学性、先进性和实用性是显而易见的。我国采用 CGCS2000 对满足国民经济建设、社会发展、国防建设和科学研究的需求有十分重要的意义。

6. 我国周边国家大地坐标系

在亚洲，我国周边国家也先后建立了地心参考框架，实现了地心参考框架的现代化。例如，日本于 2000 年 4 月起启用新的地心三维大地基准 JGD2000，取代已采用百余年的东京大地基准 TD1918（陈俊勇和党亚民，2009）。JGD2000 是通过日本 GPS 网与 IGS 站联测，并与 IGS 数据联合处理，将国际地球参考框架 ITRF94 引入日本而实现的。其原点通过由 IERS 使用多种空间大地测量技术在 ITRF94 下的经度和纬度确定。也就是说，JGD2000 是

ITRF94 在日本的扩展与实现。

蒙古国近年建立了新的国家大地坐标框架 MONREF97。该大地框架是在瑞典支援下，采用 GPS 观测完成的，和 WGS84 保持一致，取代了原来的蒙古国家二维平面坐标系 MSK42（采用克拉索夫斯基椭球），坐标系统和苏联普尔科夫 1942 系统保持一致。

1998 年新西兰引入新的国家大地基准 NZGD2000，它定义为一个半动态大地基准，并和国家地形变模型结合，以保持基准的精度，该基准的历元确定为 2000.0。形变模型可以使得在某一历元观测得到的大地坐标归算到所需要的历元时刻的值，而不必使所有大地点坐标都归算到与大地基准相应的 2000.0 历元（陈俊勇和党亚民，2009）。

为了满足 21 世纪各类用户的需求，韩国于 1998 年推出一个全新的国家三维地心大地坐标系统（KGD2000）。KGD2000 的核心部分是有足够数量和分布合理的 GPS 连续运行站（COS），通过 COS 与国际地面参考框架（ITRF97）的不断联测来实现的，历元采用 2000.0。它将向用户提供精确的、附有时相的三维地心空间坐标，与 ITRF 保持一致（陈俊勇，2003）。

马来西亚通过将已有的 GPS 大地网（PGGN），共 238 个点拼接到分布全国的数十个 GPS 永久性连续运行站网络（MASS），以使马来西亚国家三维地心坐标框架点的分布和密度实用、合理，最终建成马来西亚国家三维地心大地坐标系统（NGRF2000）。MASS 各站点坐标利用两年的 GPS 跟踪站数据（1999 年 1 月 1 日至 2000 年 12 月 31 日）与 ITRF97 联测确定，定义于 ITRF97，历元为 2000.0，其平差后精度的水平分量为 ±1cm，高程分量为 ±2cm（陈俊勇，2003）。

2.7 GNSS 坐标时间序列分析基本步骤

GPS 坐标时间序列的分析主要通过以下步骤进行。

（1）获取原始观测数据：数据可以通过 ftp://garner.ucsd.edu/获取，获取的数据包括观测 O 文件、轨道文件、表文件等，对文件进行相应的编辑、归档整理。

（2）采用高精度 GPS 后处理软件（如 GAMIT、GIPSY、QOCA 等）对 GPS 观测数据进行解算，获取 GPS 站坐标、速度参数。

（3）为了较好地分析 GPS 站坐标序列的非线性变化，通常需要将测站的笛卡尔坐标（*XYZ*）转换到测站地方站心坐标系。

（4）对获得的 NEU 坐标时间序列进行去趋势、去均值等处理，对残差序列的 Offset、粗差、地震运动引起的位移变化等进行探测及改正。

（5）对未改正的地表环境负载进行相应的负载效应纠正，去除负载效应引起的测站非线性位移。

（6）对上述残差序列进行非构造信号分析，对残差序列中的共模误差进行分离。

（7）考虑线性运动及周期性变化，对测站沿 N、E、U 方向的运动进行重建模，利用模型拟合获得的残差进行噪声特性分析，获取恰当的噪声模型，求得不确定度更符合实际情况的模型参数加权最小二乘解。

第 3 章　GNSS 基准站坐标序列解算

3.1　GNSS 基准站坐标序列解算软件

3.1.1　GAMIT 数据处理策略

GAMIT 通过对双差观测值进行处理，根据观测值之间的相关性，可以消除或减弱 GPS 观测手段本身的误差（如卫星接收机钟差、电离层延迟等），从而达到提高精度的目的（King et al.，1985；Bock et al.，1986；Schaffrin and Bock，1988）。GAMIT 的输出内容为参数的估计值及其协方差，包括测站坐标、速度、大气天顶延迟、卫星轨道和地球自转（定向）参数等估值，即松弛约束解（H 文件），其数据处理流程见图 3.1。

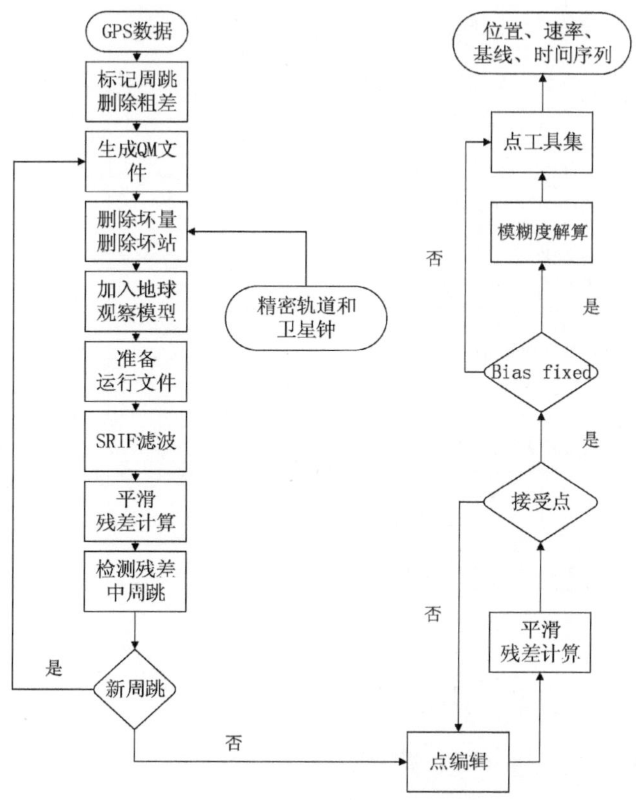

图 3.1　GAMIT 软件数据处理流程

3.1.2 GIPSY 数据处理策略

GIPSY 在进行数据处理过程中，直接对载波非差观测量以精密单点定位(precise point positioning，PPP)的方式进行处理分析。另外，GIPSY 通过卡尔曼滤波进行参数估计，通过滤波算法能对观测值进行抗差估计，提高 GPS 解算的精度。GIPSY 在数据处理过程中，先对测站的三维坐标进行解算，同时计算出对应的方差-协方差信息，获得 GPS 坐标单日解(单日时段解)，其数据处理流程见图 3.2。

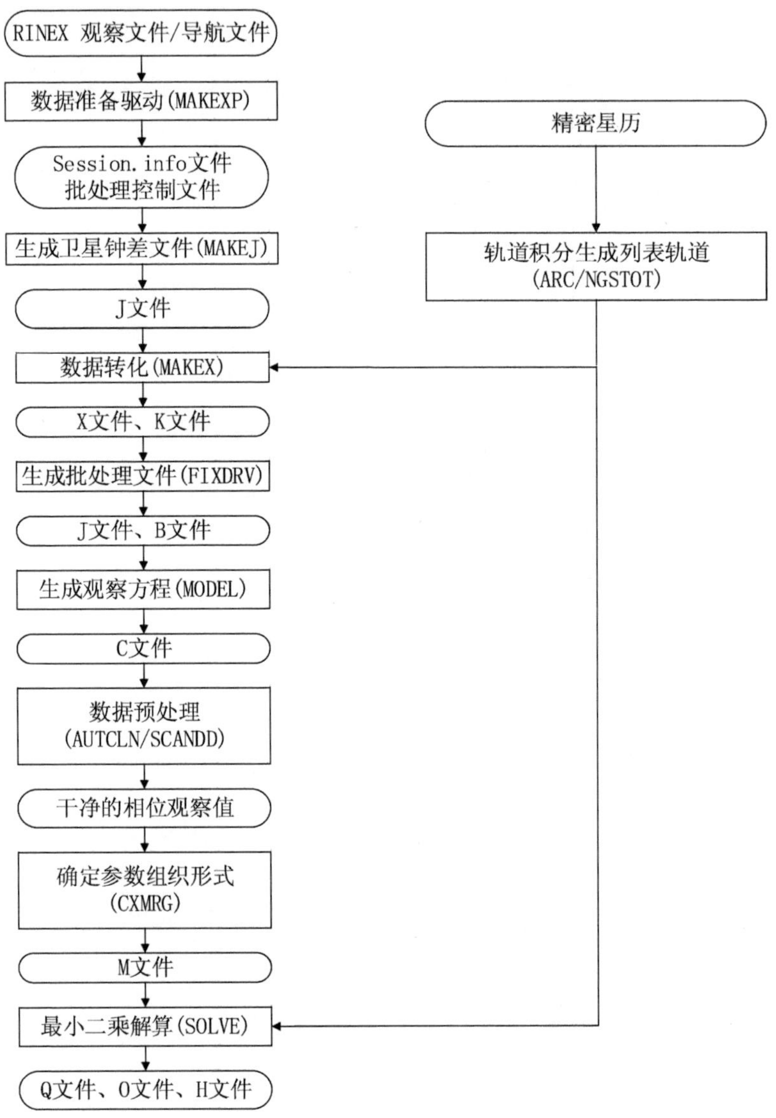

图 3.2　GIPSY 软件数据处理流程

3.1.3 QOCA 数据处理策略

QOCA 是由美国宇航局和喷气推进实验室共同合作开发的一款关于空间大地测量的数

据后处理软件，可以对不同松弛约束大地测站坐标和速度解进行解算，以获得不同空间大地策略观测值的联合解结果（Dong，1998；Dong et al.，2002）。QOCA 可以对各类松弛约束解（如 GIPSY、GAMIT 解）进行网平差，为不同数据源联合平差求解提供可能。相比于 GAMIT、GIPSY，QOCA 使用用户相对较少，其安装方法见 Hector 2.1 版手册说明书，在此不再叙述（林超才，2012）。需要注意的是在安装 QOCA 过程中若弹出“未发现软件包 libg2c0，gcc-3.4-base”错误，主要是由于 ubuntu 服务器源列表中找不到对应的软件包，其解决方法为更新 Ubuntu 源（以 Ubuntu 14.04 版本为例），即在“sources.list 文件”中增加下述内容。

```
deb http://archive.ubuntu.com/ubuntu trusty restricted multiverse
deb http://archive.ubuntu.com/ubuntu trusty-security restricted multiverse
deb http://archive.ubuntu.com/ubuntu trusty-updates restricted multiverse
deb http://archive.ubuntu.com/ubuntu trusty-proposed restricted multiverse
deb http://archive.ubuntu.com/ubuntu trusty-backports restricted multiverse
deb http://archive.ubuntu.com/ubuntu/hardy universe
deb-src http://archive.ubuntu.com/ubuntu/hardy universe
deb http://snapshot.debian.org/archive/debian/20070730T000000Z/lenny main
deb-src http://snapshot.debian.org/archive/debian/20070730T000000Z/lenny main
debhttp://snapshot.debian.org/archive/debian-securit/20070730T000000Z/
```

然后对 ubuntu 源列表进行更新，进行相应的软件安装后即可使用 QOCA 进行相应的数据处理工作。QOCA 的子模块“st_filter”主要用来对不同来源的空间大地测量数据进行联合解处理，st_filter 不是直接对空间大地测量的原始观测数据（如观测值 O 文件）进行处理，而是将不同观测技术获得的中间处理结果（如 GPS 单日松弛解）作为准观测值，对其进行联合解算（Dong，1998）。st_filter 进行空间大地测量观测联合解主要分两步进行：首先是把各种不同观测手段得到的松弛约束解绑在一起，形成一个内部的统一解。然后对不同约束解通过公共参数（公共测站、卫星轨道），把不同的解通过旋转和平移统一到共同的基准下。

3.2　GNSS 基准站坐标序列解算模型及数据处理策略

3.2.1　加权联合解数学模型

在进行 GPS 单日解解算之前，简要介绍一下 st_filter 使用不同软件解算的单日松弛解进行联合处理的基本原理及数据处理方法。

GIPSY、GAMIT 所获得的 GPS 单日解为单日松弛解以及全协方差矩阵，由于不同解之间采用不同的解算策略以及部分模型差异，使得不同解存在系统误差，联合解理论上能获得更高的解算结果。联合解的目的就是将不同软件及对应策略的松弛解统一到同一参考框架下，并消除不同松弛解之间的系统偏差。在联合解算过程中，GAMIT、GIPSY 的松弛解被当作准观测值（quasi-observations）$X(t)$，作为输入文件，其形式如下（Dong，1998）：

$$X_i(t) = (1+l)X_0 + (t-t_0)V_0 + \sum_k r_k(t,t_k)\xi_k + \tau_x + (t-t_0)\tau_v + \boldsymbol{\mu}\omega_x + \boldsymbol{\mu}(t-t_0)\omega_v + \varepsilon(t) \tag{3.1}$$

式中：X_0 为在参考历元 t_0 时刻的位置；l 为尺度(比例)因子；v_0 为速度；ξ_k 为非线性位移(如阶跃、季节项和震后变形等)；$r_k(t,t_k)$ 为 X_k 的系数；t_x 、t_v 分别为平移及其速率参数；ω_x 和 ω_v 为旋转及其速率参数；$\boldsymbol{\mu}$ 为旋转矩阵；$\varepsilon(t)$ 代表观测误差。对单日解坐标序列，准观测值序列 $X(t)$可以简化为(Segall and Mathews，1988)：

$$X_i(t) = (1+\lambda_i)X(t) + \tau_i + \boldsymbol{\mu}\omega_i + \varepsilon(t) \tag{3.2}$$

联合解算通过卡尔曼滤波方法进行实现，第 k 步的观测方程可以表示为：

$$\delta l_k = \boldsymbol{A}_k \delta x_k + \varepsilon_k \tag{3.3}$$

式中：δl_k 代表准观测值；A_k 为设计矩阵；δx_k 为估计参数；ε_k 为观测误差。从第 k 步到第 $(k+1)$ 步，状态转移方程可表示为：

$$\delta \hat{x}_{k+1} = \boldsymbol{S}_k \delta x_k + q_k \tag{3.4}$$

$\delta \hat{x}_{k+1}$ 为第 $(k+1)$ 步状态转换后的估计参数；$\boldsymbol{S}_k$ 代表状态转移矩阵；q_k 为随机状态扰动过程。从第 k 步到第 $(k+1)$ 步估计参数的预测方程表达式为：

$$\delta x_{k+1\mid k} = S_k \delta x_k \tag{3.5}$$

对应的协方差矩阵表达式为：

$$\boldsymbol{C}_{k+1\mid k} = S_k \boldsymbol{C}_k S_k^{\mathrm{T}} + \boldsymbol{Q}_k \tag{3.6}$$

$\boldsymbol{C}_k$ 为第 k 步估计出的协方差矩阵；$\boldsymbol{C}_{k+1\mid k}$ 表示预测得到的第$(k+1)$时刻的一步预测方差阵；$\boldsymbol{Q}_k$ 为扰动过程的协方差矩阵。更新后第$(k+1)$时刻的方程为：

$$\delta x_{k+1} = \delta x_{k+1\mid k} + K_{k+1}(\delta l_{k+1} - A_{k+1}\delta x_{k+1\mid k}) \tag{3.7}$$

式中：K_{k+1} 为卡尔曼滤波增益，$K_{k+1} = C_{k+1|k}A_{k+1}^{\mathrm{T}}(P_{k+1} + A_{k+1}C_{k+1|k}A_{k+1}^{\mathrm{T}})^{-1}$，$P_{k+1}$ 为$(k+1)$时刻观测值的协方差矩阵。然而对于实际中的联合解算，方程可以被简化成没有状态扰动项(q_k 和 $\boldsymbol{Q}_k$ 均为零)以及 S_k 为单位矩阵，结果 $x_{k+1\mid k}$ 等于 x_k，$C_{k+1\mid k}$ 等于 C_k。对 GAMIT、GIPSY 联合解算过程中，考虑到不同解算策略、模型存在不同的系统性偏差，使得准确观测值的先验方差存在尺度偏差(scale difference)，解决方法是对不同解进行加权联合。SOPAC 给的经验值为 GIMIT：GIPSY=1：2.4，该经验值是否可靠有待进一步研究(Dong，1998)。经过联合解处理后，不同解被统一到同一框架下，但获取的联合解仍然是松弛解(内部自洽的统一解)，需要将其统一到指定参考框架下(如 ITRF2008)。通过七参数转换(3 个旋转参数、3 个平移参数、1 个比例因子)将联合解固定到指定参考框架下(Rothacher et al.，1998；Teferle et al.，2007)。

3.2.2 GPS 单日解坐标序列数据处理流程

GPS 单日解坐标时间序列数据处理流程如下：

(1)首先，使用 GAMIT 软件通过双差观测法进行处理，对图 3.3 中 IGS 测站的原始观测数据(RINEX 格式)进行处理，获得 IGS 站的参数的估计值及其协方差，包括测站坐标、速度、大气天顶延迟、卫星轨道和地球自转参数等估值，即松弛约束解 H 文件(Herring et al.，2008)。为了保证数据解算的可靠性，本书采用 SOPAC 解算后的松弛解(Hfiles，松弛解数据及详细介绍可通过 ftp://garner. ucsd. edu 获取)，如 SOPAC 的 ftp 子目录"/pub/hfiles/2015/001/"下为 2015 年 1 月 1 日的松弛解结果，包含全球 IGS 站的坐标参数估值及其协方差矩阵等信息)，对 SOPAC 的松弛解进行后续的网平差等数据处理。

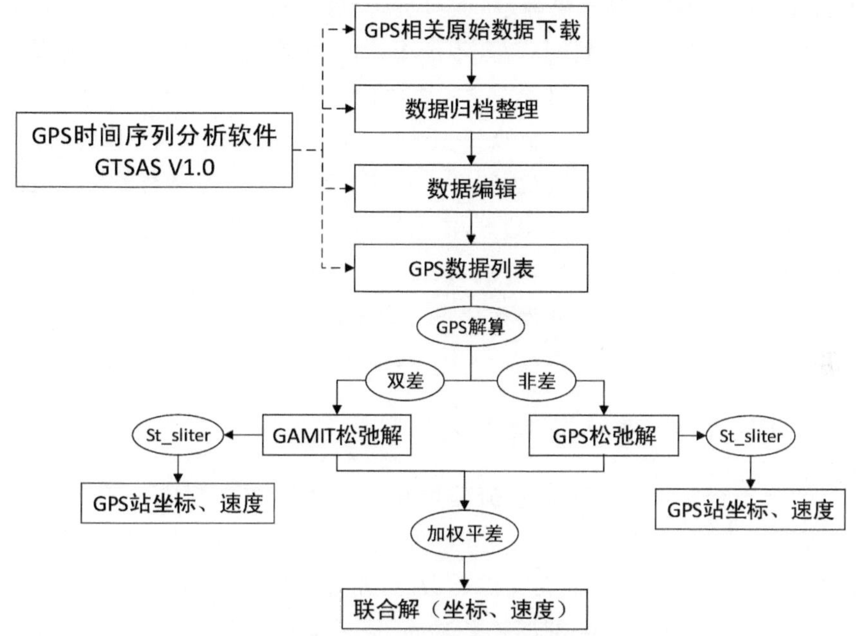

图 3.3　GIPSY、GAMIT 松弛解及联合解数据处理流程

(2)然后，采用 GIPSY 软件同样对图 3.3 中相应 IGS 测站的原始观测数据(RINEX 格式)进行处理，获得 IGS 站的参数的估计值及其协方差，包括测站坐标速度等参数估值。本书用 JPL 解算后的单日松弛解进行后续的相关数据处理，GIPSY 松弛解数据文件(stacov. loose. gz)可通过以下网址获取(ftp://_garner. ucsd. edu/pub/solutions/gipsy)，如 2015 年 1 月1 日的松弛解为 2015-01-01. _stacov. loose. gz。表 3.1 给出了 GIPSY、GAMIT 数据处理过程中所采用的相关模型参数及相关配置(Bohm et al.，2006)。

表 3.1　GAMIT/GIPSY 解算模型及策略(引自 http://geoapp03. ucsd. edu/gridsphere/gridsphere)

解算策略	GAMIT/GIPSY
固体潮模型	IERS 2003 convention
海潮模型	FES04 model(CMC)
极潮模型	IERS 2003 convention
卫星偏航模型	JPL
投影函数	Global Mapping Function
天线模型	绝对 IGS 相位中心

除了表 3.1 中所述参数及模型，在 GAMIT 数据处理过程中由于使用的是双差观测值，一阶电离层影响、卫星钟差、接收机钟差等通过差分方法得到了较好的消除或减弱，另外在数据处理过程中 SOPAC 采用的卫星截止高度角为 10°。而 JPL 所发布 GIPSY 松弛解施加了二阶电离层效应改正，以改善非差观测值不能消除电离层影响的缺陷，另外与 GAMIT 不同的是，JPL 卫星截止高度角为 7°。

(3)上述步骤获取的 GPS 单日松弛解，通过进行 GPS 网平差可以将不同解算模型下的单日松弛解通过公共点及卫星统一到同一框架下，得到测站坐标、速度及相关参数值。另外对不同软件及模型获得的单日解进行联合平差，从理论上讲，联合解可以充分吸取不同软件模型的优势，减弱随机误差的影响，减弱解算模型策略中引入的系统偏差，最终提高解算结果的精度。为了将 GAMIT 解与 GIPSY 解进行联合处理，采用 QOCA 软件将 GAMIT 和 GIPSY 的单日松弛解当成准观测值，通过公共站点和卫星，对单日解进行加权联合平差，以实现不同解算软件及策略的观测值融合，通过联合解与单一模型解进行对比分析，进一步对不同软件模型和解算策略中存在的偏差及系统误差进行分析。GIPSY、GAMIT 松弛解及联合解数据处理流程见图 3.3。

3.2.3 GPS 单日解批处理策略

根据 GPS 单日解坐标序列数据处理流程可知，为了对经 GAMIT、GIPSY 解算后的松弛解进行网平差及联合解算，采用“st_filter”进行处理，“st_filter”和 GAMIT 的“globk”模块功能类似，图 3.4 给出了 st_filter 的驱动文件(.drv)，左边列为关键字，右边列为对应的文件及其所在路径，st_filter 类似于 globk 的网平差功能，通过“st_filter”可以实现 GPS 网平差。

```
input satellite list file(sate_list):  gk1781_1784_orb.svs
input qob list file(in_list):       datafile_1781_1784.list
apriori value file:                 ../tables/itrf2008.net
otl_sigma (enu, meter):             0.35 0.25 0.3
otl_residual (enu, meter):          0.35 0.30 0.5
otl_nodata (xyz, meter):            50.0 50.0 50.0
reference frame:                    WGS84
input site list file(site_list):    global.site
est_parameter list file:            ../tables/comb_param.list
output file:                        output/1781_1784_comb.out
mapping file:                       output/1781_1784_comb.map coordinate
baseline file:                      output/1781_1784_comb.bsl
screening file:                     tmp.screen
residual_file:                      output/1781_1784_comb.res constraint
internal constraint file:           ../tables/inter.list
warning_file:                       output/1781_1784_comb.WARNING
```

图 3.4 st_filter.drv 驱动文件

对于 GPS 高精度应用，一般要求 GPS 坐标时间序列的长度在 2.5 年以上，因此 GPS 单日解坐标序列数据处理是一项繁杂的工作。如果按照年积日(day)进行单日数据解算处理，数据处理工作将十分繁琐，且容易出现错误。因此如何提高数据处理的效率、获得可靠的 GPS 坐标时间序列有重要意义。基于此，我们提出了 GPS 单日解批处理策略，并结合开发的软件 GTSAS V1.0 进行相应的数据处理及分析，其具体实现如下：在采用“st_filter”对 GPS

单日解坐标序列进行处理时，需要准备卫星轨道文件以及输入数据文件，相比以“年积日”的单日解处理方法，我们做了如下改进：

(1)卫星轨道文件(sate_list)：卫星轨道文件默认是以 GPS 周文件存储，如 gk1781_orb.svs 表示第 1781 GPS 周的轨道文件，即 2 月 23 日至 2 月 1 日对应年积日的轨道文件，轨道文件可以通过 ftp://garner.ucsd.edu/combinations/week/获取，默认情况下处理某一年积日的 GPS 观测数据，只需准备对应年积日的轨道文件即可。为了使数据处理更加高效，采用的策略是将 4 个 GPS 周轨道文件合并为一个文件(如将 1781～1784 的周轨道文件合并为一个文件 gk1781_1784_orb.svs，严格按照固定的格式对文件进行命名，以便于后续的批处理)，即一次可以处理 28 天的数据，极大地提高了数据处理的效率。但当轨道周数增加较大时，会出现矩阵溢出等情况，因此，本书所处理的单日解坐标序列均以 4 周的形式进行并行处理。

(2)输入数据文件列表文件(in_list)：该文件给出了输入文件的列表文件名和路径，代表解算的输入文件，与卫星轨道相对应。“datafile_1781_1784.list”中列出的数据文件是真正含数据的文件，在本书中主要指 GAMIT、GIPSY 对应的松弛解数据文件。下面给出 GIPSY、GAMIT 以及联合解的文件样例。

GIPSY 松弛解输入数据文件列表文件样例如下：

```
28
/data/GIPSY/2014-02-23.stacov.loose.gz   41   4   1.0   1
/data/GIPSY/2014-02-24.stacov.loose.gz   41   4   1.0   1
……………………………………………………………………………………
/data/GIPSY/2014-03-22.stacov.loose.gz   41   4   1.0   1
```

其中“28”代表处理文件个数，与 GPS 轨道文件相对应，第二行开始列出对应存放目录及文件内容，“41”为 GIPSY 输出的 stacov 格式文件坐标文件，“4”代表一天一个解，即对每一行的松弛解进行解算，得到对应年积日的坐标、速度参数，“1.0”为权，因为所有解都是 GIPSY，因此采用等权处理。

同样，下面给出 GAMIT 松弛解输入数据文件列表文件样例：

```
1583
/data/GAMIT/1781_1784/hswu1a.14054   45   4   1.0   1
/data/GAMIT/1781_1784/hseu1a.14054   45   0   1.0   1
……………………………………………………………………………………
/data/GAMIT/1781_1784/hswu1a.14055   45   4   1.0   1
/data/GAMIT/1781_1784/hseu1a.14055   45   0   1.0   1
……………………………………………………………………………………
/data/GAMIT/1781_1784/hswu1a.14081   45   4   1.0   1
……………………………………………………………………………………
/data/GAMIT/1781_1784/hpan5a.14081   45   0   1.0   1
```

与 GIPSY 不同的是，GAMIT 的松弛解并不是按照一天一个 stacov.loose 文件格式存储，而是以若干 hfile 格式存放于对应年积日中，其中“1583”为处理的总文件数，“hswu1a.

14054 45 4 1.0 1”为054年积日数据处理开始文件，以“hswu1a.14055 45 0 1.0 1”结束；“hswu1a.14055 45 4 1.0 1”为055年积日数据处理开始文件，即通过“4”和“0”标识符对不同年积日的松弛解数据进行区分。从GAMIT的文件可以看出，文件准备工作比较复杂，且容易出现错误，因此有必要设计相应的软件工具，提高数据处理的效率，同时降低人为粗差的影响。

最后给出GAMIT/GIPSY联合解处理方式，其输入数据文件列表文件与GAMIT、GIPSY类似，其具体样例如下：

```
1611
/data/GAMIT/1781_1784/hswu1a.14054   45   4   1.0   1
/data/GAMIT/1781_1784/hseu1a.14054   45   0   1.0   1
……………………………………………………………………………………
/data/GAMIT/1781_1784/hswu1a.14055   45   4   1.0   1
/data/GAMIT/1781_1784/hseu1a.14055   45   0   1.0   1
……………………………………………………………………………………
/data/GIPSY/2014-02-24.stacov.loose.gz   41   0   2.4   2
……………………………………………………………………………………
/data/GAMIT/1781_1784/hswu1a.14081   45   4   1.0   1
/data/GAMIT/1781_1784/hseu1a.14081   45   0   1.0   1
……………………………………………………………………………………
/data/GIPSY/2014-03-22.stacov.loose.gz   41   0   2.4   2
```

通过与GIPSY、GAMIT输入数据文件列表文件对比可知，联合解输入数据文件将二者输入数据合并到一起，以及将GIPSY的准观测值追加到GAMIT数据之后，并修改标识符为“41 0 2.4 2”，这里2.4代表不同数据的权重，2.4为SOPAC给出的经验值，“2”代表数据组，通过将不同来源的准观测值进行分组，实现不同来源数据加权解算。数据处理工程中，数据文件下载、归档整理、编辑等是一项复杂的工作，通过开发的辅助工具GTSAS V1.0实现松弛解原始数据文件的下载、编辑、文件列表生成以及后续的数据分析等，提高了数据处理的效率，同时可以有效地降低人为误差的干扰。

3.3 不同解算模型及数据处理策略比较分析

GPS坐标时间序列获取是GPS应用研究的前提及重要内容，而高精度的GPS数据处理主要依赖于相应的高精度GPS数据后处理软件。现阶段GIPSY、GAMIT和BERNESE等是国际上通用的高精度GPS数据后处理软件，广泛应用于大地测量领域(Zhang，1996；Zumberge et al.，1997；李军和高咏梅，2010)。

上述高精度后处理软件具有以下共同特点：精度高、功能强大、自动化批处理、运算速度快等(徐杰等，2008；肖根如等，2010；黄超等，2015)。不同GPS数据处理软件虽然各有优劣，且存在一定的差异，但不同软件整体结构基本一致，都包含数据文件准备、卫星轨道计算、相关模型改正、数据编辑以及参数估计等几部分。除上述后处理软件，NASA/JPL 联合开发的 Quasi-Observation Combination Analysis(QOCA)，即准观测值联合分析软件包，广泛应用于高精度 GPS 数据后处理及地壳形变等地球动力学研究中(Dong et al.，1996)。

然而 GPS 数据处理是一项烦琐的工作，数据处理效率有待提高；另外不同的软件及其模型、处理方案、处理人员对相同的 GPS 资料处理后的解算结果往往存在一定的差异。因此，为了保证 GPS 数据处理的可靠性，有必要对不同 GPS 单日解解算策略及模型进行分析，探讨高精度 GPS 单日解坐标序列最优处理策略，以获取高精度的 GPS 坐标时间序列，为 GPS 应用提供可靠的数据基础。

考虑到 SOPCA 采用 GAMIT 与 GIPSY 进行加权联合求解的方法获取单日解坐标序列，并给出了 GAMIT 权为“1”，GIPSY 权为“2.4”的经验值法(Dong，1998；Dong et al.，2002)。目前对于该方法的适用性研究比较匮乏，联合解是否优于单一软件及模型，在全球区域内是否具有普遍适用性等有待进一步验证。为了探讨单日解坐标序列的最优解算方法，本书采用 GAMIT、GIPSY、QOCA 软件对全球分布的 165 个 IGS 站进行相应的数据处理，探讨 GPS 单日解最优解算策略。

3.4　不同解算策略及软件对 GPS 坐标时间序列影响分析

3.4.1　数据选取

为了探讨不同解算策略及软件对 GPS 坐标序列的影响，选取了全球区域内 IGS 站进行分析。为了保证数据处理结果的可靠性，站点选取过程中依据以下几个原则进行选取：①测站坐标时间序列跨度至少为 2.5 年，才能获得比较可靠的站坐标及速度估值(Tregoning et al.，2009；Tregoning and Watson，2009)；②测站的数据缺失率较低，降低了数据缺失带来的影响；③测站观测墩比较稳定，降低了多路径效应及其他影响；④尽量保证站点全球范围内均匀分布，保证解的空间分布性(He et al.，2015)。

鉴于此，本书选取全球范围内的 IGS 站进行处理，IGS 位于地质条件较好的区域，且部分站点配有扼流圈天线，能较好地抑制多路径等效应。经过对全球区域内 240 多个站点进行选取后，所选出的 165 个数据质量较好的 IGS 站，时间跨度为 2012.0～2015.0，共 3 年的数据，其站点分布见图 3.5，从图可知，所选站点基本分布于全球区域，北半球站点较多；非洲区域由于站点稀疏且站点缺失率比较大，所选的测站数相对较少。

对所选的 165 个站点进行预处理后的数据统计结果表明，平均数据缺失率约为 3.67%，最大数据缺失率不超过 8%，即数据结果较可靠，能极大地降低数据缺失带来的不利影响。对时间序列中较少的数据缺失进行插值法补齐，缺失小于 3 天的时间序列间隙，采用三次样条插值方法；数据缺失间隙大于 3 天的时间间隙，采用线性插值进行补齐，以使数据保持原有的变化趋势(胡守超等，2009；田云锋，2011；田云锋和沈正康，2011)。所分析的 165 个 IGS 站点详细信息见表 3.2。

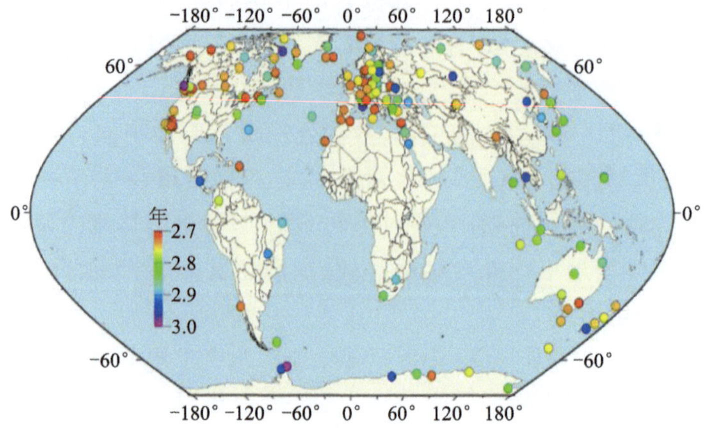

图 3.5 本节分析的 165 个 IGS 站空间分布

表 3.2 本节所使用的全球 GPS 测站经纬度

测站	经度/(°)	纬度/(°)	测站	经度/(°)	纬度/(°)	测站	经度/(°)	纬度/(°)
AJAC	8.76	41.93	BAKE	264.00	64.32	METS	24.40	60.22
NVSK	83.24	54.84	PDEL	334.34	37.75	MCM4	166.67	−77.84
CUSV	100.53	13.74	YAKT	129.68	62.03	TUBI	29.45	40.79
XMIS	105.69	−10.45	SCH2	293.17	54.83	BAKO	106.85	−6.49
SFER	353.79	36.46	MAG0	150.77	59.58	HLFX	296.39	44.68
SYOG	39.58	−69.01	TOW2	147.06	−19.27	HOFN	344.80	64.27
JPLM	241.83	34.20	BSHM	35.02	32.78	QAQ1	313.95	60.72
OUS2	170.51	−45.87	NRIL	88.36	69.36	ALIC	133.89	−23.67
RIGA	24.06	56.95	SCOR	338.05	70.49	STK2	141.84	43.53
POLV	34.54	49.60	CRAO	33.99	44.41	FALK	302.13	−51.69
PALM	295.95	−64.78	NIST	254.74	40.00	OHI3	302.10	−63.32
CHAN	125.44	43.79	TSKB	140.09	36.11	HNPT	283.87	38.59
MANA	273.75	12.15	GANP	20.32	49.03	AMC2	255.48	38.80
GUAM	144.87	13.59	SUTV	20.81	−32.38	STR1	149.01	−35.32
BRAZ	312.12	−15.95	MAW1	62.87	−67.60	CMP9	241.59	34.35
KIRU	20.97	67.86	STR2	149.01	−35.32	ALGO	281.93	45.96
DRAG	35.39	31.59	WTZS	12.88	49.14	BUCU	26.13	44.46
TSK2	140.09	36.11	GUUG	144.80	13.43	TABL	242.32	34.38
ZECK	41.57	43.79	DARW	131.13	−12.84	BOGT	285.92	4.64
SUWN	127.05	37.28	IENG	7.64	45.02	CAS1	110.52	−66.28

续表 3.2

测站	经度/(°)	纬度/(°)	测站	经度/(°)	纬度/(°)	测站	经度/(°)	纬度/(°)
BRMU	295.30	32.37	JOZ2	21.03	52.10	CEDU	133.81	−31.87
HRAO	27.69	−25.89	AIRA	130.60	31.82	GRAZ	15.49	47.07
BRFT	321.57	−3.88	PBRI	92.71	11.64	PIMO	121.08	14.64
JOZE	21.03	52.10	SPK1	241.35	34.06	WROC	17.06	51.11
WTZR	12.88	49.14	CONZ	286.97	−36.84	NYAL	11.87	78.93
ZIMM	7.47	46.88	DAV1	77.97	−68.58	COSO	242.19	35.98
MOBS	144.98	−37.83	FRDN	293.34	45.93	CRO1	295.42	17.76
STJO	307.32	47.60	PRDS	245.71	50.87	GLSV	30.50	50.36
REYK	338.04	64.14	TORP	241.67	33.80	INVK	226.47	68.31
UCLU	234.46	48.93	YSSK	142.72	47.03	NICO	33.40	35.14
HERT	0.33	50.87	CLAR	242.29	34.11	ONSA	11.93	57.40
LHAZ	91.10	29.66	NAIN	298.31	56.54	WIDC	243.61	33.93
MAD2	355.75	40.43	NYA1	11.87	78.93	FAIR	212.50	64.98
WSLR	237.08	50.13	GOPE	14.79	49.91	MONP	243.58	32.89
LAMA	20.67	53.89	HOLM	242.24	70.74	THU3	291.18	76.54
COCO	96.83	−12.19	LBCH	241.80	33.79	WHC1	241.97	33.98
GENO	8.92	44.42	CHIL	241.97	34.33	ANKR	32.76	39.89
PIN1	243.54	33.61	CHUR	265.91	58.76	CAGS	284.19	45.59
MAR6	17.26	60.60	MQZG	172.65	−43.70	MATE	16.70	40.65
PENC	19.28	47.79	POL2	74.69	42.68	SPT0	12.89	57.72
ISTA	29.02	41.10	MAS1	344.37	27.76	YEBE	356.91	40.52
MAC1	158.94	−54.50	TRO1	18.94	69.66	BLYT	245.29	33.61
WGTN	174.81	−41.32	AUCK	174.83	−36.60	CHWK	237.99	49.16
CHUM	74.75	43.00	DUND	170.60	−45.88	MEDI	11.65	44.52
VIS0	18.37	57.65	HOB2	147.44	−42.80	PTBB	10.46	52.30
BREW	240.32	48.13	IQAL	291.49	63.76	ALBH	236.51	48.39
CIT1	241.87	34.14	VNDP	239.38	34.56	AZU1	242.10	34.13
MORP	358.31	55.21	WTZZ	12.88	49.14	TIXI	128.87	71.63
NOT1	14.99	36.88	DHLG	244.21	33.39	UCLP	241.56	34.07
QUIN	239.06	39.97	DUBO	264.13	50.26	ARTU	58.56	56.43
TRAK	242.20	33.62	FLIN	258.02	54.73	KELY	309.06	66.99

续表 3.2

测站	经度/(°)	纬度/(°)	测站	经度/(°)	纬度/(°)	测站	经度/(°)	纬度/(°)
WSRT	6.60	52.91	SVTL	29.78	60.53	ROCK	241.32	34.24
DRAO	240.38	49.32	BOR1	17.07	52.28	BILL	242.94	33.58
GOL2	243.11	35.43	GOLD	243.11	35.43	HERS	0.34	50.87
NRC1	284.38	45.45	SFDM	241.25	34.46	TIDB	148.98	−35.40

3.4.2 不同解算软件解算结果对比分析

为了探讨不同解算方差引入的潜在差异，即单一软件、结算策略中潜在的系统误差（局限性）、单差双差之间的差异，不同解算策略之间采用了相同的模型（见表 3.1GAMIT/GIPSY 解算中所采用的模型及策略），数据处理过程中采用 GAMIT、GIPSY 分别根据双差和非差策略解算得到单日松弛解（Zhang et al.，1997；Zumberge et al.，1997）。然后将松弛解作为准观测值，通过 QOCA 的 st_filter 模块进行平差处理，平差过程中对不同解算策略设置相同的参数，最终解算得到 ITRF2008 参考框架下的坐标及速度解等参数（Dong，1998）。联合解算过程中，我们采用了 SOPAC 给出的经验值 GAMIT/GIPSY 之间的权重为 1：2.4 进行联合解算（Dong，1998）。对 GAMIT、GIPSY、联合解的解算结果进行分析，其结果见图 3.6。图 3.6a、b 和 c 为所处理的站点的垂向分量的加权均方根（WRMS）的空间分布，WRMS 从一定程度上反映了单个站点的解算精度。从图 3.6a、b 和 c 可以看出，不同解算软件及解算策略解算结

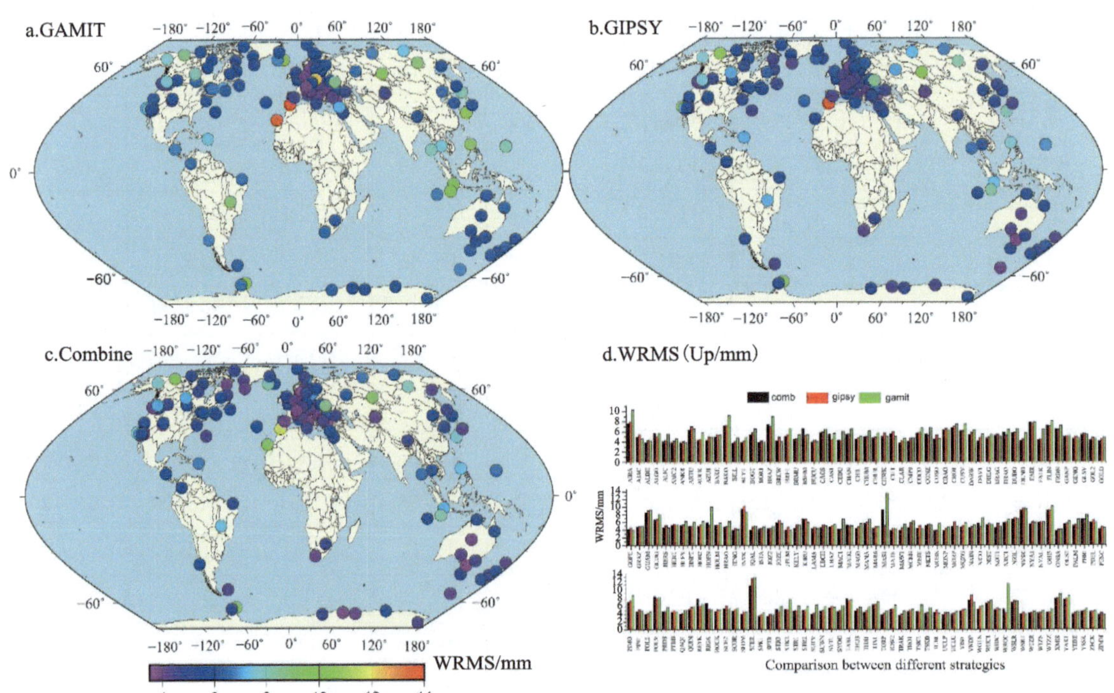

图 3.6 不同软件策略解算结果 WRMS 空间分布图

果比较一致，即在 WRMS 的空间分布基本类似。图 3.6d 为所选 165 个 IGS 站 GAMIT、GIPSY、联合解比较分析结果，从图 3.6d 可知，GAMIT、GIPSY 解算的精度基本一致，但整体上 GIPSY 精度略高，即采用同样的参数，基于非差的 GIPSY 解算精度略高。部分站点 GAMIT 解略高，说明二者各有优势；从联合解的 WRMS 变化可以看出，精度略有提升。

对单日解序列的 WRMS 区间进行分析，结果见图 3.7，其统计结果表明，大部分站的 WRMS 的值位于 4～6mm 范围内，较大值、较小值出现的概率比较小，且 WRMS 近似符合正态分布(图 3.7)。对于 WRMS 较大的点进行分析发现，该类站点主要受 Offset 的影响，使得 WRMS 偏大，在后续的数据处理中应对其进行相应的改正。结合图 3.6 和图 3.7 可知，GIPSY、GAMIT 解具有较好的一致性，与 GIPSY、GAMIT 解相比，联合解的 WRMS 有所减小，即解的精度有所提高。

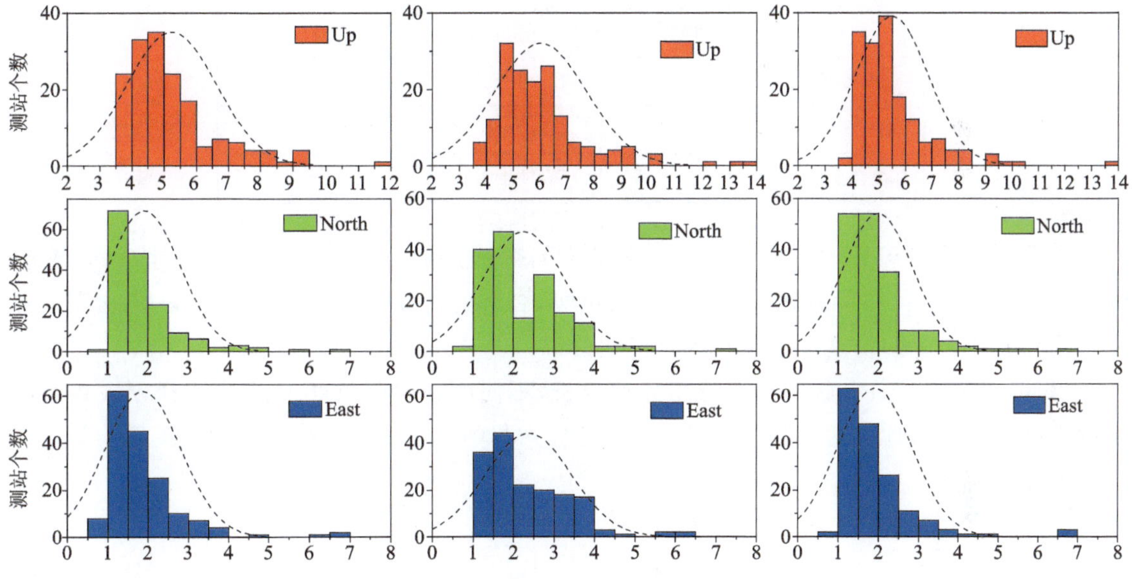

图 3.7　GAMIT、GIPSY、联合解比较分析结果

为了获得更加可靠的统计结果，进一步对 165 个站的解算结果进行统计分析，表 3.3 为不同解的 WRMS 最大值(MAXE)、最小值(MINE)、均值(MEAE)。从表 3.3 可知，联合解的 WRMS 的均值较 GIPSY、GAMIT 略小，在垂向尤为明显，即联合解的精度优于单一软件模型解算。基于双差解算策略的 GAMIT 解的 WRMS 的均值、最大值、最小值分别为 6.01mm、13.85mm、3.79mm，GIPSY 解的 WRMS 的均值、最大值、最小值分别为 5.50mm、13.64mm、3.84mm；联合解的 WRMS 的均值、最大值、最小值分别为 5.24mm、11.67mm、3.60mm。就 WRMS 的均值而言，联合解相对于 GIPSY、GAMIT 解有小幅度提升。对不同解输出结果分析表明联合解的精度有一定程度的提高，反映出联合解可以吸取不同软件及解算策略的优势，消除单一软件解算过程中引入的系统偏差，改善解的时空分布，提高坐标序列的精度。

为了探讨不同解算软件及策略对解算结果的影响，根据 Williams(2003)提出的简易公式(极大似然估计法)，估计不同解获得的坐标时间序列的闪烁噪声、白噪声水平，分析不同解算策略对噪声的影响。表 3.4 为不同软件获得的坐标序列的闪烁噪声比重结果。

表 3.3　不同解算策略结果 WRMS 统计分析结果

解类型	MEAE			MAXE			MINE		
	N(sig)	E(sig)	U(sig)	N	E	U	N	E	U
GAMIT	2.25±1.00	2.37±1.06	6.01±1.70	7.48	6.46	13.85	0.91	1.02	3.79
GIPSY	2.01±0.86	1.93±0.93	5.50±1.37	6.81	6.65	13.64	1.09	0.93	3.84
联合解	1.90±0.90	1.86±0.95	5.24±1.32	6.87	6.61	11.67	0.98	0.94	3.60

表 3.4　不同软件获得的坐标序列的闪烁噪声比重

解类型	闪烁噪声/(白噪声+有色噪声)		
	北方向(N)	东方向(E)	垂向(U)
GAMIT	0.88±0.04	0.88±0.03	0.89±0.04
GIPSY	0.90±0.03	0.90±0.03	0.89±0.03
联合解	0.91±0.03	0.91±0.03	0.92±0.03

由表 3.4 可知，GPS 坐标序列主要表现为闪烁噪声特性，约占 90%。另外，联合解较 GAMIT、GIPSY 解，白噪声比重有所降低，说明联合解能有效地抑制随机噪声，一定程度上解释了为什么联合解的精度优于单一软件模型的解。

另外，对解算的单日解序列进行相关性分析，不同测站之间的相关系数计算方法参照谢树明等(2014)中所述公式进行。图 3.8 为 ALIC 站与图 3.7 中 164 个测站的相关系数与站点距离之间的关系。

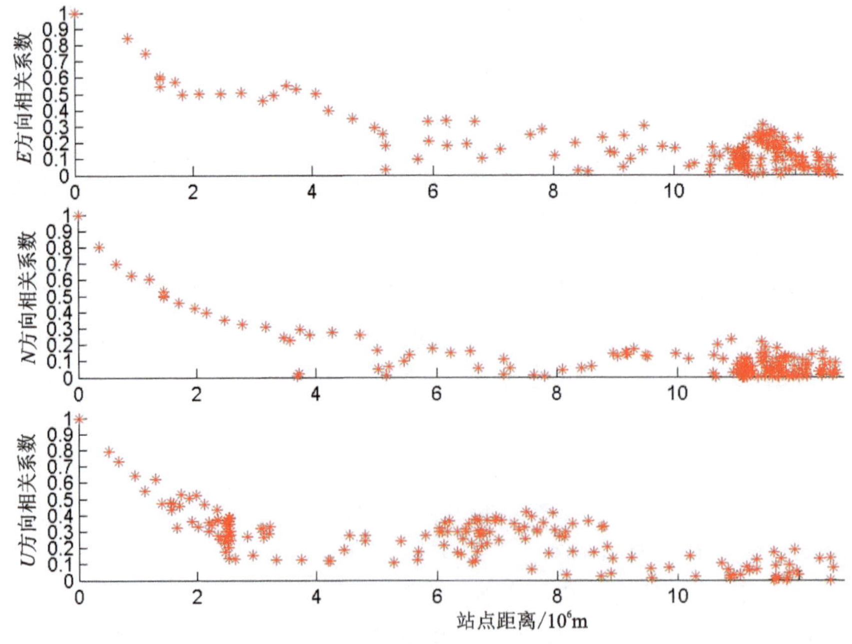

图 3.8　相关系数与站点距离之间的关系

从图 3.13 可知，ALIC 站与其他 IGS 站之间存在比较强的相关性，且与站点之间的距离密切相关。相关系数值随着距离的增加，逐渐变小。在 2000km 内，站点之间的相关性较明显，2000km 后，站点之间的相关性明显减弱，相关系数分析结果表明站点之间的相关性存在区域特征，为本书后续的相关分析提供了参考。

3.4.3 不同加权模型的联合解对比分析

在 3.4.2 节中，联合解中采用了 SOPAC 给定的经验值，即 GAMIT/GIPSY 的权重比为 1∶2.4，SOPAC 所给经验值是否具有普遍性，缺乏相应的研究。为了探讨不同加权模型下的最优 GPS 单日解坐标序列解算模型。本节对 GAMIT、GIPSY 解施加不同的权重，通过对不同联合解策略进行分析，采用的权重见表 3.5。

表 3.5 不同加权联合解模型 WRMS 空间分布表

解类型	权重	
	GAMIT	GIPSY
方案一：weight 1∶1	1	1
方案二：weight 1∶2	1	2
方案三：weight 1∶2.4	1	2.4
方案四：weight 1∶3	1	3

数据处理采用 3.4.2 节中所述数据解算策略，对不同加权联合解模型进行分析，不同权获得的站点坐标序列 WRMS 空间分布结果见图 3.9。从图 3.9 可知，不同加权模型解算的

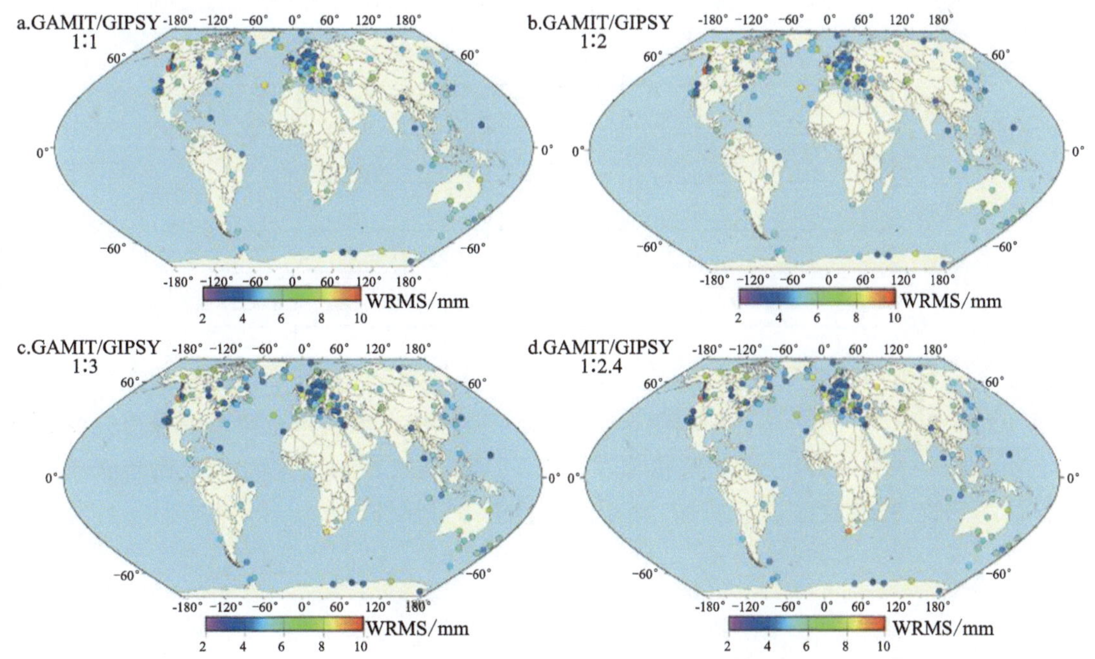

图 3.9 不同加权模型解算结果 WRMS 空间分布

WRMS 值的空间分布结果基本一致，WRMS 的范围都在 2～10mm 区间之内。图 3.10 为不同加权解算模型获得的联合解比较分析结果，从图 3.10 对 165 个站的 WRMS 比较结果可知，不同解算模型之间的差异较小，水平方向(东方向、北方向)上不同解算模型曲线基本相吻合。不同模型之间的差距主要体现在垂直方向，主要是 GPS 站点垂向位移变化较大、受到的外部滋扰因素较大的缘故。结合图 3.9 和图 3.10 的结果可知，不同加权模型下联合解的差异主要体现在垂向，对 165 个 IGS 站的垂向坐标分量的 WRMS 结果进行统计分析，见表 3.6。

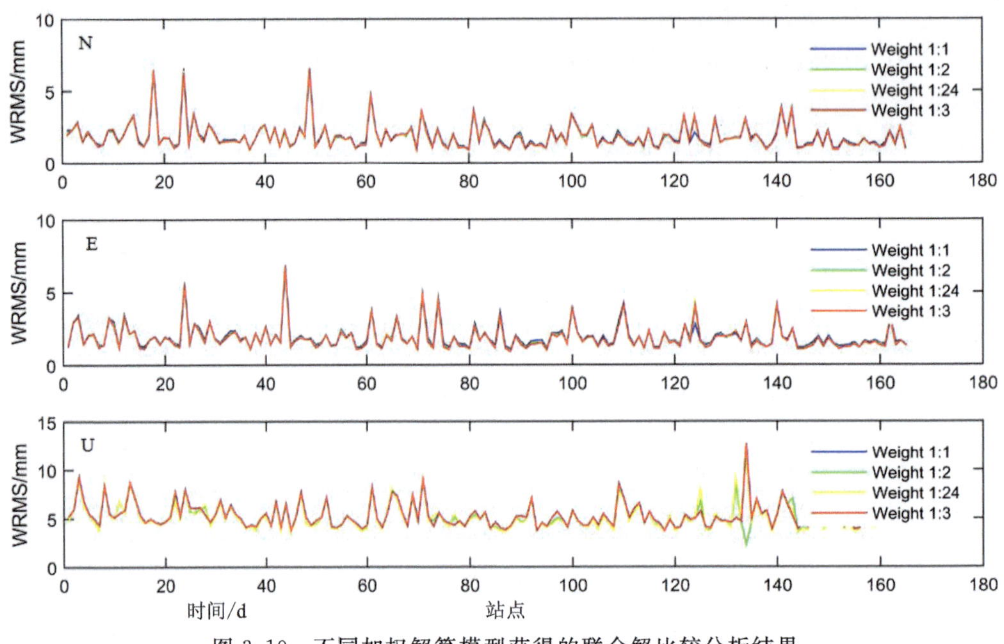

图 3.10　不同加权解算模型获得的联合解比较分析结果

表 3.6　不同解算策略结果 WRMS 统计分析结果

GAMIT/GIPSY	均值	最大值	最小值
1∶1	5.35±1.34	12.76	3.78
1∶2	5.26±1.38	12.33	3.64
1∶2.4	5.24±1.32	11.67	3.60
1∶3	5.35±1.35	12.76	3.78

从表 3.6 垂向坐标分量的 WRMS 结果可知，当 GAMIT∶GIPSY 的解权重在 2 附近时，单日解序列的 WRMS 优于其他加权组合，通过对不同加权模型的单日解序列噪声模型估计，结果表明，当 GAMIT∶GIPSY 的解权重在 1∶2.4 时，随机噪声(白噪声)的比重有所减小，与上节所述结论一致，验证了 SOPAC 给定的经验值的可靠性。

3.5　GNSS 基准站坐标序列产品

3.5.1　SOPAC 时间序列产品

连续 GPS(global positioning system,GPS)已成为监测地壳形变的主要手段之一,遍布于全球的数千个 GPS 台站为研究板块运动、断层滑动、强震形变场等提供了可靠的数据。在 GPS 位置时间序列中还包含了时空相关的噪声,与构造活动造成的位移混叠在一起,难以分离,有效地提取与剔除 GPS 中的非构造成分已成为国际上的前沿研究。对加深 GPS 中噪声性质、起源的认识具有重要意义,并最终有益于 GPS 应用领域的进展。研究对象是 GPS 位置时间序列中的中—长期($T>1$ 天,即日尺度至 10 年尺度)误差,主要表现为共模误差(common-mode error,CME),即全球框架下区域网空间尺度上 GPS 台站位置中的公共运动。从非构造噪声的特征入手,利用时间序列分析理论来确定噪声的类型和强度,分析 GPS 台站周期性运动的振幅、相位特征,通过比较有色噪声的大小、周期项的振幅或相位、沉降或抬升趋势等,筛选出相对稳定的 GPS 台站;基于 GPS 台站残差位置时间序列,采用相关性分析来研究 GPS 台站间公共噪声的空间变化规律,研究提取不同空间尺度上 CME 和瞬态构造信息的空间滤波技术,研究参考框架的稳定性对 CME 的影响。为了获取高质量的 GPS 位置时间序列,本书采用最新版本的数据处理软件(GAMIT/GLOBK v10.3)、模型,对中国地壳运动观测网络(crustal motion observation network of china,CMONOC)GPS 基准站及 100 多个 ITRF2005 GPS 框架站自 1999 年以来近 11 年的历史数据进行了重新解算,所得 GPS 台站位置时间序列是本书的主要数据来源。同时,本书也参考了 SOPAC(Scripps Orbit and Permanent Array Center)、JPL(Jet Propulsion Laboratory)和 CMONOC 数据中心产出的 GPS 位置时间序列成果,在有色噪声、周期项、CME 等方面进行了对比。全球框架下 GPS 位置时间序列中的 CME 是相关噪声(并非白噪声)。本书以中国境内 GPS 基准站网络为主要研究对象,利用最大似然估计分析了 CMONOC 网络中 GPS 基准站位置时间序列中有色噪声的类型,除闪烁噪声和随机漫步噪声之外,还考虑了分数谱指数幂指数噪声、一阶高斯-马尔科夫噪声、带通滤波噪声,发现 CMONOC 网络中主导有色噪声类型为闪烁噪声,这与其他地区的研究成果一致。经过空间滤波后的 GPS 位置时间序列中噪声的大小(尤其是闪烁噪声)明显减小,表明 CME 主要具有闪烁噪声的性质。考虑有色噪声时,各站的速率估计方差要增大一个量级以上,但多在 1mm/a 以内。基于本书的 CMONOC 数据再分析结果,获取了 GPS 基准站周年运动特征的新认识。在海拉尔(HLAR)、哈尔滨(HRBN)等地发现了难以解释的周年运动。而几个短基线台站(如长春 CHAN-CHUN、昆明 KMIN-KUNM)的对比结果显示,局部因素能够造成周年项振幅或相位的明显差异。对于周边没有其他 GPS 连续站的台站来说,对其观测结果的解释要慎重。探索了 GPS 位置时间序列中周期项的起因。计算了大气、土壤水等地表质量负荷造成的垂向周年运动,发现大多数台站的垂向周年项可以用负荷效应较好地解释,但是在南方台站(QION、YONG、XIAM)、拉萨(LHAS、LHAZ)和塔什库尔干(TASH)等地,仍有较大的残余周年项振幅,表明尚存在其他未知的因素或较大的模拟残差。针对拉萨站，地球物理负荷改正后尚有 2～3mm 的残余振幅，其周边 GPS 台站的验证结果表明拉萨 GPS 台站垂向周年项的相位没有明显异常，振幅偏大。在青藏高原和喜马拉雅地区，GPS 垂向分量周年项主要受到地表水体因子控制，存在明显的相位变化。在 CMONOC 及周边 IGS(international GNSS service)台站的位置时间序列中均发现了周期约为 $351/n(n=1,\cdots,6)$天的“异常”周期项。此类周期项是全球框架下 GPS 位置中 CME 的组成部分，经过空间滤波后，大部分“异常”周期项消失。地表质量负荷造成的位移序列中并没有与前述“异常”周期项对应的成分，不是异常周期项的来源。提出了一套新的空间滤波思路用于提取共模分量(common-mode component，CMC)，即传统的 CME 和区域构造信号。该新方法采用两种加权因子：①采用台站残差位置时间序列间的相关性大小作为距离加权因子；②利用基于 CMC 基准站的 Voronoi 图形面积作为方位加权因子。与传统的区域叠加滤波方法相比，本书提出的相关加权叠加滤波能够带来 5%～15%的残差 RMS(root mean square)改进。通过变换距离因子，新方法能够提取不同空间尺度上的 CMC，例如发生在消减带地区的慢滑移事件。与以往的方法相比，本书提出的相关加权叠加滤波技术不再受空间尺度的限制，也不需人工干预。采用相关加权叠加滤波技术分析了 127 个全球 GPS 台站的公共噪声，在 96 个台站提取到了 CMC 序列。较大 CMC 的台站位置与闪烁噪声大小的空间分布规律对应，即 CMC 大的地区闪烁噪声也大，但与周年项的振幅没有明显的相关关系。CMC 的主要成分的空间尺度达上千千米，其大小的空间分布规律与框架站的分布密度存在联系：即框架站密集的地区 CMC 小。因此，参考框架定义的不稳定性可能是 CMC 的主要来源。本书最后探索了框架站的非线性运动对 GPS 定位结果的影响：①发现 CMC、闪烁噪声等与框架稳定性存在相关性；②在框架定义前进行大气压力负荷改正、消除部分垂向周年运动对框架定义的影响时，白噪声或闪烁噪声略微减小。本书的研究加深了对 GPS 中非构造信号的认识，在数据滤波和非构造信号消减方面取得了令人满意的成果。然而，针对 GPS 位置时间序列中误差的分析还很有限，许多 GPS 数据获取和处理过程中涉及的噪声尚需进行进一步的分析，仍需不断深入地开展研究，以加深对 GPS 信号和噪声剔除的理解，从而促进构造形变研究的进展。具有高时间分辨率图像数据的块级变化检测提供了城市变化的精细细节，适用于城市管理，逐渐受到广泛关注。需要高维特征来表达块体的异质结构。高维高频时间序列，即多元时间序列，是由高维特征按时间顺序排列形成的。经典的变化检测方法将多元时间序列逐一处理为单变量时间序列。很少有研究将所有变量作为一个整体来分析多元时间序列的变化。因此，本书提出了一种基于图的多元时间序列分割算法(MTS-GS)。具体来说：①我们构造了一个相似矩阵来研究多变量时间序列在季节变化、趋势变化、突变和噪声扰动下的变化规律；②定义了基于变化模式的多元时间序列图；③提出了相应的图分割算法来检测噪声和季节扰动下的突变和趋势变化。采用快速发展的河南洛阳三线城市 Sentinel-2 影像对算法进行验证。空间域 F1-score 为 84.1 %；生产者和使用者在时间维度上的准确率分别为 81.8 %和 80.1 %。定义并提取了 7 种变化类型，展示了城市的发展模式和土地利用效益。此外，所提出的 MTS-GS 可用于像素级的变化检测，在不同的时间间隔和云覆盖下表现良好。

3.5.2 陆态网时间序列产品

随着 GNSS 技术不断发展，高精度的 GNSS 技术已成为地球物理及地球动力学现象的重要监测手段。对中国大陆构造环境监测网络(简称“中国陆态网”)GPS 基准站坐标时间序列进行主成分分析，并以此研究中国大陆地区坐标时间序列误差时空分布特征，能够提高对中国陆态网坐标时间序列噪声特性和中国大陆地区地壳形变特征的认识。陆态网站点原始坐标时间序列特征表明基准站水平方向主要以板块运动引起的线性运动为主，垂直方向主要呈现周期性变化特征且波动幅度大于水平方向。剔除观测数据小于 70%的部分站点，共保留了 224 个站点坐标时间序列用于本次研究。基于最小二乘准则去除站点原始坐标序列中存在的趋势项、突变项，基于四分位数粗差探测法去除粗差，并且采用三次样条插值法补齐站点中小于 3 天的连续缺失坐标序列数据。针对大于或等于 3 天的缺失坐标序列，先计算出该观测时段内有效站点的坐标序列的平均值来补齐缺失数据，然后对坐标时间序列进行迭代主成分分析，取 10^{-6} 为迭代过程中缺失数据前、后两次差的阈值来获取连续的坐标时间序列。针对预处理后连续的坐标分量时间序列，分别组建坐标时间序列矩阵进行主成分分析。根据 N、E、U(南北、东西、垂直)3 个方向主成分以及对应的空间特征向量分析了共模误差，站点响应区域分布特征以及异常站点对主成分分析结果的影响。分析结果表明仅通过第一主成分已不能体现公共模式的特征，本书可以将前 3 个主成分纳入共模误差分析。此外西北地区、华北地区以及云南地区各主成分的站点空间响应显示出了相对的一致性分布特征，水储量变化很大程度上是引发该响应特征的原因。在去除了区域空间响应异常的站点后，各方向携带较多坐标序列信息的第一、二主成分受到较大影响，垂直方向表现最为明显，且站点空间响应都明显提高。测站在测量时受到外界环境、系统内部等多种因素的影响，使 GNSS 坐标时间序列呈现出不平稳性、非线性等特点以及数据中包含各种噪声和误差。对于数据中较大的离群值可当作粗差剔除，但由于高程方向的季节性变化较为明显(董泽和贾昊，2020)，对局部数据的离群值传统方法难以探测。LOF 算法衡量数据点的异常程度，并不是看该点的绝对局部密度，而是计算它与周围邻近数据点的相对密度，其优点是允许数据存在分布不均匀、密度不同的情况，因此对 GNSS 坐标数据有良好的适用性。在探测异常值点时，LOF 按照得分大小对异常值进行判断(杨博等，2010)，但由于 GNSS 坐标时间序列的复杂性与多变性，无法准确判断实测数据中具体的异常值数量，而且选定合适的阈值探测局部异常值十分困难，因此使用经典的 IQR 方法进行初步探测，可剔除数据中的较大离群值和部分异常值，便于在进行 LOF 探测时更好地选择异常值数量。在实测的 GNSS 高程坐标时间序列中存在大量密度得分大于 1 的数据，如图 3.6 所示，若将得分大于 1 的点都判为异常值点不合理。在统计学上，当数据缺失达到 5%时数据不可用，由于在进行 LOF 探测前，已经使用 IQR 方法剔除了部分数据，因此为了稳妥地处理数据，可设定输出总数据的 1%或 2%进行剔除。当输出的异常值数量较少时，LOF 算法能够较准确地进行探测，因此需要进一步验证输出大量异常值时的效果。从图 3.7 和图 3.8 可知，当输出得分约前 1%、2%数据点时，LOF 算法能够较好地探测局部数据的异常值，且探测到的异常值多处于数据的上下边缘，从而得到更加干净的坐标时间序列。LOF 算法能够有效地探测 GNSS 高程方向时间序列中的局部异常值，并得到更真实、更干净的坐标时间序列,但在探测过程中难免产生误判。尽管通过直观的观察可以找到部分误判数据,但会极大地增加数据处理时间以及由主观性分析可能导致的更大误差,故对误判数据选择进行剔除,并在剔除后统一进行数据插值,而合适的插值方法能够减弱甚至抵消误判带来的影响。我们选择 2%的数据当作异常值进行剔除,并使用 KNN 算法对剔除后的数据进行插值,得到最终的处理数据,图 3.9 为原始数据与经过 IQR-LOF 处理后数据的对比图,处理后的数据不仅保留了原始数据的趋势变化,且整体更加平稳。对 GNSS 坐标时间序列中的异常值进行探测,针对 GNSS 高程坐标时间序列非平稳性、非线性等特点导致的坐标时间序列局部异常值难以探测的问题,建立一种 IQR-LOF 相结合的局部异常值探测方法。首先通过模拟数据检验了 LOF 在高程坐标时间序列中的探测精度与适用性,发现 LOF 能够准确地探测坐标时间序列中的离群值,并对局部异常数据有较高的敏感性。在实测数据中引入 IQR 方法进行初步探测,有助于合理地选择 LOF 异常值数量。

3.5.3 PBO 时间序列产品

现代产品制造过程具有复杂性、不确定性、非线性等特点,而传统的质量控制方法已不能满足现代生产的要求。这类方法大都具有滞后性,也即遵循“出现问题,分析问题,解决问题”的思路,并不能在生产前对可能出现的质量问题进行控制。所以,必须采用基于预测的质量管理方法对产品质量进行有效控制。预测控制是一种超前控制,它可以充分利用历史及当前的质量信息,进行质量建模与预测,并对异常状态予以及时的反馈调整,因此能较好地满足现代制造质量发展的要求。混沌是确定性的非线性系统中出现的类似随机的现象。随着非线性混沌动力学的发展,人们对时间序列的复杂性有了更深刻的认识,尤其是混沌时间序列的分析已经成为一个非常重要的研究方向,这给产品合格率时间序列分析与预测提供了科学的方法。本研究基于混沌时间序列相关理论及建模,结合 H 企业的实际产品合格率数据,对产品合格率的变化规律进行分析和预测。首先对当前产品合格率预测的研究进行综述,并分析各种预测方法的优缺点及适用性;其次从相空间理论出发,探讨了相空间参数对重构空间质量的影响,通过具体算例仿真,确定计算延迟时间和最佳嵌入维的方法,并在此基础上求得本书时间序列的相空间重构参数;再次提取时间序列的混沌特征量,分别采用关联维数法和小数据量法计算时间序列的饱和关联维数及最大 Lyapunov 指数,从定量角度证明了产品合格率时间序列具有混沌特性;最后采用基于最大 Lyapunov 指数的预测模型,对 H 企业 20 天的产品合格率进行预测仿真实验,并将预测结果与实际数据进行比对,以确定混沌时间序列预测方法对产品合格率短期预测的有效性。为了验证本书所选取的基于最大 Lyapunov 指数预测方法的效果,本书将其预测结果与 RBF 神经网络预测模型的预测结果进行对比,结果显示,混沌时间序列预测方法能对具有混沌特性的时间序列进行短期预测,且基于最大 Lyapunov 指数的预测方法对本书所选取的合格率序列具有更好的预测效果。GPS 时间序列中包含着构造运动信息(如地壳形变、断层滑移、地震形变等),对时间序列进行分析之前需要去除这些信号。对原始坐标时间序列去除阶跃项(即 Offset 项)、趋势项(即速度项),只留周年、半周年项后,得到剩余残差时间序列及功率谱周期图。从相应图中可知残余 GPS 台站时间序列存在明显的季节性波动,在垂向分量尤为明显。这说明 GPS 残差时间序列中存在与时间相关的噪声，这种噪声呈现出季节性变化（周年项、半周年项）趋势。对 GPS 三坐标分量序列的噪声特性进行分析，探讨时间序列中呈现的季节性信号（周年项、半周年项）。通过空间滤波和频谱分析方法，分别对共模误差、大气、非海洋潮汐、土壤水、积雪负荷等所引起的台站位移及其频谱进行分析。通过分析得出 GPS 坐标时间序列中存在明显的周期性信号。共模误差能解释其中大部分的周期信号，即经过共模误差剔除之后，GPS 坐标时间序列的周期性变化趋势有明显减弱，周年项的振幅有了一定的减小（减小约 40%的幅度，部分站点有异常）。同时，采用 FFT 对 GPS 坐标时间序列进行功率谱分析，发现频谱周期图中存在倍频约为 1.04cpy 的异常周期信号。从构造信号、共模误差、地表负荷、未模型化的 GPS 系统误差展开分析。利用 LOF 进行异常值探测时应根据具体的使用目的选择输出数量：稳健的局部异常值探测只需输出得分最高的几个数据点；若要得到更干净的时间序列，通常可设定总数据的 1%或 2%为异常值。在 LOF 算法中，k 值的选取对探测结果的影响较大，不同的 k 值会得到不同的探测结果。本书在初步试验后，认为 k 值在 10 以内能够保持良好的探测效果，但具体的影响有待进一步实验分析。通过分析 LOF 对 GNSS 坐标时间序列建模的影响，客观反映了 LOF 探测的准确性。经 IQR-LOF 方法剔除大量数据后，仍能得到更高精度建模数据，表明 LOF 能够准确地探测大部分局部异常值，且多是对建模精度产生负面影响的数据。在 GNSS 坐标数据处理中数据缺失是一种常见的情况，主要是由不均匀采样和剔除异常值导致的。若数据缺失较多，基于基准站获取的站速度能会产生偏差，以及不同的缺失情况对 GNSS 坐标时间序列的分析会产生不同的影响（Rao et al.，2013），因此合适的插值数据能够削弱缺失导致的估计偏差并为进一步的数据处理与分析提供良好的基础。经典的拉格朗日与三次样条插值方法在当前的坐标时间序列中仍有广泛的应用。拉格朗日适用于连续缺失数据在 3 个以内的插值（Khan，2005），但随着测量精度的提升，可能会出现插值效果不如简单线性插值的情况（Van Dam et al.，2012）。武艳强等提出的三次样条方法能够在一定程度上解决数据缺失较多的问题，但在数据连续缺失过多时插值精度会大幅下降（Van Dam and Herring，1994）。邱荣海等使用奇异谱迭代的插值方法提高了插值效率，但处理较为复杂，需要对嵌入窗口的插值阶数进行大量验证（Van Dam et al.，1994）；尹玲等使用神经网络进行插值，该方法在观测值缺失较多的情况下依然能够得到较好的插值数据，但操作较为烦琐（Tregoning and Van Dam，2005）；苏利娜等提出的基于模型和噪声间相关性的插值方法对长空缺数据有着良好的插值效果，并发现数据空缺对周期性的影响较大，但该方法需要对时间序列具备大量的先验知识（Kalnay，1996）；蔡晓军等提出的多通道奇异谱插值方法，在不需要坐标时间序列先验信息的同时能够得到较高精度的插值数据，但需要交叉验证模型的参数且缺失数据用 0 填充可能带来一定偏差（Williams and Penna，2011）。

3.5.4　European Plate Observing System 时间序列产品

自回归滑动平均模型（autoregressive moving rverage model，ARMA 模型）在时间序列领域有着广泛的应用，在电离层、坐标序列的预测中都有着深入的研究。但该模型在 GNSS 坐标时间序列中的适用性较差，这是由模型特质所导致的。ARMA 模型适用于平稳非白噪声的坐标时间序列，而本书主要研究的非线性高程方向时间序列往往不平稳，通常需要一次或多次差分从而使数据平稳，因此演变为差分整合移动平均自回归模型（Autoregressive Integrated Moving Average Model，ARIMA 模型）进行数据预测，即 ARIMA 模型相较于 ARMA 模型多一步差分平稳化。ARMA 模型表示为：

$$X_t = \varphi_1 X_{t-1} + \varphi_2 X_{t-2} + \cdots + \varphi_p X_{t-p} - \theta_1 \in_{t-1} - \theta_2 \in_{t-2} - \cdots - \theta_q \in_{t-q}$$

式中：p 为模型的自回归阶数；q 为移动平均阶数；φ、θ 为定系数且不为零；$\in_t$ 为单独的误差项；X_t 为一组平稳的正态化分布时间序列，因此对于不平稳的非线性坐标时间序列，可以通过消除时间序列中的趋势项，或进行数据差分得到平稳的数据，在建模之后进行差分还原得到最终的拟合或预测值。因此本书主要使用 ARIMA (p,d,q)，较 ARMA (p,d,q) 多了一个表示差分次数的参数 d，检验数据是否平稳的主要方法是平稳域判别法和特征根判别法。在确定数据平稳后需进行模型定阶，主要的定阶方法是计算序列的自相关系数和偏自相关系数，并选择合适的参数进行拟合，拟合后的数据残差应满足白噪声检验，但该方法具有较大的主观性且不易准确判断。因此本书主要使用 R 语言中的 auto. arima 指令进行自动定阶。IGS 基准站的坐标时间序列包含着测站的长期线性变化趋势，这主要是由该区域构造应力场对测站长期的继承性构造运动造成的；同时包含了测站受地球物理效应等外界因素影响造成的非线性变化，使测站位置产生周期性的振荡变化（李征航和黄劲松，2010；张诗玉等，2004）。而本书使用的 Prophet 模型能够较好地确定 GNSS 坐标时间序列中的组成成分，并能同时对多个季节性的周期数据进行模拟（张飞鹏等，2002），该模型克服了传统插值方法的缺陷与限制，从而达到良好的插值效果。Prophet 模型通过对数据中大量潜在的突变点进行识别进而监测突变点，再对趋势变化的幅度做稀疏先验（与 L1 正则化效果相同）（Mangiarotti et al.，2001）。Prophet 模型可自动检测突变点并修正模型，也可通过调整相关参数进行改正。Prophet 模型采用傅里叶级数可构造适应周期性变化的模型（李英冰，2003），并根据正态分布为季节项添加先验分布。基于加性模式的 Prophet 模型对数据的拟合效果如图 4.25 所示，黑色散点表示原始数据，蓝色曲线为拟合数据，阴影区域表示置信区间。从图 4.25 中可以看出 Prophet 模型能够较好地表现数据的变化趋势以及体现时间序列的周期性，且没有过度拟合原始数据，使得模型对粗差与离散点有较好的抵抗能力。由于实测的 GNSS 坐标数据包含各种误差以及复杂的噪声模型组合，则需要通过模拟数据来检验 Prophet 模型的插值能力。针对短周期和长周期的坐标时间序列以及随机缺失和连续缺失等情形，设计了 3 组模拟实验。模拟实验 1、模拟实验 2 分别是在短周期和长周期的坐标时间序列中对随机剔除的数据进行插值，模拟实验 3 则是对不同长度的连续缺失数据进行插值。在实测数据实验中，分别进行数据随机缺失和连续缺失的插值实验。各实验均使用均方根误差（RMSE）与平均绝对误差（MAE）作为插值精度的评价指标。选取模拟测站 S1 与 BJFS 站高程方向坐标时间序列为例来分析灵活度对 Prophet 模型插值的影响。按照 15% 的比例随机剔除数据，再选择常用的灵活度参数得到 Prophet 模型在不同灵活度下的插值数据，最后将每次得到的插值数据与原始数据对比得到相应的 RMSE。x 轴表示选取的灵活度参数，y 轴为对应的 RMSE，从图 4.30 中可以看出，通常在灵活度为 0.001 时，模型的插值效果最差，当灵活度上升到 0.05 时，插值效果会有较大的提升。插值精度往往会随着灵活度的上升而提高，但达到一定的精度后，即使灵活度上升，精度也不再提高，而是逐渐趋于平稳甚至有小幅度的下降。将数值生理时间序列转化为二进制哈希码，可进一步用于大规模数据集的索引，或加速基于实例的分类等下游任务。我们提出 HITS 来学习二进制哈希码从生理时间序列。HITS 首先构建一个非常深度的一维卷积神经网络，从原始生理时间序列中学习低维表示。然后，HITS 通过执行相应的目标，共同学习高实用性、保持相似性和与时间相关的紧致二进制代码。最后，给定一个新的生理时间序列，HITS 可以将其编码为二进制哈希码。实验在两个真实的心电图和脑电图数据集上进行。用一个 k 近邻分类器的精度来评价码的质量。

3.6　GNSS 基准站坐标序列模拟与仿真

3.6.1　白噪声时间序列仿真

随着对混沌技术认识的加深，混沌在很多领域都得到了广泛深入的研究。在测控领域内，混沌的研究也得到了广泛的认同。产生白噪声所需要的设备极其复杂，用伪随码产生白噪声还存在伪周期，而结合混沌的貌似噪声，且状态在某一范围内永远不会重复的遍历性，可以看出用混沌产生的白噪声不会存在周期性，并且是一种较好的产生白噪声的方法。再者，混沌的初值敏感性也使得在测控领域中应用混沌技术创建新的测试原理和方法成为研究与探索的新课题。GPS 时间序列跨度对噪声模型的影响较大，当时间序列跨度较小时，估计出的噪声模型存在发散性，即噪声模型的不确定性较大；随着时间序列跨度的增加，噪声模型、站速度及其不确定度逐步由发散趋于稳定，确定了 10 年时间跨度为理想的噪声模型估计尺度，以改善噪声对站速度以及不确定度估计的影响。另外，随着时间跨度的增加，随机游走噪声模型的比重有所增加，表明当时间序列不够长时，尤其是随机游走振幅较小时，被闪烁噪声等抑制，随机游走噪声不能被准确地探测出来。经负载效应与 CME 纠正后噪声模型的变化较大，且存在区域性差异，表明负载效应与 CME 在大尺度空间下存在差异，也印证了分块区域滤波的必要性。随着对大地测量成果所要求的精度越来越高，精确稳定的时间序列大地测量参数（坐标及速度等参数）及其非线性时变越来越受到关注，尤其是大尺度的地球动力学应用（如对地观测，参考框架维持等），对位置精度要求达到 5～10mm，速度不确定性的精度要求甚至达 0.1mm/a，对 GPS 坐标时间序列精度要求越来越高（Hofmann-Wellenhof et al.，2012；黄博华等，2002）。然而，GPS 坐标时间序列中不仅包含着构造信号（如地震信号、episodic tremor and slip，ETS），也包含着非构造信号，如地表负载等变化引起的坐标序列季节性波动、未模型化的测量噪声等，上述干扰因素的存在影响 GPS 坐标序列的可靠性（Schwartz and Rokosky，2007；孙喜文等，2024）。由于 GPS 卫星信号发射、接收机接收信号以及信号在传播过程中都不可避免地存在误差及外部干扰，使得 GPS 测量定位精度受损，影响坐标序列的长期精度及相关应用。另外 GPS 坐标时间序列不仅可以反映出测站的线性变化，也可以反映出测站存在着非线性变化（姜卫平等，2013）。GPS 测站的线性变化主要体现了站点的构造运动变化趋势，测站的非线性变化影响因素较复杂。非线性变化如地表环境负荷引起的地表形变效应，如测站受到的非潮汐海洋负载、大气负载、水文等负载影响以及冰期后回弹等地球物理效应的作用，这些非线性影响因素尚未包括在 GPS 数据处理之中，通过

GPS 测站观测数据获得的时间序列往往存在波动变化，若忽略其影响，对一些地球物理现象可能作出错误的解释(Jiang et al. ,2013；He et al. ,2015)。因此，分析坐标时间序列不仅可以反映出测站本身的线性变化及其规律，而且也可以反映出测站存在着非线性变化，进而对其影响因素进行分析；通过分析测站的非线性变化，探讨其影响机制及变化规律，有助于建立相应的误差改正模型，最终实现通过误差改正模型对原始坐标序列进行修正。通过对测站的非线性运动进行分析与改正，进一步提高 GPS 测站坐标的精度与可靠性，获得高精度的位置与速度参数；通过获得高精度的 GPS 观测结果，有助于合理解释板块构造运动，建立和维持动态地球参考框架，深入了解相关地球物理现象的影响机制和变化规律以及推动相关科学的理论研究和发展(Blewitt et al. ,2013；Chen et al. ,2013；Olivares and Teferle,2013)。国内外学者对 GPS 坐标时间序列及其非线性变化进行了大量研究，取得了丰富的研究成果，但也存在一些不足，如对非线性变化机制、共模误差的真实起源、GPS 最佳噪声模型等研究仍然存在一定的不足之处。GPS 坐标时间序列中不仅包含着构造信号及系统误差，也包含着非构造运动信号(如共模误差)，影响 GPS 解的可靠性，忽略这些影响，对一些高精度的地球物理现象，可能作出错误的解释(Melbourne and Webb,2003；Schwartz and Rokosky,2007；Vergnolle et al. ,2010)。高精度的 GPS 数据处理主要依赖于 GPS 数据后处理软件及相应误差改正模型。随着 GPS 观测技术及数据处理算法的不断发展与改进，通过建立相应的误差改正模型，并结合相应的高精度后处理软件(如 GAMIT、GIPSY、BERNESE)，在数据处理过程中结合相应的数据处理策略，能较好地消除或减弱上述误差项的影响，提高获取的坐标序列的精度。不同数据处理软件及对应的解算模型之间也存在一定的差异，不同的算法(如 GAMIT 双差解算、GIPSY 非差解算)之间也存在一些差异，以及解算模型及算法的不完善等都会对定位结果产生一定的影响。另外不同的解算模型及方法各有优劣，如基于非差观测值的解算方法具有可用观测值多、不同测站的观测值不相关的优点；非差方法的缺陷在于不能像差分方法那样消除站点之间相关的误差项(如接收机之间的钟差和卫星钟之间不严格同步引起的误差等)。同样，双差观测值方法能极大地削弱站点、卫星之间相关的误差项；但是随着站点之间距离的增加，这种相关性减弱使得双差方法精度受到限制。现有的研究对不同数据处理软件的影响，如算法的不完善、解算模型是否存在模型随机误差及系统误差等缺乏深入的研究。而 GPS 单日解坐标序列作为 GPS 应用的数据基础，获取的坐标序列精度、可靠性优劣，直接影响后续的应用。因此，探讨单日解坐标序列解算的最佳策略，消除不同 GPS 高精度后数据处理软件自身算法的不完善、模型系统偏差等引入的随机及系统误差，对提高坐标序列的精度有重要意义。

3.6.2 有色噪声时间序列仿真

在动态导航定位中，目前绝大多数数据处理理论和软件都假设系统状态误差与观测模型误差为高斯白噪声。但在实际应用中，卫星轨道误差、大气环境等因素的干扰，使得观测误差和动力学模型误差往往不属于白噪声序列，而是具有一定时间相关或空间相关性的有色噪声。本书将有色噪声归为随机模型进行研究，采用多项式长除法将有色噪声模型展开成级数形式，再根据误差理论求取有色噪声的方差，由该方差修正有色噪声的随机模型，利用现代时间序列分析理论求出状态参数的最优估计值。为了说明该方法的正确性和有效性，用一组动态 GPS 实测数据进行验证，计算结果表明，该方法能有效地抑制有色噪声对动态系统参数估值的影响。采用极大似然估计法（MLE）探讨了各基准站的最优噪声模型，确定了基准站的速度场，并分析了甘肃省地壳运动状况。研究结果表明，甘肃省境内 CMONOC 基准站各坐标分量噪声特性存在较大的差异，“白噪声＋闪烁噪声（WN＋FN）”为最优噪声模型，能够更好地描述基准站坐标时间序列 3 分量上的噪声特性，且估算的速率不确定度是仅考虑 WN 时的 4～15倍。甘肃省 CMONOC 基准站在 ITRF14 框架下水平方向运动的平均速率为 34.54mm/a，运动方向为 SEE 98.07°；相对于欧亚板块的水平方向运动的平均速率为 6.49mm/a，运动方向为 NEE 79.23°。利用 GNSS 技术对铁路大跨度桥梁进行变形监测，对于桥梁的安全控制和铁路行车安全具有重要意义。目前对桥梁的 GNSS 变形分析研究绝大部分集中于公路桥梁，涉及对变形控制要求更加严格的铁路桥梁的研究较少，且以往研究忽略了变形时间序列中有色噪声的影响。以上因素不利于对铁路大跨度桥梁的 GNSS 精确变形分析。本书以位于江西赣州的赣江特大桥的 GPS 和 BDS 监测数据为例，利用主成分分析对有色噪声进行滤波，分析了有色噪声对铁路桥梁变形分析结果的影响。试验结果表明，昼夜温差变化导致铁路斜拉桥的中跨和索塔分别在垂向以及纵向均产生周期约为一天的变形；根据 GPS 和 BDS 变形时间序列获得的变形结果之间存在差异；有色噪声对变形参数估计结果影响较小，但忽略有色噪声会使变形参数估值的不确定度减小 80%，导致对变形分析结果的精度过于乐观。利用主成分分析可以显著地削弱有色噪声，使变形参数估值的不确定度降低约 73%。地表负载效应主要分为两类（Dong et al.，2002；Ferenc and Marcell，2014）：第一类主要是日月的相对位置变化引起的地球表面潮汐变化，主要包括固体潮、海潮和极潮。对固体潮、海潮和极潮建立了相应的改正模型，取得了许多成果，在高精度 GPS 后数据处理软件（如 GAMIT、GIPSY）数据处理过程中，进行了相应的潮汐改正，如广泛使用的 IERS2003 固体潮改正模型以及 NAO99b 海潮改正模型的研究指出，对于海潮负载效应经高精度 GPS 软件改正后，尤其是对海岸线附近相应的站点，其残余海潮对 GPS 测站的影响仍可达毫米（mm）级，这是不可忽略的。针对这种情况，Bos 提出了一种解决方案，即通过在线海潮负载服务（http://holt.oso.chalmers.se/loading/）进行海潮修正。第二类为由流体动力学（hydrodynamics）引起的热膨胀效应（thermal origin）进而使得地表产生相应的位移变化（Dong et al.，2002；Ferenc et al.，2014；姜卫平等，2015）。流体动力学引起的热膨胀效应由多种机制引起，如大气压负载（atmospheric pressure loading，ATML）、地表水负载（continental water storage，CWS）、非潮汐海洋负载（non-tidal ocean loading，NTOL）（Jiang et al.，2013；He et al.，2015），以及积雪（snow cover mass loading，SCML）与冰川引起的地表季节性形变。地球物理流体质量负载再分布造成的地表位移仅能解释不到一半的 GPS 垂向季节性变化。王敏等（2005）计算了海洋潮汐、积雪及土壤湿度、非潮汐海洋负载对中国地壳监测网基准站坐标时间序列的影响，结果表明负载纠正后，坐标序列垂直周年振幅减小约 37%。袁林果等（2008）研究指出香港 GPS 基准网共模误差包括的 3mm 垂直周年变化可以通过大气压力负载、非潮汐海洋负载、积雪深度负载以及土壤湿度负载造成的测站位移进行解释。Yan 等（2008）计算得到的包括大气、海底压力及水文负载在内的质量负载的平均周年振幅占 GPS 坐标时间序列周年振幅的

53%。Collilieux 等(2010,2012)研究了环境负载对 ITRF 建立的影响,发现施加大气压、陆地储水量及非潮汐海洋负载改正能够使得堆栈 GPS 坐标时间序列的周年信号减小的测站占总数的 73%。Rietboek 等(2011)将由负载造成的 GPS 测站位移、GRACE(gravity recovery and climate experiment mission)重力数据及模拟海底气压联合反演得到的地表负载周变化纳入 GPS 法方程,计算结果表明选择的 189 个测站中 151 个测站的高程周年季节振幅减少了至少 10%。为了消除或降低坐标序列中的 CME 的影响,国内外学者对 CME 的分离进行了一系列的研究。Wdowinski 等(1997)首次提出了堆栈滤波的方法,通过对 GPS 单日解坐标残差序列进行 CME 计算,以实现 CME 的分离。Nikolaidis(2002)在 Wdowinskiet 等(1997)的基础上进行了改进,提出了加权堆栈滤波的方法。Dong 等(2006)采用 PCA 与 KLE 相结合的滤波方法进行 CME 剔除,PCA/KLE 方法考虑了 GPS 站点之间的相关性这一性质,另外通过 KLE 法能较好地抑制部分测站的本地效应。Shen 等(2014)研究指出,由于 GPS 坐标时间序列往往存在数据缺失,基于此提出了数据缺失情况下的 PCA 滤波方法。上述空间滤波方法在分离 CME 中取得了丰富的研究成果,然而仍然存在一定的局限性,如 Wdowinskiet 等(1997)和 Nikolaidis(2002)采用堆栈滤波法假定测站之间的共模误差具有一致的空间响应(在空间的表现),实际情况下共模误差对 GPS 网各测站的影响并不是完全一致的;另外,堆栈滤波方法以单站、单分量的坐标时间序列为研究对象,忽略了多种因素造成的空间相关性。Williams 等(2004)的研究表明,GPS 坐标序列之间的相关性随着站点之间的距离增加,相关性逐渐减弱。因此,对于较大尺度的 GPS 网络来说,CME 不再均一。基于此,为了对大范围的 GPS 网进行共模误差的分离,SOPAC(scripps orbit and permanent array center)中心提出子网滤波方法,将 PBO 观测网络分为 5 个子区域,然后对子区域进行共模误差分离(Zhang et al.,1997)。该方法存在一定的局限性:什么是 CME 的物理源,如何对区域进行划分;CME 在空间尺度上的一致性表现范围较大,且主分量的选取方法复杂,这给从大空间尺度 GPS 网络中剔除 CME 带来了困难,而 PCA 的方法没有考虑测站的地理位置,也没有很好地顾及 CME 的空间影响尺度,一定程度上限制了其应用。另外,传统的 CME 分离方法建立在 GPS 坐标时间序列模型之上,模型的建立必然存在误差,尤其是在 GPS 坐标时间序列中发现高阶谐波后,传统的周期项拟合(周年、半周年项)以及参数化模型逐步呈现出局限性(Tregoning and Watson,2009;King and Watson,2010;Davis et al.,2012)。因此,有必要对 CME 的空间相关性进行进一步探讨,寻求 CME 的最佳分离方法。由于 GPS 站点之间的相关性,使得站点之间呈现出相同的变化规律,即对站点产生近似一致的影响。Wdowinski 等(1997)的研究指出由于共模误差的存在,使得 GPS 坐标序列单日解的不确定性增大,影响估计参数的精度,并指出 CME 是影响 GPS 坐标时间序列精度的一个重要因素。通过对坐标序列进行堆栈滤波,可以去除共模误差的影响,提高单日解序列的信噪比,改善坐标序列及相关参数的精度。

第 4 章　GNSS 基准站坐标序列预处理

4.1　GNSS 基准站坐标序列粗差探测与剔除

4.1.1　莱因达准则法

3 σ 准则又称“莱因达”准则，作为经典的粗差探测方法已有广泛的应用，且在 GNSS 坐标时间序列中也有着较好的粗差探测效果。该方法针对偏离程度较大的粗差具有很好的探测效果，但对于偏离程度低的探测效果不理想。

3 σ 准则的基本原理为假设观测的时间序列数据为 $X = (x_1, x_2, \cdots, x_n)$，并计算这组数据的标准差 σ 以及算术平均值 μ。

$$|x_i - \mu| > 3\sigma \ (i = 1, 2, \cdots, n) \tag{4.1}$$

式中：x_i 为某一时间序列数值时，则该数值分布在该区间内的概率为0.997 3，而超出该区域的数据不超过 3%，因此认定在该区间内的数据为正常值，超出该区域内的数据则为粗差。由于 3 σ 准则的置信概率为 99.73%，满足基本的统计特性要求，可有效地分析 GNSS 坐标时间序列中部分粗差的存在情况。

4.1.2　中位数绝对偏差法

黄博华等(2002)在传统 MAD 方法的基础上对其数学表达式进行了改进，得到了式(4.2)形式的表达式。对于服从正态分布的观测序列 $X_n = \{x_1, x_2, \cdots, x_i, \cdots, x_n\}$，将观测数据 x_i 与其中位数 K 及中位数绝对偏差(MAD)数倍之和进行比较；若 x_i 满足：

$$|x_i - K| > n \cdot \mathrm{MAD} \tag{4.2}$$

则认为 x_i 为粗差点。式(4.2)中 $K = \mathrm{Med}\{x_i\}$，$\mathrm{MAD} = \mathrm{Med}\{|x_i - K|/0.674\ 5\}$ (Med 表示求中位数)，常数 n 取值按实际需求确定，一般取 3～5，n 较大不易剔除偏离度较小的粗差，n 较小可能产生误判。在探测出粗差之后，将粗差值设为 0 或其他的值以剔除粗差。

4.1.3　IQR 准则法

四分位距(Interquartile Range，IQR)方法相较于 3 σ 不易受到粗差的影响，鲁棒性较高，因此粗差探测效果优于 3 σ 法，但该方法与 3 σ 准则同样不适用于局部粗差的探测。将一组观测数据从小到大排列后，第 25%的数据为第一分位点，第 50%的数据为第二分位点，第 75%

的数据为第三分位点。其中，第二分位点处的数据是观测数据的绝对中位差(MAD)，第三四分位数与第一四分位数的差距称为四分位距。IQR 可表示为：

$$\mathrm{IQR} = Q_3 - Q_1 \tag{4.3}$$

式中：Q_3 为高四分位数，表示大于该数值的数据占总数的 25%；Q_1 为低四分位数，表示大于该数值的数据占总数的 75%；Q_2 为中四分位数。(Q_3，Q_1) 涵盖了数据分布最中间 50%的数据，使得数据中位数和数据 IQR 受粗差的影响较小。当数据落在 ($Q_1 - 1.5 \times \mathrm{IQR}$，$Q_3 + 1.5 \times \mathrm{IQR}$) 时，数据离散程度低，可看作正常值，不在该范围内的数据可看作粗差，该方法能得到更加干净、平稳的时间序列。

4.1.4 粗差实验分析

为了比较上述 3 种粗差剔除方法，选取了 IGS 分析中心 JPL 通过 GIPSY 软件解算的 40 个 GPS 基准站坐标时间序列进行分析，其坐标时间序列可以通过 ftp://sideshow.jpl.nasa.gov/pub_/JPL_GPS_Timeser/repro2011b/raw 网站下载。对 GPS 坐标时间序列中的粗差进行剔除，通过比较时间序列中粗差的剔除率和去除粗差后序列的 RMS 值，期望得到效果最好的探测剔除 GPS 坐标时间序列中粗差的方法。

4.1.4.1 数据选取及预处理

经过计算和挑选，本书最终选取全球区域下的时间序列长度为 20 年(1996.0—2016.0)的 40 个 GPS 基准站(名称及所在位置如图 4.1 所示)进行粗差的探测与剔除。所选站点在空间的分布如图 4.1 所示，站点经纬度见表 4.1。

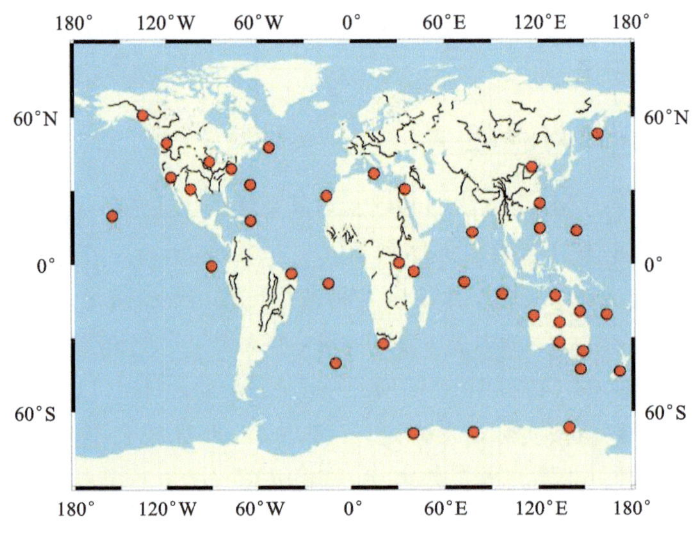

图 4.1 GPS 基准站名称及其所在位置

表 4.1　本节实验所用 GPS 基准站的经纬度

测站	经度/(°)	纬度/(°)	测站	经度/(°)	纬度/(°)	测站	经度/(°)	纬度/(°)
ALIC	133.89	−23.67	ASC1	−14.41	−7.95	BJFS	115.89	39.61
BRFT	−38.43	−3.88	BRMU	−64.70	32.37	CEDU	133.81	−31.87
COCO	96.83	−12.19	CRO1	−64.58	17.76	DARW	131.13	−12.84
DAV1	77.97	−68.58	DGAR	72.37	−7.27	DRAO	−119.62	49.32
DUM1	140.00	−66.67	GLPS	−90.30	−0.74	GOLD	−116.89	35.43
GOUG	−9.88	−40.35	GUAM	144.87	13.59	HOB2	147.44	−42.80
IISC	77.57	13.02	KARR	117.10	−20.98	KOUC	164.29	−20.56
MALI	40.19	−3.00	MAS1	−15.63	27.76	MBAR	30.74	0.60
MDO1	−104.01	30.68	MKEA	−155.46	19.80	MQZG	172.65	−43.70
NLIB	−91.57	41.77	NOT1	14.99	36.88	PETP	158.61	53.07
PIMO	121.08	14.64	RAMO	34.76	30.60	STJO	−52.68	47.60
SUTH	20.81	−32.38	SYOG	39.58	−69.01	TIDB	148.98	−35.40
TNML	120.99	24.80	TOW2	147.06	−19.27	USNO	−77.07	38.92
WHIT	−135.22	60.75						

4.1.4.2　三种粗差探测方法的比较和分析

为了较为直观地描述粗差剔除前后的 GPS 坐标时间序列，本书列出了部分站点时间序列垂向分量上的粗差剔除情况示意图，如图 4.2～图 4.4 所示。从图中可以看出，GPS 时间序列中或多或少存在大幅度偏离正常值的观测值，即我们要剔除的粗差，本节选用 5σ、3σ、MAD 及 IQR4 种粗差剔除方法在一定程度上能探测出并且去除这些“不正常”的观测值，且由于不同方法选取阈值的方式和大小不同造成了粗差剔除效果的不同。

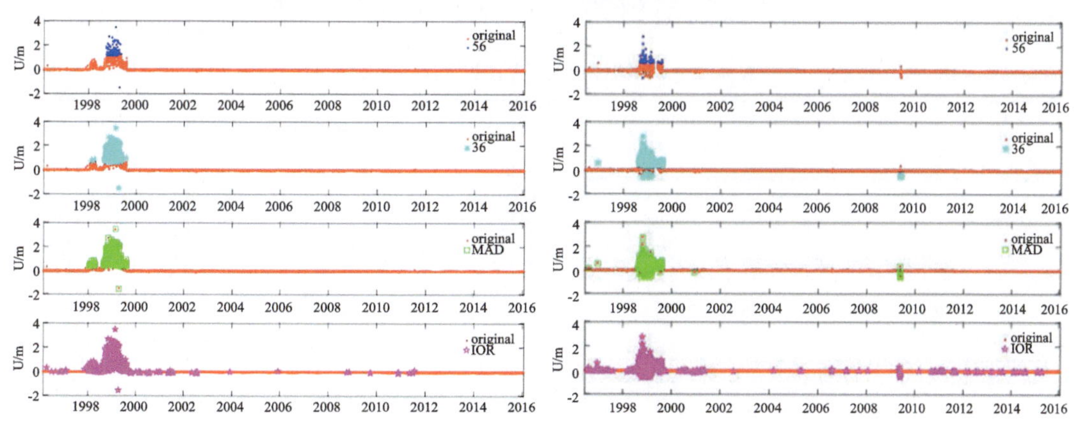

图 4.2　ALIC 站、COCO 站粗差剔除前后的序列

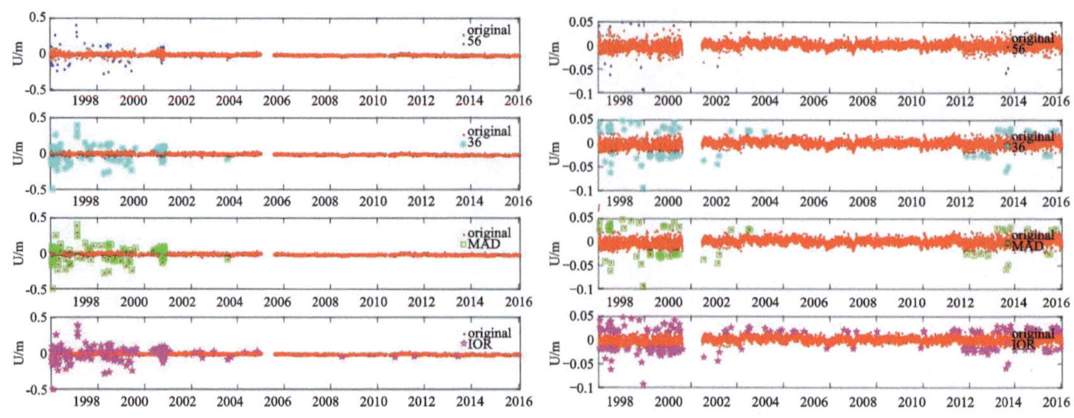

图 4.3　CRO1 站、GOLD 站粗差剔除前后的序列

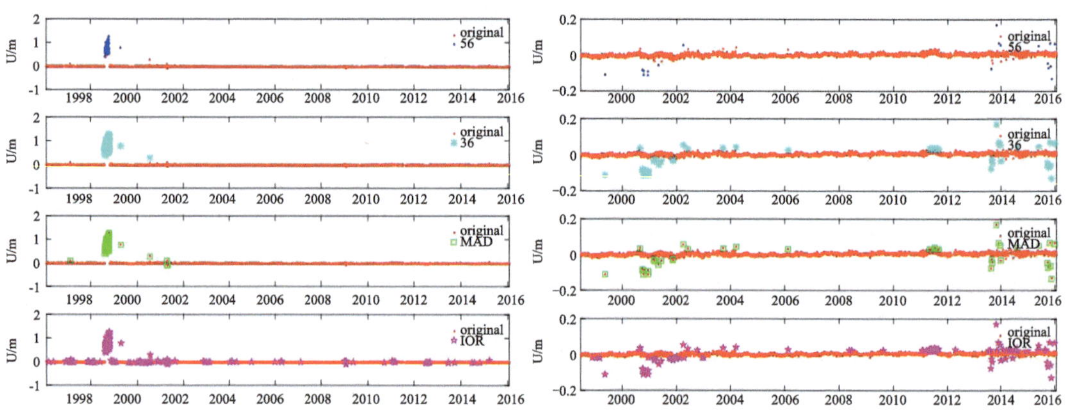

图 4.4　HOB2 站、RAMO 站粗差剔除前后的序列

为了定量分析 4 种滤波方法去除粗差的效果，本书计算并对比 4 种剔除方法的粗差剔除率（百分比），该值越大，表明剔除效果越好。表 4.2 为用 4 种粗差剔除方法所处理站点剔除率的比较分析结果，由表 4.2 可以明显看出 4 种方法效果的优劣性：四分位距法的效果优于 MAD 法，MAD 法优于 3 倍中误差法，3 倍中误差法优于 5 倍中误差法。

表 4.2　4 种粗差探测方法的剔除率比较

台站	5σ/%	3σ/%	MAD/%	IQR/%
ALIC	1.28	2.36	3.90	8.38
ASC1	0.46	1.39	1.39	3.92
BJFS	0.37	0.78	0.65	3.11
BRFT	0.43	0.59	0.99	2.62
BRMU	0.19	0.42	0.78	1.87
CEDU	0.40	1.01	1.53	3.55
COCO	1.04	1.92	3.20	6.17

续表 4.2

台站	5σ/%	3σ/%	MAD/%	IQR/%
CRO1	0.51	1.01	1.32	2.75
DARW	0.91	1.49	2.62	7.60
DAV1	0.92	2.17	4.04	8.75
DGAR	0.07	0.07	0.28	3.43
DRAO	0.18	0.33	0.30	1.10
DUM1	0.03	0.05	0.38	1.46
GLPS	0.16	0.78	0.70	2.52
GOLD	0.20	1.02	0.85	3.07
GOUG	0.00	6.50	7.16	10.06
GUAM	0.10	0.10	0.76	3.08
HOB2	1.04	1.07	1.13	2.61
IISC	0.24	0.78	0.97	2.49
KARR	1.21	1.80	2.62	6.82
KOUC	0.42	2.62	2.64	3.19
MALI	0.47	1.19	1.91	5.27
MAS1	0.21	0.48	1.13	2.87
MBAR	0.72	1.03	1.18	3.18
MDO1	0.16	0.22	0.34	1.29
MKEA	0.06	0.08	0.30	0.60
MQZG	0.30	1.30	1.30	4.40
NLIB	0.18	0.60	0.69	3.96
NOT1	0.07	0.09	0.27	1.00
PETP	0.70	1.68	2.49	4.22
PIMO	0.09	0.22	1.51	4.09
RAMO	0.31	0.64	0.64	1.96
STJO	0.17	0.73	0.80	2.59
SUTH	0.10	0.10	0.20	1.59
SYOG	0.23	0.51	1.38	4.75
TIDB	0.20	0.46	0.54	2.08
TNML	0.59	1.52	1.92	4.86
TOW2	0.91	1.44	2.14	4.71
USNO	0.77	1.78	3.17	6.65

为了使统计结果更加可靠,我们进一步对 40 个站去除粗差前后序列的 RMS 结果进行统计分析,表 4.3 给出了使用不同方法去除粗差前后序列 RMS 的最大值、最小值、均值。从表 4.3 可知,就 RMS 均值而言,用 4 种方法去除粗差后序列的 RMS 均值在东、北方向上相对于原始序列有小幅度降低,在垂向分量上有大幅度减小,即去除粗差后序列的均方根在粗差剔除后明显变小。

表 4.3 4 种方法去除粗差前后站点序列的 RMS 统计分析结果 单位:mm

粗差剔除方法	Mean			Max			Min		
	E	N	U	E	N	U	E	N	U
原始序列	33.30	13.86	44.48	87.52	49.30	215.81	10.89	2.34	6.43
5 倍中误差	14.63	11.70	18.71	43.26	42.53	121.27	3.86	2.34	5.61
3 倍中误差	12.57	11.04	13.78	37.12	42.53	77.33	2.95	2.34	5.19
MAD	12.94	11.37	10.37	37.12	42.53	41.43	2.95	2.30	5.23
IQR	12.09	10.57	7.82	37.12	42.53	16.57	2.95	2.25	4.75

对 40 个 GPS 基准站序列的 RMS 平均值进行统计:东方向滤波前平均值为 33.30mm,5 倍中误差剔除粗差后平均值为 14.63mm,3 倍中误差剔除粗差后平均值为 12.57mm,MAD 剔除粗差后平均值为 12.94mm,四分位距法剔除粗差后平均值为 12.09mm;北方向滤波前平均值为 13.86mm,5 倍中误差剔除粗差后平均值为 11.70mm,3 倍中误差剔除粗差后平均值为 11.04mm,MAD 剔除粗差后平均值为 11.37mm,四分位距法剔除粗差后平均值为 10.57mm;垂向分量滤波前平均值为 44.48mm,5 倍中误差剔除粗差后平均值为 18.71mm,3 倍中误差剔除粗差后平均值为 13.78mm,MAD 剔除粗差后平均值为 10.37mm,四分位距法剔除粗差后平均值为 7.82mm;剔除粗差后的序列 RMS 平均值比原始序列的 RMS 平均值在 E 方向分别(剔除方法的顺序按表 4.3)下降了 56.1%、62.3%、61.1%、63.7%,在 N 方向分别下降了 15.6%、20.3%、18.0%、23.7%,在 U 方向分别下降了 57.9%、69.0%、76.7%、82.4%。综上所述,GPS 基准站的时间序列经粗差去除后序列的观测值同真值之间的偏差明显减小,即残余坐标时间序列的不确定性和可靠性得到了较大的提高。

4.1.4.3 粗差对噪声模型估计的影响

上一小节我们分析了共模误差对噪声模型的影响,在此为了分析粗差对噪声模型的影响,实验数据依然采用上一节所述 GPS 站点,对粗差剔除后的坐标序列进行相应的噪声模型估计分析(图 4.1)。

噪声数据处理依然采用极大似然估计进行,表 4.4 为图 4.1 所示中区域内站点采用四分位距法去除粗差前后 3 个方向坐标分量的最优噪声模型结果。由表 4.4 可以看出,GPS 坐标时间序列并非都是单一的噪声模型,而是呈现出多样性。GPS 坐标时间序列在东方向主要呈现出 WN 模型,占总噪声模型个数的 40.0%,PL 模型占 20%,FN+WN 模型占 35%,FN+

RW+WN 模型约占 5%。在北方向主要表现为 PL 模型占 20%,FN+WN 模型占 52.5%,FN+RW+WN 模型约占 27.5%。在垂向分量上主要表现为 WN 模型占 2.5%,PL 模型占 32.5%,FN+WN 模型占 50%,FN+RW+WN 模型约占 15%,可以看出 GPS 坐标时间序列在北方向与垂向分量上的最优噪声模型符合度较高。

表 4.4　4 种方法去除粗差前后站点最佳噪声模型统计结果

站点	E		N		U	
	改正前	改正后	改正前	改正后	改正前	改正后
ALIC	FN+WN	FN+WN	FN+RW+WN	FN+RW+WN	FN+RW+WN	FN+WN
ASC1	PL	FN+WN	FN+WN	FN+WN	PL	PL
BJFS	WN	FN+RW+WN	FN+RW+WN	FN+RW+WN	FN+WN	PL
BRFT	WN	FN+WN	FN+WN	FN+RW+WN	FN+WN	FN+WN
BRMU	FN+WN	FN+WN	FN+WN	FN+WN	FN+WN	FN+WN
CEDU	WN	FN+WN	FN+RW+WN	FN+RW+WN	FN+WN	FN+WN
COCO	FN+RW+WN	FN+WN	FN+WN	FN+RW+WN	FN+WN	FN+WN
CRO1	WN	FN+WN	PL	FN+WN	FN+WN	FN+WN
DARW	WN	PL	FN+WN	FN+WN	FN+WN	FN+WN
DAV1	FN+WN	FN+RW+WN	FN+RW+WN	FN+WN	FN+RW+WN	PL
DGAR	PL	PL	PL	PL	PL	FN+WN
DRAO	FN+WN	PL	PL	PL	PL	PL
DUM1	FN+WN	FN+RW+WN	FN+RW+WN	FN+WN	PL	FN+WN
GLPS	WN	FN+WN	FN+WN	FN+WN	FN+WN	FN+WN
GOLD	WN	FN+WN	FN+WN	FN+WN	FN+WN	FN+WN
GOUG	FN+RW+WN	FN+RW+WN	FN+WN	PL	FN+WN	FN+WN
GUAM	PL	FN+WN	FN+RW+WN	FN+WN	PL	FN+WN
HOB2	FN+WN	PL	FN+RW+WN	FN+RW+WN	FN+RW+WN	FN+WN
IISC	FN+WN	FN+WN	FN+WN	FN+WN	PL	FN+WN
KARR	FN+WN	FN+WN	FN+WN	FN+WN	FN+WN	FN+WN
KOUC	WN	FN+RW+WN	FN+WN	FN+WN	FN+RW+WN	FN+WN
MALI	PL	FN+WN	FN+WN	FN+WN	FN+WN	FN+WN
MAS1	PL	FN+WN	PL	PL	PL	FN+WN
MBAR	WN	PL	FN+RW+WN	FN+RW+WN	FN+RW+WN	FN+WN
MDO1	WN	PL	FN+WN	PL	PL	FN+WN
MKEA	WN	FN+WN	PL	PL	PL	FN+WN

续表 4.4

站点	E		N		U	
	改正前	改正后	改正前	改正后	改正前	改正后
MQZG	FN+WN	FN+WN	FN+RW+WN	FN+RW+WN	FN+WN	FN+WN
NLIB	WN	PL	FN+WN	FN+WN	FN+WN	PL
NOT1	PL	FN+WN	PL	FN+WN	PL	FN+WN
PETP	FN+WN	FN+WN	FN+WN	FN+WN	FN+WN	FN+WN
PIMO	FN+WN	FN+WN	FN+WN	FN+WN	WN	FN+WN
RAMO	WN	FN+WN	FN+WN	FN+WN	PL	FN+WN
STJO	WN	FN+WN	FN+WN	FN+WN	FN+WN	PL
SUTH	WN	PL	PL	PL	PL	FN+WN
SYOG	FN+WN	FN+WN	FN+WN	FN+WN	FN+WN	FN+WN
TIDB	PL	FN+WN	FN+RW+WN	FN+RW+WN	FN+WN	FN+WN
TNML	WN	FN+WN	FN+WN	FN+WN	FN+WN	FN+WN
TOW2	FN+WN	FN+WN	FN+WN	FN+WN	FN+WN	PL
USNO	PL	WN	PL	FN+WN	PL	PL
WHIT	FN+WN	FN+WN	FN+RW+WN	FN+RW+WN	FN+RW+WN	PL

除此之外，从表 4.4 中可知经粗差去除后，三坐标分量的噪声模型(约 50%)发生了改变，且在粗差去除之前，东方向上的噪声模型主要表现为 WN 模型和 FN+WN 模型，改正后主要呈现出 FN+WN 模型，70%以上的站点噪声模型发生了改变，且改正后少部分点(约 12.5%)的最佳噪声模型为 FN+RW+WN 噪声模型，而根据现有研究，FN+RW+WN 模型中的随机游走噪声主要来自观测墩的不稳定性，这表明经过粗差改正之后，GPS 坐标序列中噪声的长周期分量(如随机游走噪声)变得显著，且大跨度的时间序列为探测低频噪声的存在提供了条件，尤其是随机游走噪声振幅较小时不能被准确地探测出来，从而被忽略，导致不能获得最优的噪声模型。在垂直方向，在粗差去除后主要表现为 FN+WN 模型，部分站最佳模型为 PL 模型，改正后主要呈现出 FN+WN 模型。上述站点经粗差剔除之后，时间序列的最佳噪声模型发生了变化，表明粗差对噪声模型的影响较大，因此有必要对观测序列中粗差对噪声模型的影响进行进一步的研究。

4.1.5 基于 LOF 算法的 GNSS 坐标时间序列异常值探测

4.1.5.1 LOF 异常值探测

局部异常因子(LOF)是由 Breunig 等(2000)提出的一种基于数据点密度的异常值探测算法，核心思想主要是通过比较每个点 p 和其邻域点的密度来判断该点是否为异常点，若点 p 的密度越低，越可能被认定是异常点(董泽和贾昊，2020)。通过对数据集中每一个数据点计算一个局部异常因子(LOF),并根据 LOF 得分来判断该点是否为异常值点。LOF 异常值检测,需要首先计算每个点的可达距离,并根据可达距离计算局部可达密度,最后得到局部离群因子。主要定义与方法如下。

定义 1(k-邻近距离)

在数据集 D 中,距离数据点 p 最近的几个数据点中,第 k 个最近的数据点与点 p 之间的距离称为点 p 的 k-邻近距离 (k-distance),记为 $d_k(p)$;将两个数据点 p 和 o 的距离记为 $d(p,o)$。任意两个数据点间的距离可以采用欧氏距离、马氏距离、球面距离、闵可夫斯基距离等方法计算。

定义 2(可达距离)

当给定参数 k 时,数据点 p 到点 o 的可达距离记为:

$$\text{reach}-\text{dist}_k(p,o)=\max[k-\text{distance}(o),d(p,o)] \tag{4.4}$$

定义 3(局部可达密度)

与点 p 的距离小于或等于 k-邻近距离的数据点集合称作点 p 的 k-距离领域,记作 $N_k(p)$;点 p 与邻近数据点的平均可达距离的倒数为点 p 的局部可达密度,即:

$$\text{lrd}_k(p)=1\Bigg/\left(\frac{\sum\limits_{o\in N_k(p)}\text{reach}-\text{dist}_k(p,o)}{|N_K(P)|}\right) \tag{4.5}$$

定义 4(局部离群因子)

数据点 p 的局部离群因子表示为点 p 邻域 $N_k(p)$ 的局部可达密度与数据点 p 的局部可达密度的平均比值,即:

$$\text{LOF}_k(P)=\frac{\sum\limits_{o\in N_k(p)}\dfrac{\text{lrd}_k(o)}{\text{lrd}_k(p)}}{|N_K(P)|} \tag{4.6}$$

若 LOF 值接近 1,表明数据点 p 的局部可达密度与其邻域点的局部可达密度相似,越可能与其领域为同一簇;当 LOF 值大于 1 时,点 p 的密度小于领域点密度,可能为异常值点(董泽和贾昊,2020)。

4.1.5.2　IQR-LOF 异常值探测方法

1. 算法流程

根据 LOF 的原理与 GNSS 坐标时间序列数据的特征,构建的 IQR-LOF 异常值探测方法步骤如下:

(1)输入坐标时间序列原始数据集 D,使用 IQR 方法进行初步异常值探测。

(2)剔除步骤(1)中探测到的粗差,并选用 k-最近邻(k-nearest neighbor,KNN)算法对空缺数据进行插值,得到数据集 D_1。

(3)选定 k 值,对数据集 D_1 进行 LOF 局部异常值探测,输出每个数据点的得分。

(4)根据数据特征与需求选择得分最高的 n 个点为局部异常值点。

(5)剔除步骤(4)中的异常值点,再次使用 KNN 算法对其进行插值,得到处理后的最终数据集 D_2。

2. 算法思想

测站在测量时受到外界环境、系统内部等多种因素的影响，使 GNSS 坐标时间序列呈现出不平稳性、非线性等特点，以及数据中包含各种噪声和误差。对数据中较大的离群值可当作粗差剔除，但由于高程方向的季节性变化较为明显（张鹏等，2007），对局部数据的离群值传统方法难以探测。而 LOF 算法衡量数据点的异常程度，并不是看该点的绝对局部密度，而是计算它与周围邻近数据点的相对密度，其优点是允许数据存在分布不均匀、密度不同的情况（Vaghefi et al.，2019），因此对 GNSS 坐标数据有良好的适用性。在探测异常值点时，LOF 按照得分大小对异常值进行判断（董泽和贾昊，2020），但由于 GNSS 坐标时间序列的复杂性与多变性，无法准确判断实测数据中具体的异常值数量，而且选定合适的阈值探测局部异常值十分困难，因此使用经典的 IQR 方法进行初步探测，可剔除数据中的较大离群值和部分异常值，便于在进行 LOF 探测时更好地选择异常值数量。

在剔除异常值之后，对数据进行插值十分必要（占伟等，2013），合适的插值方法能够减弱剔除粗差对数据分析的不利影响。通过实验发现，三次样条的拟合精度较低，对局部异常值的插值效果较差，可选用分段三次样条方法进行插值，但处理麻烦；拉格朗日插值不够稳定，高阶插值易产生偏差，且拉格朗日与三次样条方法都不适用于连续缺失的数据。为了避免步骤(2)中的插值数据在步骤(4)中被判为异常值，因此选用 KNN 算法（王兴等，2016）或更先进的插值方法。

4.1.5.3 模拟数据实验

为了验证 LOF 方法对坐标时间序列中异常值探测的有效性，首先使用模拟的高程数据进行检验。为了专注于粗差的探测，模拟数据不包含阶跃、震后形变等非线性变化，以排除其他因素对结果准确性的影响。模拟数据的表达式为：

$$x(t_i) = \alpha + v_0 t_i + \sum_{m=1}^{m_0} [\alpha_m \sin(2\pi f_m t_i) + b_m \cos(2\pi f_m t_i) + r_{t_i}] \tag{4.7}$$

式中：t_i 为坐标历元时刻标识；$x(t_i)$ 为测站 t_i 时刻对应的坐标；b 为截距；v_0 为线性速度；m_0 为谐波个数；r_{t_i} 为随机噪声。由式(4.7)得到一组干净的模拟坐标数据后，再采用标准差为 6 σ 的正态分布模拟得到一组误差序列，然后将大于 3 σ 的数据任意添加到不含粗差的原始序列中，从而得到一组被粗差污染的模拟高程坐标序列。模拟数据的参数及粗差数量如表 4.5 所示。

表 4.5 模拟数据统计表

时间跨度/年	截距/mm	线性速度/(mm·a^{-1})	周年振幅/mm	半周年振幅/mm	σ/mm	粗差总数/个	粗差占比/%
2000—2004	5	2	5	3	5	53	3.6

在模拟数据实验中，由于准确地知道模拟数据中手动添加的异常值数量，则无需使用

IQR 进行初步探测，可直接使用 LOF 进行异常值探测，以检验该方法在 GNSS 坐标数据中的适用性与准确率。在经典的粗差探测方法中，由于 IQR 方法相对于 3σ 准则对粗差探测更具稳健性，因此选用 IQR 方法进行对比实验。

图 4.5 是 IQR 与 LOF 方法对模拟数据的粗差探测对比图。由图 4.5(a)可知，IQR 方法对粗差和多数离群值能够准确探测，但对局部数据的离群值不够敏感；而 LOF 既能有效地探测到粗差，又能准确地探测数据内部的离群值。由表 4.6 对两种方法效果的统计可知，LOF 相对于 IQR 方法对异常值探测的准确率更高，提升了 37.7%；但两种方法都出现了误判的情况，其中 LOF 在输出异常值时，需要选定具体的输出个数，当原始数据中存在比添加的粗差点得分更高的数据点时，则会优先输出为异常值点。

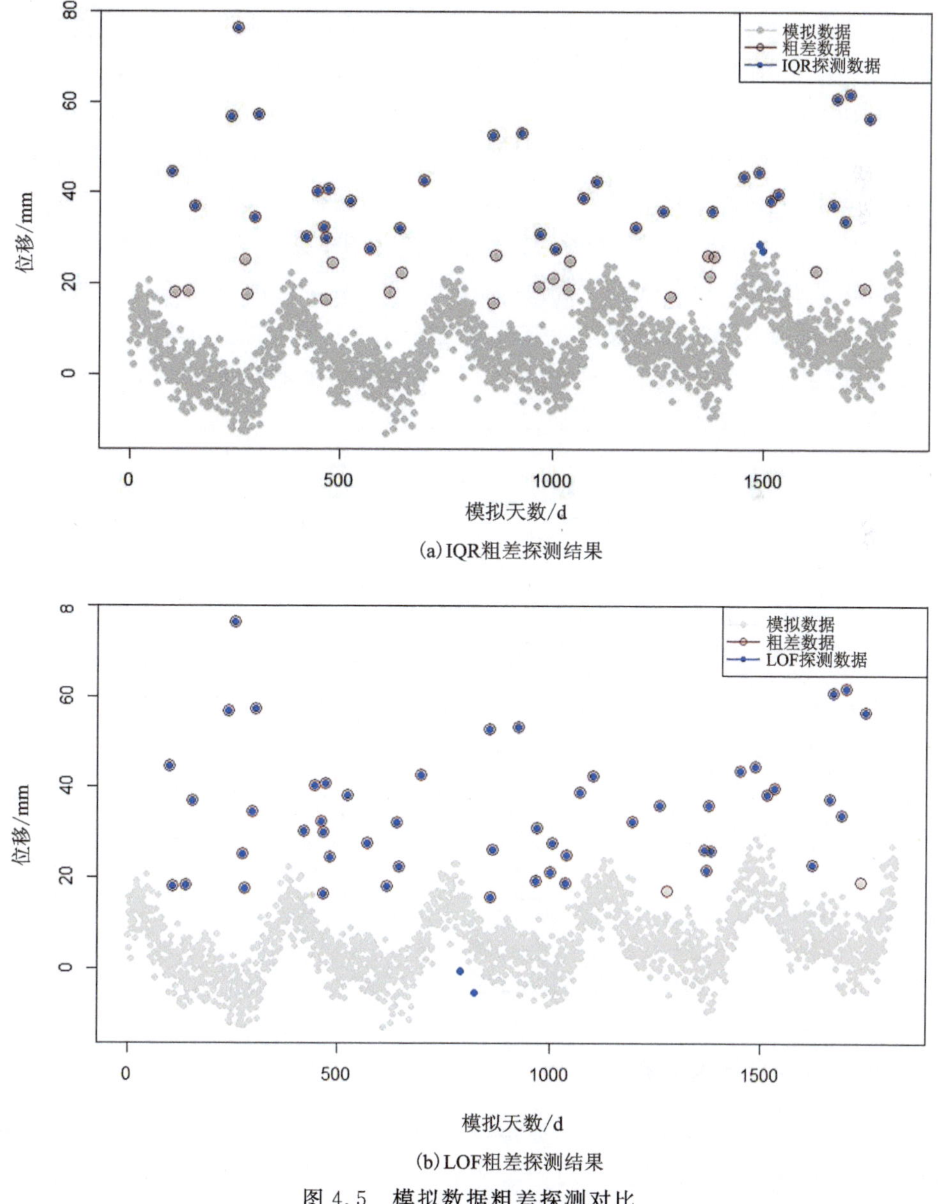

(a) IQR粗差探测结果

(b) LOF粗差探测结果

图 4.5　模拟数据粗差探测对比

表4.6　两种方法粗差探测对比

探测方法	准确率(%)	误判数(个)	准确探测数(个)
IQR	58.5	2	31
LOF	96.2	2	51

4.1.5.4　实测数据实验与分析

1. IQR与KNN预处理

选用CHAN站2000—2019年的高程方向实测数据作为实验数据。由于实测数据中无法准确获取异常值的数量，首先使用IQR进行初步的粗差探测，目的是剔除原始数据中的极端值，再使用LOF算法时专注于对局部异常值的检测，以更好地选择异常值的数量。实验方法如4.1.5.2节中步骤所示。

图4.6是使用IQR方法对CHAN站实测高程坐标数据进行初步异常值探测，黑色点表示IQR探测到的异常值。从图中可以看出，IQR对数据中的较大离群值能够准确地探测；部分边缘数据相对于整体数据有一定偏差，这部分数据从图中来看不属于异常值，但经IQR剔除后的时间序列更加平稳。采用KNN算法对IQR剔除后的时间序列进行插值，插值效果如图4.7所示，可以看出KNN插值数据能够较好地符合时间序列的变化趋势，且没有产生明显的异常值数据，能够很好地避免下一步使用LOF算法时再次将IQR探测到的数据点剔除。

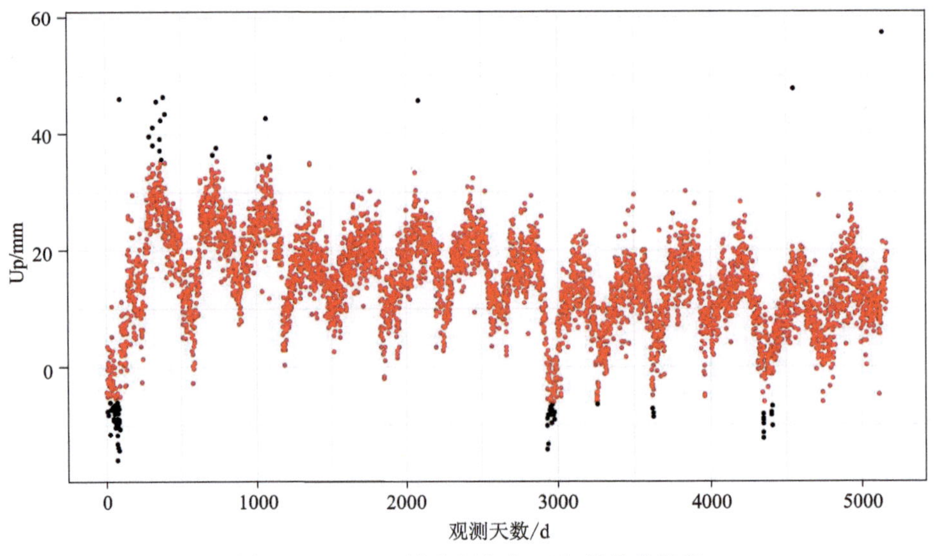

图4.6　CHAN站高程方向IQR异常值探测

2. LOF参数对异常值探测的影响

由于LOF算法在探测异常值时，需要设定参数k，不同的k值会对最终结果产生不同的影响。在对CHAN站进行IQR与KNN预处理之后，使用LOF方法进行局部异常值探测，

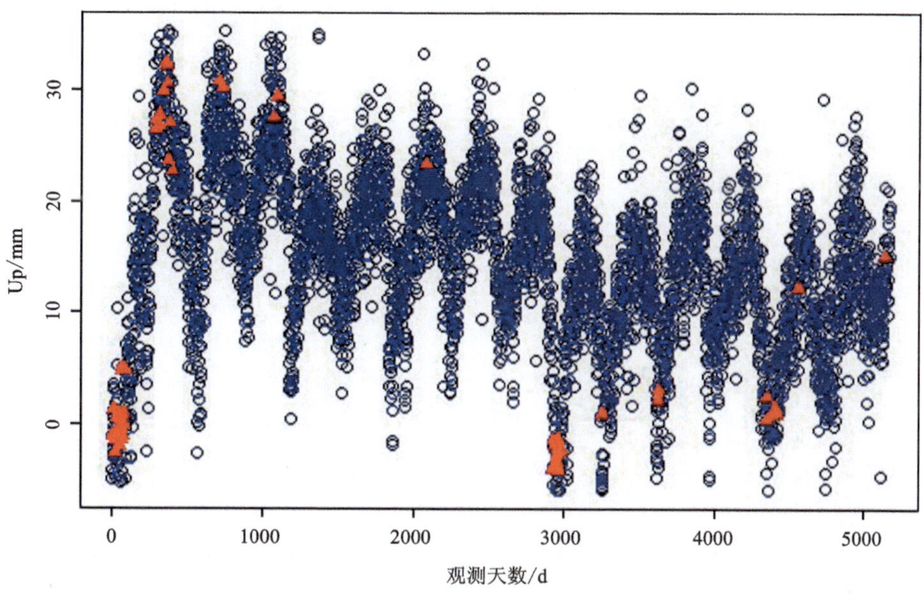

图 4.7　CHAN 站高程方向 KNN 插值

选取 $k=3$、5、7、10、20、30 进行异常值探测实验，并只显示得分前 20 的坐标点，这是因为当显示太多异常点的时候，难以观察不同 k 值对探测结果的影响。

由图 4.8 可知，当 $k=3$、5、7、10 时，LOF 能够较准确地探测坐标时间序列中的粗差；当 $k=20$、30 时，探测精度出现较大偏差。以 $k=10$ 为例，通过直观的目视判断，可初步认为图 4.8(d)中的蓝色点为 LOF 误判的数据点。但由于选取的数据量过大，在图中无法清楚地展示局部数据的真实状况，故对图 4.8(d)中的蓝色点依次进行放大，如图 4.9 所示，横坐标对应各个异常值点，由图 4.9 可知从单纯的数学模型与统计意义上来看，LOF 探测出的异常值往往是准确的。

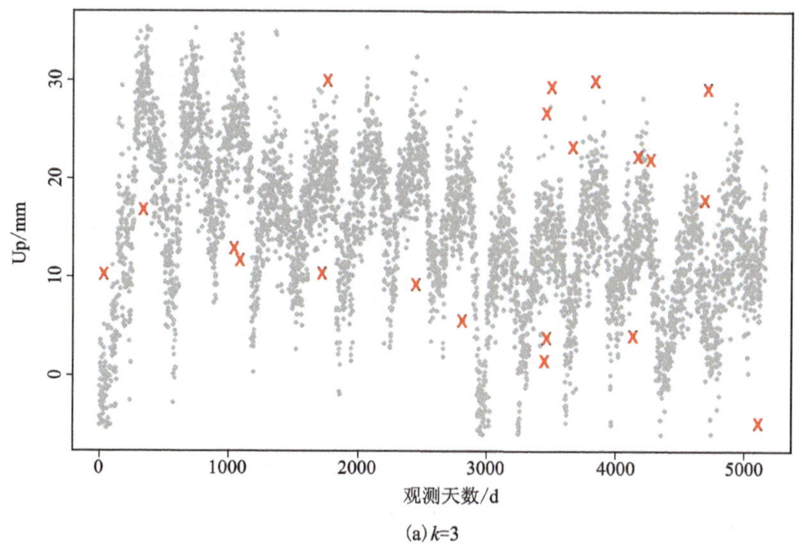

(a) k=3

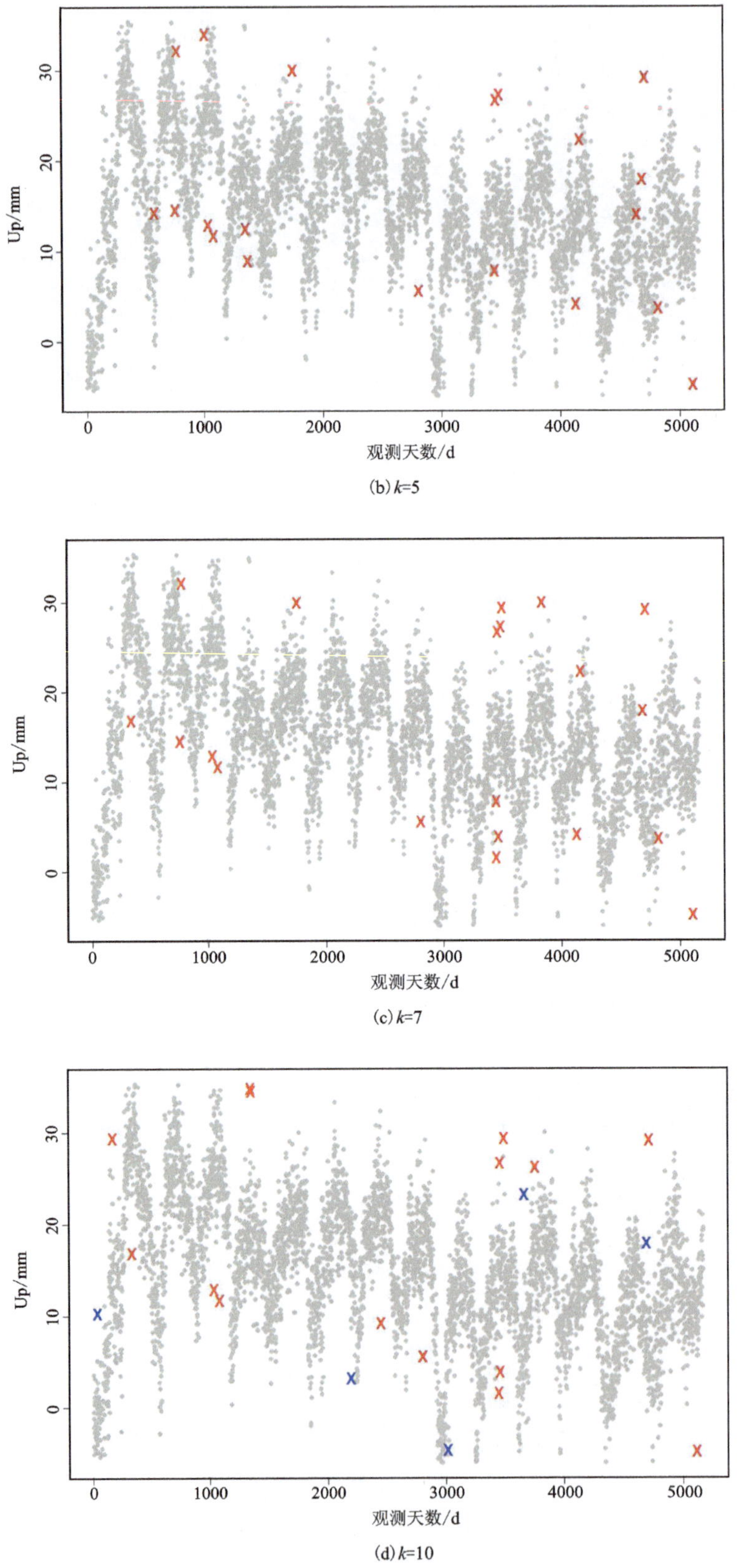

(b) k=5

(c) k=7

(d) k=10

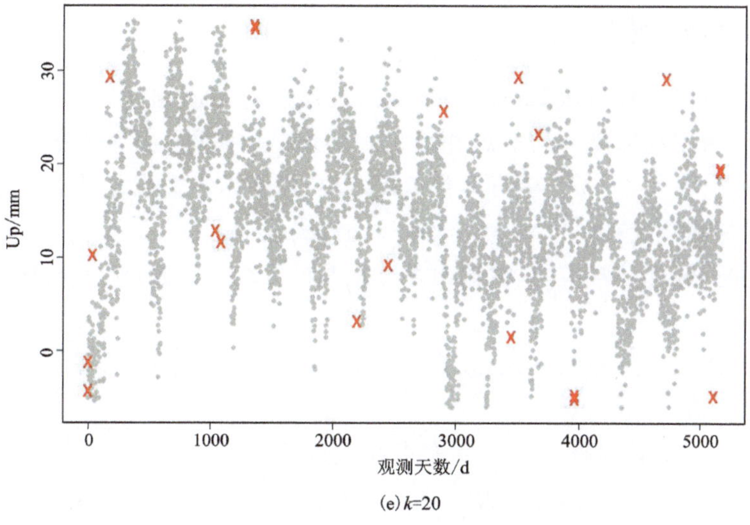

(e) k=20

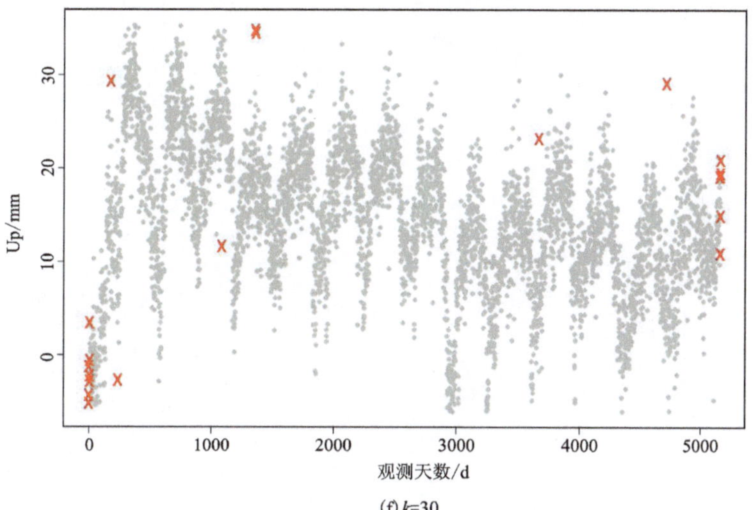

(f) k=30

图 4.8　CHAN 站高程方向不同 k 值下 LOF 异常值探测对比

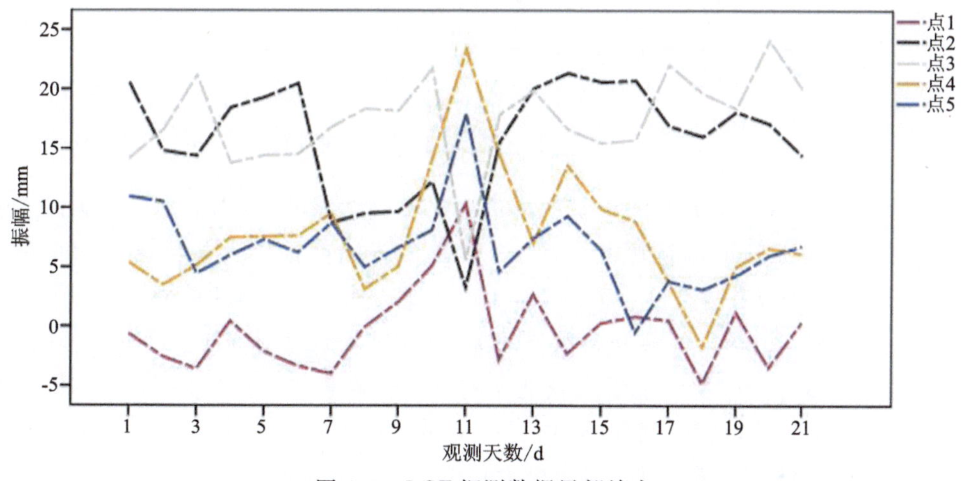

图 4.9　LOF 探测数据局部放大

3. LOF 对剔除数据的选择

在实际的观测过程中，测站受到外界环境或地质运动的影响，可能会出现不同程度的波动，而部分数据点出现局部离群的情况并不是观测误差导致的，这部分数据从物理意义上来看是真实的。所以，在使用 LOF 进行异常值探测时，需要结合数据点的分布情况并根据具体的使用目的选择探测数量：

(1)稳健地探测局部异常值，只需输出得分最高的几个点，能够避免破坏原始时间序列的特性。

(2)得到更干净的坐标时间序列，设定总数据的 1%或 2%为异常值进行剔除，但难以避免会剔除一些真实值。

在实测的 GNSS 高程坐标时间序列中存在大量的密度得分大于 1 的数据，如图 4.10 所示，若将得分大于 1 的点都判为异常值点不合理。在统计学上，当数据缺失达到 5%时数据不可用，由于在进行 LOF 探测前，已经使用 IQR 方法剔除了部分数据，因此为了稳妥地处理数据，可设定输出总数据的 1%或 2%进行剔除。

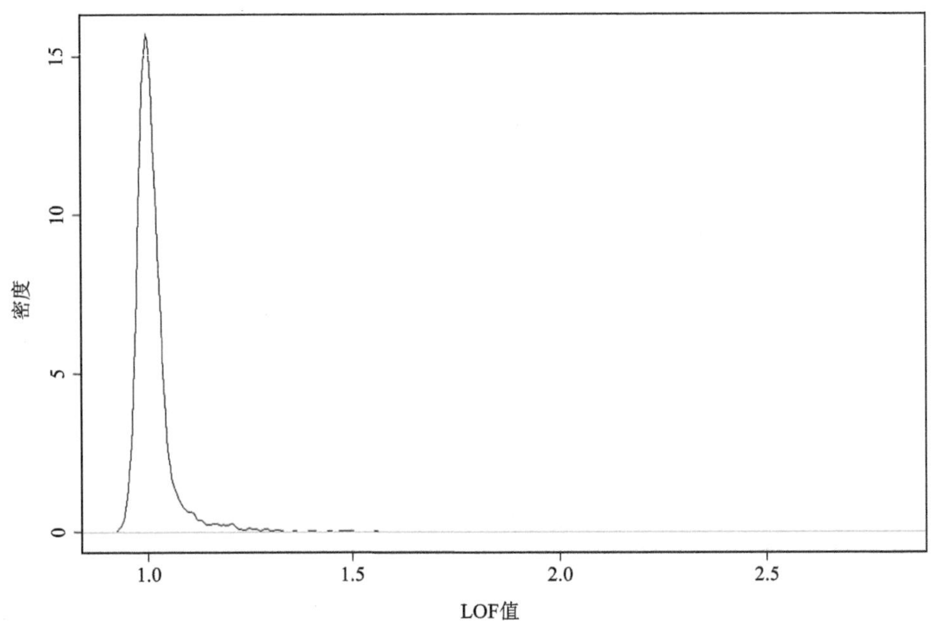

图 4.10　CHAN 站 LOF 数据点密度曲线

由图 4.8 的模拟数据实验与图 4.9 的 k 值对比实验结果可知，当输出的异常值数量较少时，LOF 算法能够较准确地进行探测，因此需要进一步验证输出大量异常值时的效果。由图 4.11和图 4.12 可知，当输出得分约前 1%、2%数据点时，LOF 算法能够较好地探测局部数据的异常值，且探测到的异常值多处于数据的上下边缘，从而得到更加干净的坐标时间序列。

由以上分析可知，LOF 算法能够有效地探测 GNSS 高程方向时间序列中的局部异常值，并得到更真实、更干净的坐标时间序列，但在探测过程中不可避免地会产生误判。尽管通过直观的观察可以找到部分误判数据，但会极大地增加数据处理时间以及由主观性分析可能导

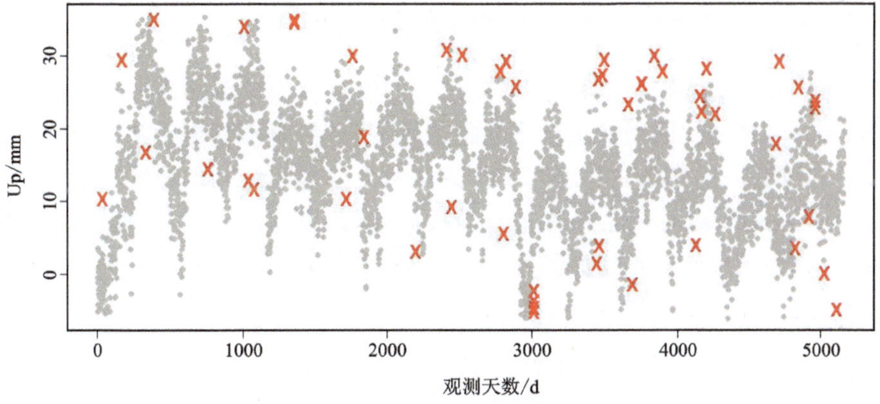

图 4.11　LOF 得分前 1%数据

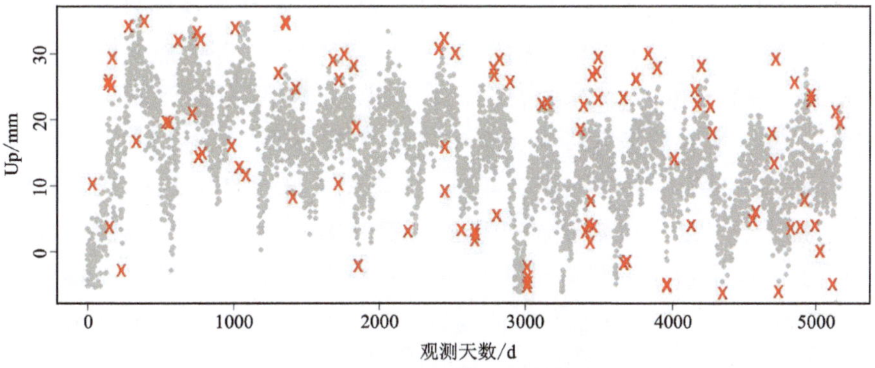

图 4.12　LOF 得分前 2%数据

致的更大误差，故对误判数据选择进行剔除，并在剔除后统一进行数据插值，而合适的插值方法能够减弱甚至抵消误判带来的影响。我们选择 2%的数据当作异常值进行剔除，并使用 KNN 算法对剔除后的数据进行插值，得到最终的处理数据，图 4.13 为原始数据与经过 IQR-LOF 处理后数据的对比图，处理后的数据不仅保留了原始数据的趋势变化，且整体更加平稳。

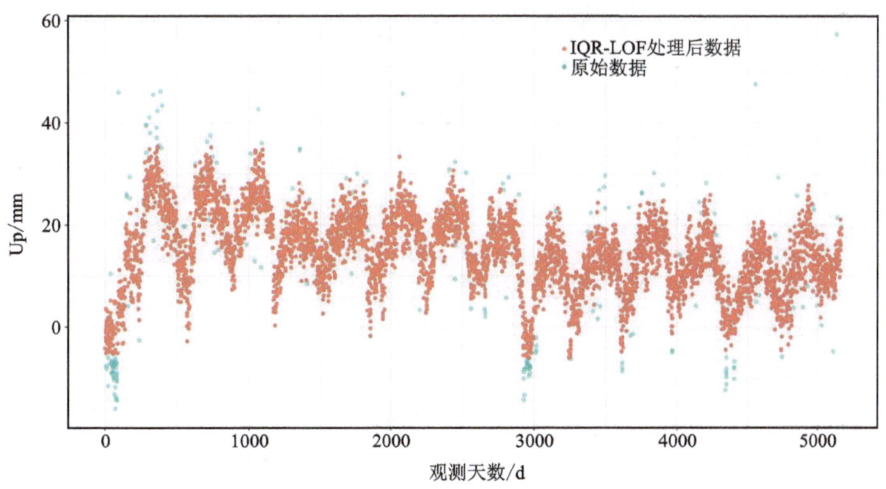

图 4.13　IQR-LOF 异常值探测结果

4.1.5.5 LOF 对 GNSS 坐标时间序列建模的影响

当 LOF 剔除的异常值数据量较少时，处理后的数据与原始数据的差别较小，对后续研究与分析几乎不会产生影响；但当输出较多异常值点时，会与原始数据产生一定偏差，故对剔除大量异常值后的数据进行建模，以分析 LOF 方法对坐标时间序列的影响。在建模过程中，通常会将 IQR 处理后的坐标时间序列看作原始数据，因此设定经 IQR 处理后的数据为原始数据 D_1，IQR-LOF 处理后的数据为原始数据 D_2，分别对 D_1 、D_2 建立拟合模型，得到相应的拟合数据集 M_1 、M_2。选用经典的 ARIMA 模型（张明敏等，2019）以及由 Taylor 等在 2017 年提出的 Prophet 模型（Taylor and Letham，2017）进行对比实验，Prophet 模型原理见 4.2.3.1 节。

表 4.7、表 4.8 统计了 ARMA 和 Prophet 模型与原始数据的拟合精度及皮尔逊相关性（Li et al.，2014），对于原始数据 D_1 ：M_2 、M_1 与 D_1 的相关性几乎一致，但在两个模型中 M_2 相对 M_1 的拟合精度都有所提升，这表明尽管 LOF 剔除了大量的局部异常值，破坏了原始数据的特性，但建模精度仍有提高，客观体现了 LOF 的异常值探测是准确的，剔除的多是对建模精度产生负面影响的数据。对于原始数据 D_2 ：在两个模型中，M_2 与 D_2 都有更好的建模精度与数据相关性，这表明在数据分析中完全可将经 IQR-LOF 处理后的数据作为原始数据并进行其他分析研究。由图 4.14、图 4.15 可知，ARMA 模型相对于 Prophet 模型的建模精度较高，但存在过拟合的情况，当数据存在粗差时易受其影响；而 Prophet 模型能够较好地捕捉时间序列的周期性，拟合数据能更好地表现数据的变化，且模型对异常值有较好的抵抗性。高精度的拟合模型未必能够得到准确的预测数据，尽管 Prophet 模型拟合精度相对较低，但往往能够得到更高精度的预测数据（陈俊勇，2007）。

表 4.7 ARIMA(1,1,2)建模精度对比

数据集	MAE	RMSE	Pearson
D_1 / M_1	2.60	3.43	0.90
D_1 / M_2	2.56	3.39	0.90
D_2 / M_2	2.41	3.10	0.91

表 4.8 Prophet 建模精度对比

数据集	MAE	RMSE	Pearson
D_1 / M_1	4.22	5.39	0.71
D_1 / M_2	4.18	5.35	0.72
D_2 / M_2	4.06	5.15	0.73

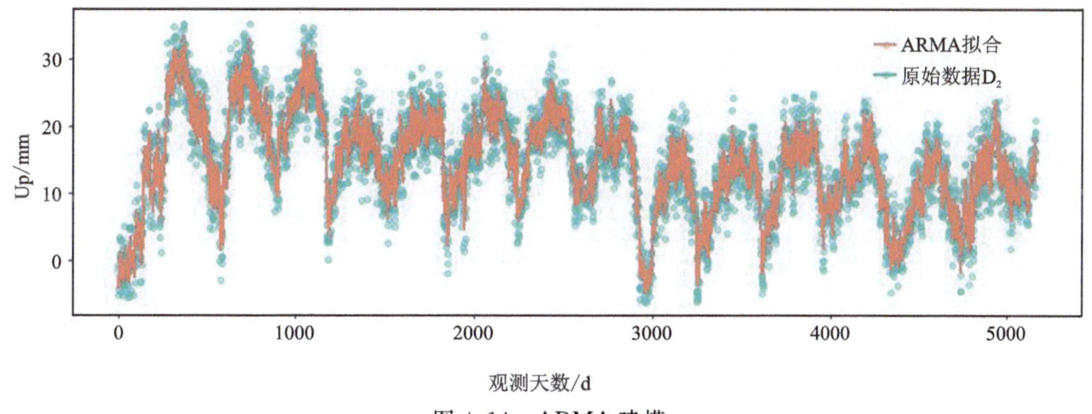

图 4.14　ARMA 建模

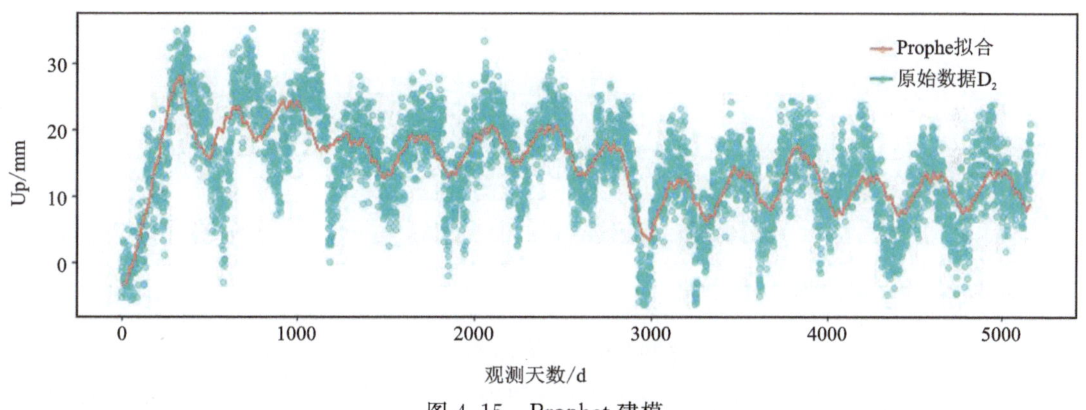

图 4.15　Prophet 建模

4.2　GNSS 基准站坐标序列插值

4.2.1　三次样条插值

三次样条适用于非连续缺失以及短周期连续缺失的数据插值，在 GNSS 坐标时间序列中有良好的适用性。假设在区间[a, b]中存在插值节点，且有 $a = x_0 < x_1 < x_2 < \cdots < x_n = b$，在节点 x_i 处的函数值为 $y_i = f(x_i)(i = 0,1,2,\cdots,n)$。存在函数 $S(x)$，则需满足以下条件：

(1)插值条件：$S(x_i) = y_i(i = 0,1,2,\cdots,n)$。

(2)分段条件：在区间 $[x_i, x_{i+1}](i = 0,1,\cdots,n)$ 上，$S(x)$ 为三次多项式。

(3)光滑条件：$S(x) \in C^2[a,b]$。

可称 $S(x)$ 是 x_i 的三次样条插值函数(张凯选和马传宁，2016)。

4.2.2　拉格朗日插值

拉格朗日作为经典的数学插值方法，适用于非连续缺失的 GNSS 坐标时间序列。但当数据连续缺失超过 3 天时会大幅降低插值精度，因此在经典方法中可以选择三次样条或分段线性插值来避免高次插值出现的大幅波动。

拉格朗日插值的数学原理主要如下（何玉晶和杨力，2011）：

假设一组 GNSS 坐标时间序列 $y = f(x)$ 在区间 $[a,b]$ 上存在 $n+1$ 个不同的待插值点 $x_i(i=0,1,2,3,\cdots,n)$，则存在唯一多项式 $F_n(x)=\sum_{i=0}^{n} a_i x_i$，使得：

$$f(x_i)=F_n(x_i),(i=0,1,2,3,\cdots,n) \tag{4.8}$$

已知在区间 $[x_k,x_{k+1}]$ 端点处的函数值分别为 $y_k = f(x_k)$，$y_{k+1}=f(x_{k+1})$，则线性插值的多项式为：

$$L_1(x)=y_k l_k(x)+y_{k+1} l_{k+1}(x) \tag{4.9}$$

式(4.9)中的 l_k 和 l_{k+1} 分别为：

$$l_k(x)=\frac{x-x_{k+1}}{x_k-x_{k+1}},\ l_{k+1}(x)=\frac{x-x_k}{x_{k+1}-x_k} \tag{4.10}$$

式(4.10)称为拉格朗日线性插值基函数，则相应的拉格朗日插值多项式为：

$$F_n(x)=\sum_{i=0}^{n} y_i\left(\prod_{j=1}^{n}\frac{x-x_j}{x_i-x_j}\right) \tag{4.11}$$

4.2.3 基于 Prophet 模型的 GNSS 坐标时间序列插值

4.2.3.1 Prophet 模型原理

Taylor 与 Letham 在 2017 年提出 Prophet 模型，并发布了相关的开源软件包（Taylor and Letham，2017）。Prophet 模型是一种可分析时间序列的新模型，包括处理时间序列数据中的异常值和缺失值，以及对时间序列进行长短期预测并研究变化规律。Prophet 模型在市场销量研究（葛娜等，2019）、电离层异常探测（翟笃林等，2019）、空气质量分析（常恬君等，2019；王晓飞等，2020）等领域都有成功的应用案例，但在 GNSS 坐标时间序列中几乎没有涉及。

Prophet 模型的本质是基于广义加法模型并对时间序列进行贝叶斯曲线拟合（翟笃林等，2019）。在拟合的过程中自动填补缺失值从而达到插值的效果。Prophet 所具备的预测能力使得它在处理异常值、缺失值时的鲁棒性极强（Taylor and Letham，2017），并对趋势突变点具有较强的适应性与调节能力，通过调整模型的灵活性，可以容易地适应具有多个周期的季节性，并对趋势作出不同的假设。Prophet 模型在拟合时使用了开源工具 pyStan，使得模型的处理速度有了较大的提升。

图 4.16 是构建 Prophet 模型的流程图（Taylor and Letham，2017），共分为 4 个部分：Modeling（建立模型）、Forecast Evaluation（预测评估）、Surface Problems（表现问题）、Visually Inspect Forecasts（可视化反馈预测结果）。虚线以上是分析师的操作部分，虚线以下是模型的自动化部分（葛娜等，2019）。使用 Prophet 模型进行规模预测时，将人工操作与自动化部分相结合，使流程中的 4 个部分构成一个循环体。可根据不同专业及数据的相关要求对模型进行人工调整并结合模型的自动预测功能，使得 Prophet 模型较传统的时间序列模型有更好的灵活性与适用性。

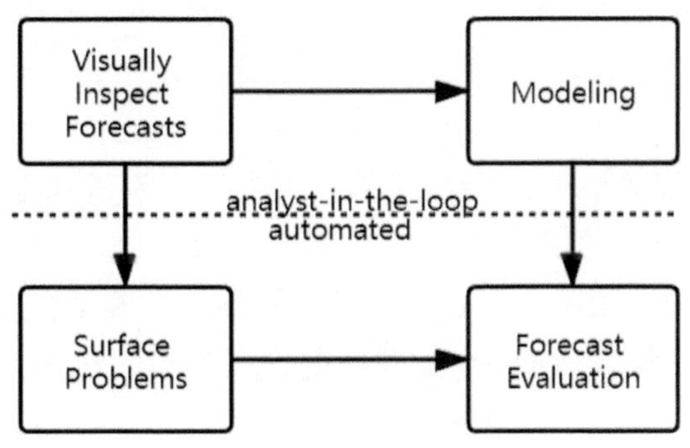

图 4.16　Prophet 模型流程图

Prophet 模型基于加性模型的分解形式为：

$$y(t) = g(t) + s(t) + h(t) + \varepsilon(t) \tag{4.12}$$

式中：$g(t)$ 为 growth（趋势项），可表示在非周期上时间序列的变化趋势；$s(t)$ 为 seasonality（周期项或季节项），通常以周或年为单位；$h(t)$ 为 holidays（假日项或特殊变动），表示假日对一天或多天内可能不规则变化的影响；$\varepsilon(t)$ 为残差项，为模型未预测到的趋势。

其中，趋势项 $g(t)$ 可在数据中选择变点（changepoint）来调整趋势变化的灵活性，$g(t)$ 是由逻辑回归函数（logistic function）和分段线性函数（piecewise linear function）两个函数组成的。逻辑回归函数为：

$$g(t) = C/(1 + e^{-k(t-m)}) \tag{4.13}$$

式中：C 为曲线的最大渐近值，即 $g(t)$ 随着 t 的增加趋于 C；k 为曲线的增长率；m 为曲线的偏移量。

$s(t)$ 周期项使用傅里叶级数对其进行构造，表达形式为：

$$s(t) = \sum_{n=1}^{N}\left[a_n\cos\left(\frac{2\pi nt}{T}\right) + b_n\sin\left(\frac{2\pi nt}{T}\right)\right] \tag{4.14}$$

式中：T 为期望时间序列具有的规则周期，当 $T = 365.25$，$N = 10$ 时表示以年为周期；当 $T = 7$，$N = 3$ 时表示以周为周期。

$h(t)$ 假日项可用来反映坐标时间序列中某时刻的特殊变动，Prophet 模型根据每个假日项在不同时刻下产生的影响建立独立的模型，并为不同的假日项设置不同的前后窗口期，以及产生相应的虚拟变量（常恬君等，2019）。$h(t)$ 的表达形式为：

$$\begin{gathered} h(t) = \sum_{i=1}^{L} K_i 1(t \in D_i) \\ Z(t) = [1(t \in D_1), \cdots, 1(t \in D_L)) \\ h(t) = Z(t)_k, k \sim \text{Normal}(0, \gamma) \end{gathered} \tag{4.15}$$

式中：K_i 表示节假日的影响范围，即窗口长度；i 表示节假日；D_i 为 i 对应的虚拟变量，表示第 i 个节假日的前后一段时间；L 表示时间序列中含有的节假日个数。

IGS 基准站的坐标时间序列包含着测站的长期线性变化趋势，这主要是由该区域构造应力场对测站长期的继承性构造运动造成的；同时包含了测站受地球物理效应等外界因素影响造成的非线性变化，使测站位置产生周期性的震荡变化（贺小星等，2017）。而本书使用的

Prophet模型能够较好地确定GNSS坐标时间序列中的组成成分，并能同时对多个季节性的周期数据进行模拟（葛娜等，2019），该模型克服了传统插值方法的缺陷与限制，从而达到了良好的插值效果。

Prophet模型通过对数据中大量潜在的突变点进行识别进而监测突变点，再对趋势变化的幅度做稀疏先验（与L1正则化效果相同）（常恬君等，2019）。Prophet模型可自动检测突变点并修正模型，也可通过调整相关参数进行改正。Prophet模型采用傅里叶级数可构造适应周期性变化的模型（翟笃林等，2019），并根据正态分布为季节项添加先验分布。基于加性模式的Prophet模型对数据的拟合效果见图4.17，黑色散点表示原始数据，蓝色曲线为拟合数据，阴影区域表示置信区间。由图4.17可以看出Prophet模型能够较好地表现数据的变化趋势以及体现时间序列的周期性，且没有过度拟合原始数据，使得模型对粗差与离散点有较好的抵抗能力。

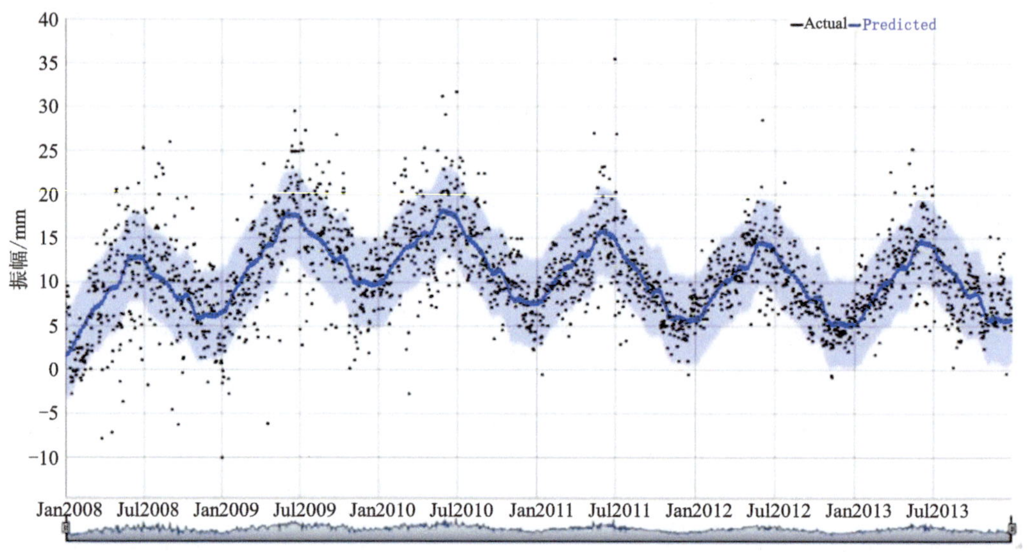

图4.17 Prophet模型对BJFS站的数据拟合

4.2.3.2 Prophet模型模拟数据插值实验

由GNSS坐标时间序列的特性可知，几乎所有的坐标时序都表现出一个季节性的位移周期，它可以被模拟成一个周期项为1年或0.5年的四项傅里叶级数序列。最常见的轨迹模型是使用恒定的速度趋势，在这种情况下，模拟数据遵循：

$$x(t)=x_R+v(t-t_R)+\sum_{j=1}^{n_J}b_jH(t-t_j)+\sum_{k=1}^{n_F}[s_k\sin(\omega_k t)+c_k\cos(\omega_k t)] \tag{4.16}$$

式中：x_R为参考位置；t_R为任意参考时间，通常会将其设置为平均观测时间；v为站的速度矢量，假定为常数；H为单位步长函数，向量b_j为在时间t_j上产生跳跃的方向和幅度；n_J为跳跃的次数；在3个方向的向量上，s_k与c_k是角频率为ω_k的谐波傅里叶系数（每个分量对应一个位置矢量）；n_F为不同频率的数量；角频率$\omega_k=2\pi\tau_k$，其中τ_k为相应的周期。为了模拟年位移周期，选择了基本周期$\tau_1=1$年，高次谐波周期$\tau_k=1/k$年。这样可确保由n_F个正弦和n_F

个余弦(以及 n_F 个频率或周期的总数)构成的循环每年仅重复一次。根据式(4.5),分别模拟了东、北、垂向 3 个方向上的时间序列。通常 GNSS 坐标时间序列的噪声组成不能由单一的噪声模型描述(贺小星等,2017),故模拟数据中包含线性趋势+季节性信号,噪声使用的是白噪声与闪烁噪声(WN+FN)的组合,且垂直分量大于水平分量。

由于实测的 GNSS 坐标数据包含各种误差以及复杂的噪声模型组合,则需要通过模拟数据来检验 Prophet 模型的插值能力。针对短周期和长周期的坐标时间序列,以及随机缺失和连续缺失等情形,设计了 3 组模拟实验。模拟实验 1、模拟实验 2 分别是在短周期和长周期的坐标时间序列中对随机剔除的数据进行插值,模拟实验 3 则是对不同长度的连续缺失数据进行插值。在实测数据实验中,分别进行数据随机缺失和连续缺失的插值实验。各实验均使用均方根误差(RMSE)与平均绝对误差(MAE)作为插值精度的评价指标。

1. 模拟实验 1

模拟实验 1 主要针对短周期坐标时间序列中随机缺失的数据插值。根据式(4.16)得到模拟测站 S1,该站包含东、北、垂向 3 个方向连续 4 年共 1461 天的模拟数据。图 4.18 为 S1 站 3 个方向的坐标时间序列图,将各方向时间序列随机剔除 5%、10%、15%的数据,再分别采用拉格朗日、三次样条与 Prophet 模型对缺失数据进行插值,将 3 种方法得到的插值数据分别与缺失的原始数据进行对比分析。

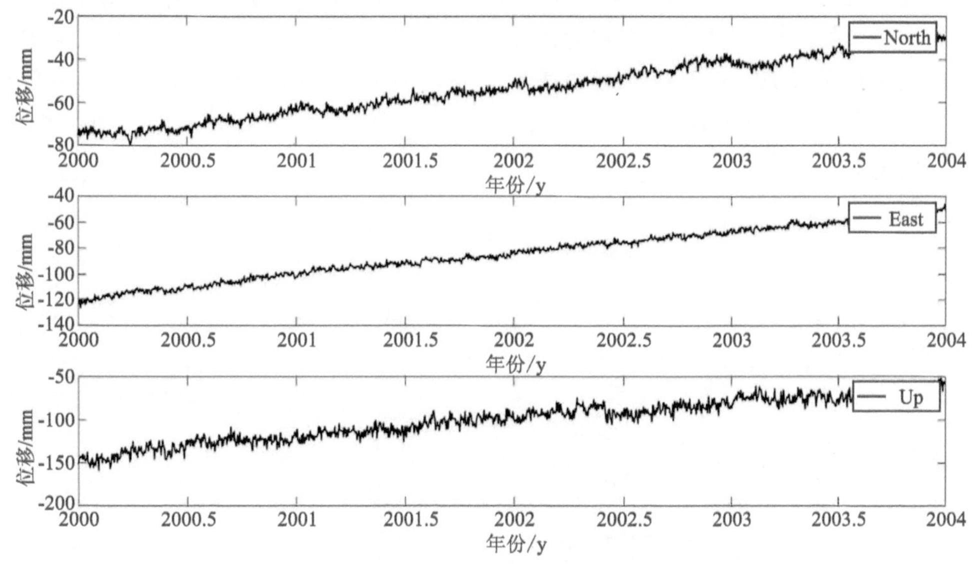

图 4.18　模拟测站 S1 三方向坐标时间序列

由表 4.9 中的精度指标可以看出,3 种方法在东方向与北方向的坐标时间序列插值中都能保持较高的精度;而在高程方向上,尽管各方法的精度都有所下降,但都能保持良好的插值效果。3 种方法在 3 个方向上的插值精度并没有随着缺失比例的增加而有明显的降低,表明 3 种方法在短周期的时间序列中都能有较好的插值效果。其中 Prophet 模型的插值精度最高,三次样条次之,拉格朗日精度最差。

表 4.9 S1 站 3 种方法插值精度的对比 单位:mm

方向	缺失比例	Prophet		拉格朗日		三次样条	
		RMSE	MAE	RMSE	MAE	RMSE	MAE
E	5%	1.66	1.35	4.13	2.94	2.23	1.77
	10%	1.67	1.38	3.11	2.25	1.82	1.51
	15%	1.73	1.43	3.65	2.59	2.59	1.84
N	5%	1.47	1.14	2.2	1.64	1.18	1.34
	10%	1.53	1.25	3.77	2.44	1.88	1.51
	15%	1.47	1.2	3.36	2.11	1.73	1.38
U	5%	5.5	4.61	7.66	6.32	6.45	5.31
	10%	4.94	3.8	7.49	5.91	6.28	5.09
	15%	4.85	3.83	8.11	6.13	5.67	4.65

2. 模拟实验 2

模拟实验 2 主要针对中长周期坐标时间序列随机缺失的数据插值。由式(4.16)生成模拟测站 S2,该站包含东、北、垂向 3 个方向连续 10 年共 3653 天的模拟数据。图 4.19 为 S2 站在 3 个方向上的时间序列图,将各方向时间序列随机剔除 5%、10%、15%的数据,再分别采用拉格朗日、三次样条与 Prophet 模型对缺失数据进行插值,并将 3 种方法得到的插值数据与缺失的原始数据进行对比分析。

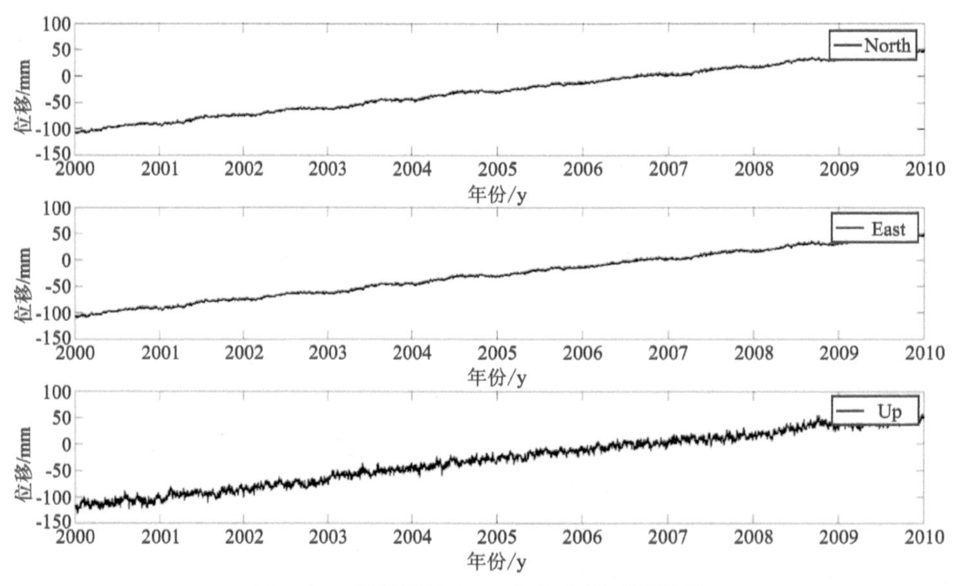

图 4.19 模拟测站 S2 三方向坐标时间序列

从表 4.10 中的精度指标可以看出,针对较长周期的坐标时间序列,3 种模型都能较好地对缺失数据进行插值。但拉格朗日会表现得不够稳定,而 Prophet 模型与三次样条依然能够提供高精度的插值数据。与模拟数据实验 1 的结果相同，Prophet 模型在 3 种方法中依然保持了最高的插值精度。

表 4.10　S2 站 3 种方法插值精度的对比　　单位：mm

方向	缺失比例	Prophet		拉格朗日		三次样条	
		RMSE	MAE	RMSE	MAE	RMSE	MAE
E	5%	1.68	1.36	2.9	2.05	1.95	1.57
	10%	1.67	1.36	2.83	2.07	1.92	1.52
	15%	1.69	1.38	3.02	2.11	1.8	1.44
N	5%	1.68	1.32	5.16	3.28	1.79	1.41
	10%	1.7	1.36	6.17	3.27	1.84	1.46
	15%	1.62	1.28	7.33	3.9	1.91	1.52
U	5%	5.48	4.27	6.99	5.04	6.26	4.68
	10%	5.46	4.01	8.12	5.85	5.93	4.64
	15%	5.64	4.41	8.87	6.29	6.07	4.80

3. 模拟实验 3

模拟实验 3 主要检验 Prophet 模型在数据连续缺失时的插值效果。由式(4.16)得到模拟测站 S3，该站包含东、北、高程 3 个方向连续 6 年共 2192 天的模拟数据。图 4.20 为 S3 站在 3 个方向上的时间序列图，由于拉格朗日方法对连续缺失数据的插值效果较差，故在该实

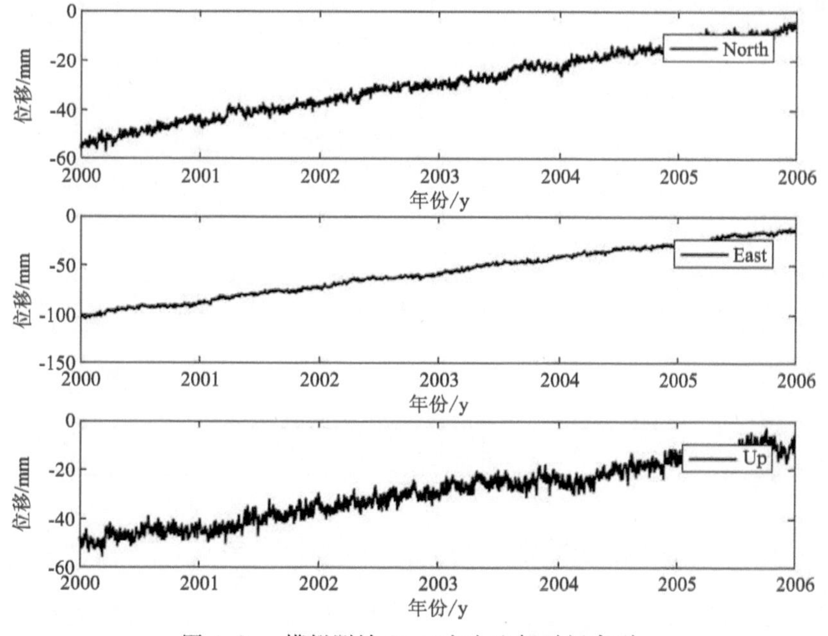

图 4.20　模拟测站 S3 三方向坐标时间序列

验中不使用该方法。以 2003 年 1 月 1 日为起点,分别剔除连续 7d、30d、60d、0.5a、1a、2a 共 6 种时间长度,再采用三次样条方法与 Prophet 模型对连续缺失数据进行插值,并将 3 种方法得到的插值数据与缺失的原始数据进行对比。由于三次样条方法在 60d 时的插值精度已经较低,故在缺失时间为 0.5a、1a、2a 时只检验 Prophet 模型的插值精度。

由表 4.11 的精度指标可知,两种模型在东方向与北方向的插值精度都要优于高程方向。其中,三次样条方法在数据连续缺失 7d 和 30d 时,能够提供可用的插值数据;当连续缺失数据为 60d 时,三次样条的插值精度会有大幅度地下降。而 Prophet 模型在 3 种不同的缺失长度下,都能够保持极高的插值精度。在缺失时间为 0.5a、1a、2a 时,Prophet 模型的插值精度并没有随着缺失时间的增加而有明显的降低,仍能够得到高精度的插值数据。

表 4.11 S3 站两种方法对连续缺失数据插值的精度 单位:mm

方向	缺失时间	Prophet		三次样条	
		RMSE	MAE	RMSE	MAE
E	7d	0.94	0.72	1.60	1.39
	30d	1.83	1.49	3.66	3.18
	60d	1.67	1.32	19.74	18.11
	0.5a	1.89	1.55	—	—
	1a	1.78	1.45	—	—
	2a	1.63	1.30	—	—
N	7d	1.04	0.78	2.48	2.32
	30d	1.08	0.86	6.43	5.52
	60d	1.38	1.08	3.55	3.23
	0.5a	1.58	1.27	—	—
	1a	1.88	1.51	—	—
	2a	2.19	1.76	—	—
U	7d	2.88	2.50	6.18	5.65
	30d	2.46	2.01	7.87	6.41
	60d	2.94	2.4	18.13	14.82
	0.5a	3.62	3.02	—	—
	1a	3.35	2.73	—	—
	2a	3.07	2.48	—	—

4.2.3.3 GNSS 实测高程时间序列插值实验

本书选用 IGS 基准站中 BJFS 站(2008—2014 年)高程方向的实测数据(图 4.17)检验 Prophet 模型的插值效果,该数据的采样间隔为 1/365.25a,采样频率为 1/365.25Hz。该站的时间跨度为 6 年共计 2192 天。将获取的数据使用 Hector 软件进行预处理后，首先按照 5%、10%、15%的比例随机剔除数据，来对比 Prophet 模型、拉格朗日以及三次样条方法对实测数据的插值效果。

由表 4.12 可知，3 种插值方法在数据随机缺失比例为 5%、10%、15%时，对高程方向实测数据的插值都能保持较高的精度，且插值效果都十分稳定。其中，Prophet 模型的插值精度最高。

表 4.12　BJFS 站高程方向 3 种方法插值精度的对比　　单位：mm

缺失比例	Prophet		拉格朗日		三次样条	
	RMSE	MAE	RMSE	MAE	RMSE	MAE
5%	4.04	3.10	4.75	3.29	4.70	3.17
10%	3.78	2.81	5.18	3.66	5.01	3.48
15%	3.87	2.84	6.26	3.98	4.59	3.28

当 BJFS 站高程方向的实测数据连续缺失时，与模拟实验 3 相同，只选用 Prophet 模型与三次样条方法对缺失数据进行插值。以 2010 年 1 月 1 日为起点，分别剔除 7d、30d、60d、0.5a、1a、2a 共 6 种时间长度，同样在缺失时间为 0.5a、1a、2a 时只检验 Prophet 模型的精度。

由表 4.13 可知，Prophet 模型与三次样条方法在实测数据连续缺失 7 天时，都能够得到较高的插值精度。而当实测数据连续缺失时间为 30d 和 60d 时，两种方法的插值精度都有不同程度的下降，但 Prophet 模型的插值精度远高于三次样条方法。在连续缺失时间为 0.5a、1a、2a 时，Prophet 模型的精度只有小幅度的下降，且表现得十分稳定。

表 4.13　BJFS 站高程方向两种方法对连续缺失数据插值的精度

缺失比例	Prophet		三次样条	
	RMSE	MAE	RMSE	MAE
7d	1.41	1.15	6.19	5.76
30d	2.71	1.96	17.25	15.72
60d	2.61	1.93	21.18	25.49
0.5a	3.41	2.66	—	—
1a	3.49	2.61	—	—
2a	3.69	2.93	—	—

图 4.21 是 Prophet 模型与三次样条方法对 BJFS 站高程方向上连续缺失数据的插值对比图，从中可以看出，三次样条方法在空缺较多时插值数据会偏离原始数据，从而产生较大的偏差；而 Prophet 模型得到的插值数据更加符合原始数据的变化。图 4.22 是使用 Prophet 模型在连续缺失时间为 0.5a、1a、2a 时的插值图，从图中可以看出在缺失量较大时，Prophet 模型的插值效果依然是稳定的并能够较好地体现原始数据的趋势变化与周期性。

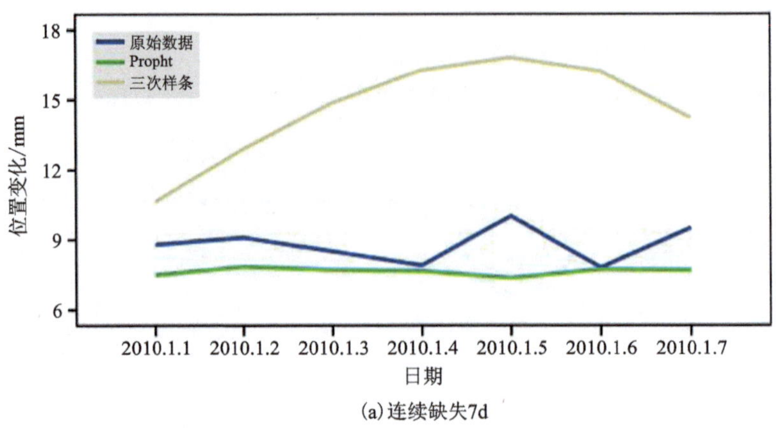

(a)连续缺失7d

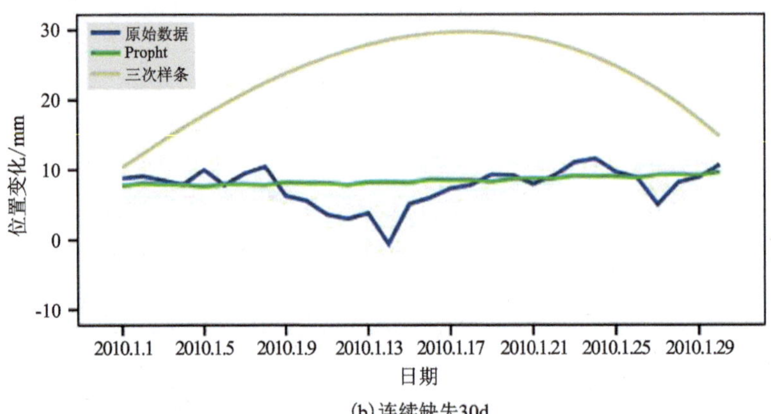

(b)连续缺失30d

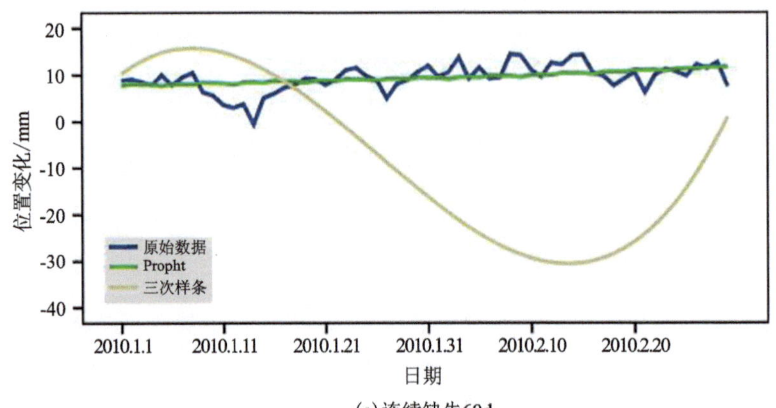

(c)连续缺失60d

图 4.21 BJFS 站不同方法的插值对比

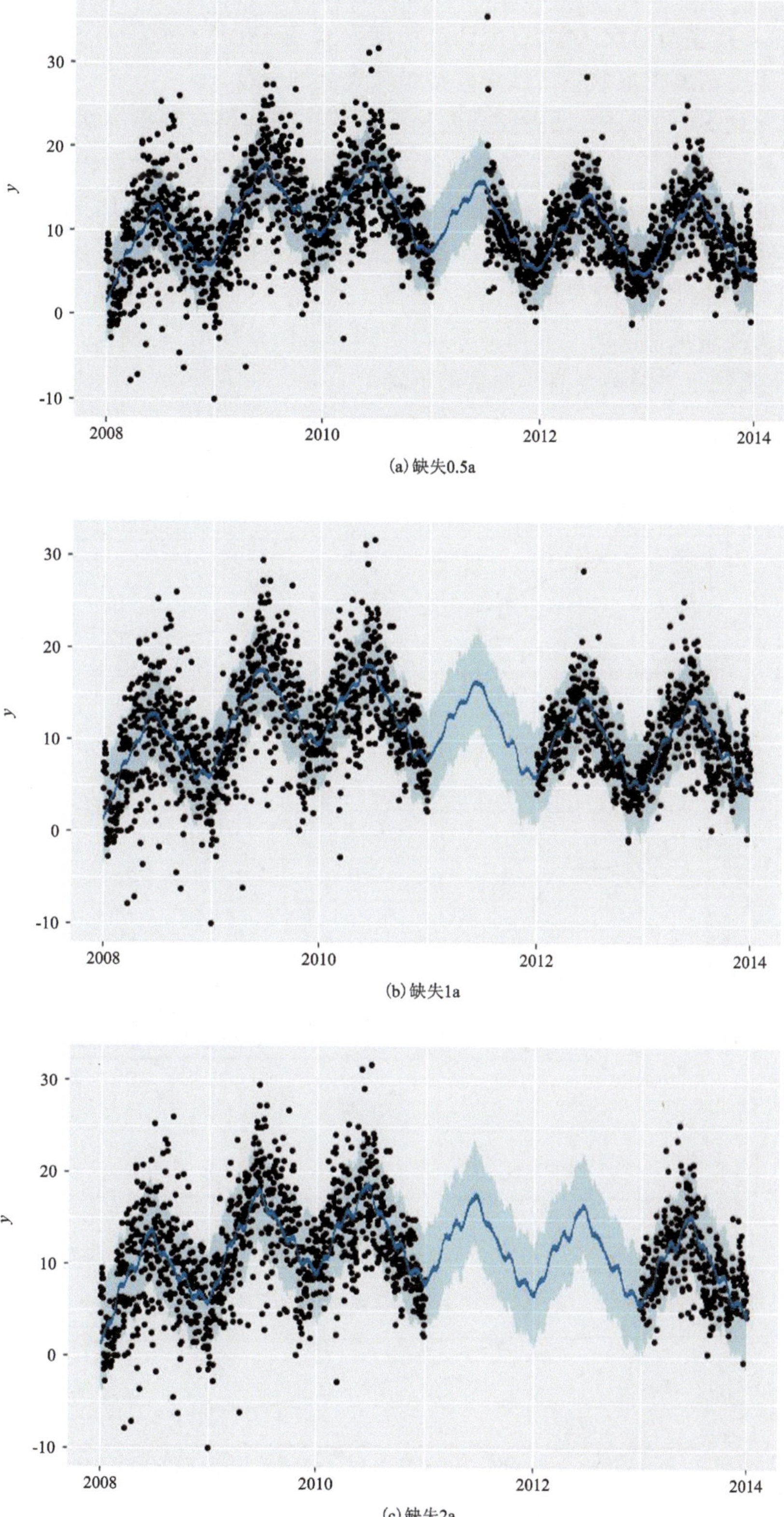

(a) 缺失0.5a

(b) 缺失1a

(c) 缺失2a

图 4.22　BJFS 站高程方向的 Prophet 模型插值

使用 Prophet 模型插值时，时间序列趋势的变化灵活性不足（即拟合不足）或过于灵活（即过度拟合），导致模型的默认参数（默认灵活度为 0.05）有时不能得到最优的插值数据，这需要我们通过手动调整模型的灵活性来调整稀疏先验的程度。

选取模拟测站 S1 与 BJFS 站高程方向坐标时间序列为例来分析灵活度对 Prophet 模型插值的影响。按照 15%的比例随机剔除数据，再选择常用的灵活度参数得到 Prophet 模型在不同灵活度下的插值数据，最后将每次得到的插值数据与原始数据对比得到相应的 RMSE。图 4.23 中，x 轴表示选取的灵活度参数，y 轴为对应的 RMSE，从图中可以看出，通常在灵活度为 0.001 时，模型的插值效果最差，当灵活度上升到 0.05 时，插值效果会有较大的提升。插值精度往往会随着灵活度的上升而提高，但达到一定的精度后，即使灵活度上升，精度也不再提高，而是逐渐趋于平稳甚至有小幅度的下降。

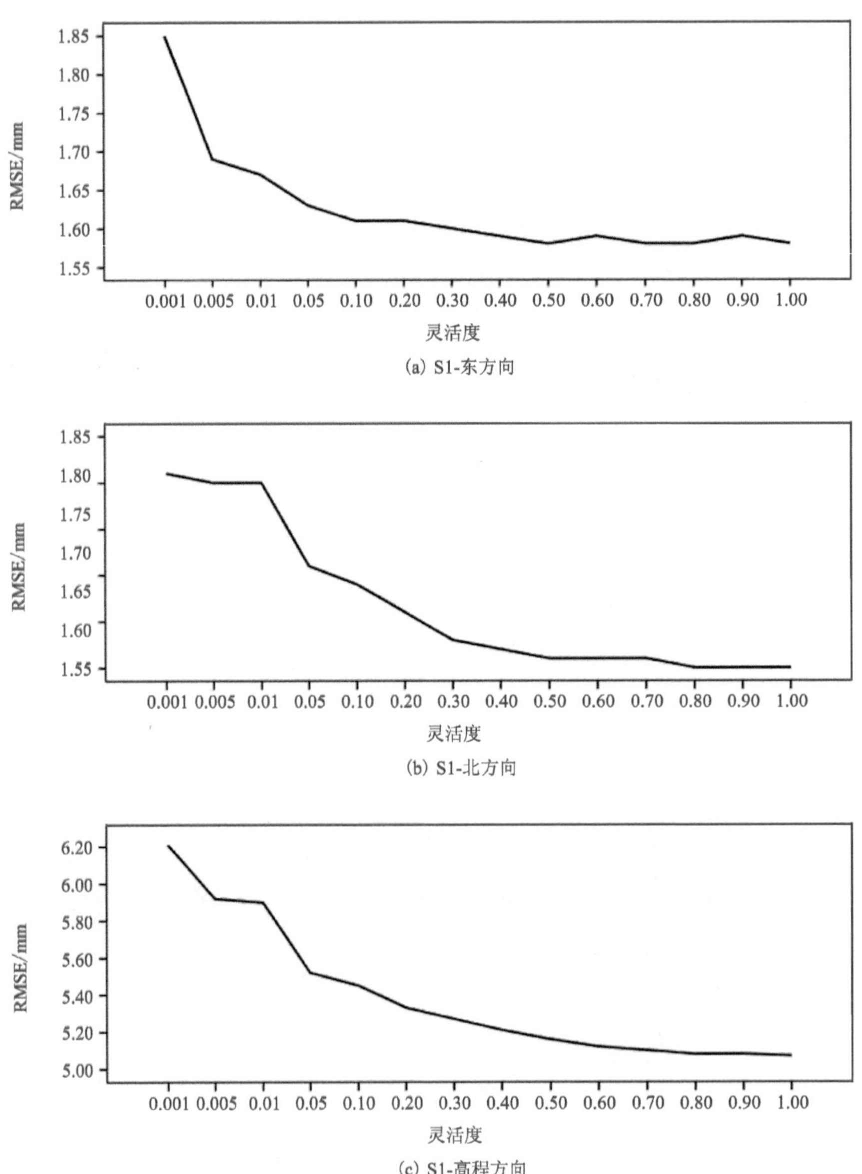

(a) S1-东方向

(b) S1-北方向

(c) S1-高程方向

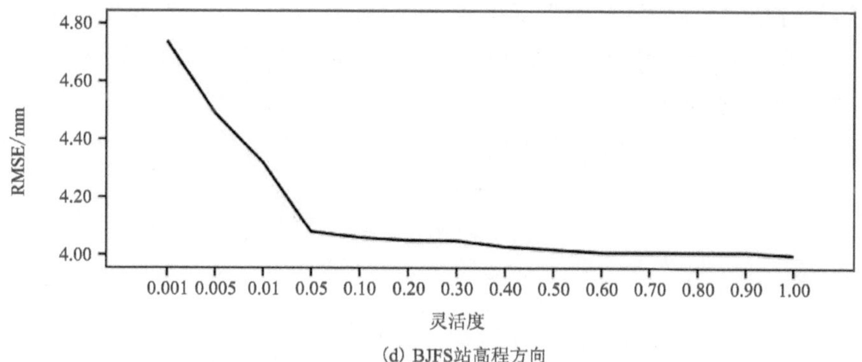

(d) BJFS站高程方向

图 4.23　Prophet 模型灵活度对精度的影响

4.3　GNSS 基准站坐标序列预测

4.3.1　ARMA 模型

自回归滑动平均模型(autoregressive moving rverage model,ARMA 模型)在时间序列领域有着广泛的应用,在电离层、坐标序列的预测中都有着深入的研究。但该模型在 GNSS 坐标时间序列中的适用性却较差,这是由模型特质所导致的。ARMA 模型适用于平稳非白噪声的坐标时间序列,而本书主要研究的非线性高程方向时间序列往往是不平稳的,通常需要一次或多次差分从而使数据平稳,因此演变为差分整合移动平均自回归模型(autoregressive integrated moving average model,ARIMA 模型)进行数据预测,即 ARIMA 模型相较于 ARMA 模型多一步差分平稳化。

ARMA 模型表示为:

$$X_t = \varphi_1 X_{t-1} + \varphi_2 X_{t-2} + \cdots + \varphi_p X_{t-p} - \theta_1 \in_{t-1} - \theta_2 \in_{t-2} - \cdots - \theta_q \in_{t-q} \quad (4.17)$$

式中:p 为模型的自回归阶数;q 为移动平均阶数;φ、θ 为待定系数且不为零;$\in_t$ 为单独的误差项。X_t 为一组平稳的正态化分布时间序列,因此对于不平稳的非线性坐标时间序列,可以通过消除时间序列中的趋势项,或进行数据差分得到平稳的数据,在建模之后进行差分还原得到最终的拟合或预测值。因此本书主要使用 ARIMA (p,d,q) 模型,较 ARMA (p,q) 模型多了一个表示差分次数的参数 d。

检验数据是否平稳的主要方法是平稳域判别法和特征根判别法。在确定数据平稳后需进行模型定阶,主要的定阶方法是计算序列的自相关系数和偏自相关系数,并选择合适的参数进行拟合,拟合后的数据残差应满足白噪声检验,但该方法具有较大的主观性且不易准确判断。因此本书主要使用 R 语言中的 auto. arima 指令进行自动定阶。

4.3.2　BP 神经网络模型

BP 神经网络近年来在 GNSS 坐标时间序列、地磁变化场研究,以及电离层预测、气象预测等地球物理变化的研究中有着较为广泛的应用。BP 神经网络由 BP 网络与数据处理器构成，而 BP 网络由输入层、隐藏层、输出层构成（黄文喜等，2021）。该模型思想是在学习过程中反复进行信号的前向与反向传播，在传播时更新节点阈值与连接权值，直至输出的数据满足误差的需求或达到设定的学习次数。

BP 神经网络中，隐藏层的输出表达式为：

$$\begin{aligned} I_1 &= W^{\mathrm{T}} X + \theta_1 \\ y_1 &= f_1(I_1) \end{aligned} \tag{4.18}$$

输出层的表达式为：

$$\begin{aligned} I_2 &= (W')^{\mathrm{T}} y_1 + \theta_2 \\ y_2 &= f_2(I_2) \end{aligned} \tag{4.19}$$

式(4.18)与式(4.19)中：f 为传递函数；W 为输入层与隐藏层的权，权阵维数为 $n \times s$，阈值为θ_1；W' 为隐藏层与输出层的权，阈值为 θ_2。n、s 和 m 为输入层、隐藏层、输出层的神经元节点数（冯进凯等，2020）。模型的误差反向传播算法目标函数为：

$$E = \frac{1}{2} \sum_{p=1}^{N} \sum_{l}^{m} [d_l - (y_2)_l]^2 \tag{4.20}$$

式中：d_l 为期望输出；N 为样本个数。

4.3.3 随机森林预测

随机森林（Random Forest，RF）是一种具备集成思想的机器学习模型，它是由一定数量的弱学习器决策回归树（Classification And Regression Tree，CART）结合 Bagging 集成学习理论和随机特征子空间构成的强学习器（Breunig et al.，2000；方匡南等，2011）。随机森林的随机性表现在随机选择样本以及随机选择特征，在选择样本时采用的是 Bootstrap 重抽样方法，其特点是既能保证每一个样本在每一次抽取时都有相同的概率被抽中，又能在不降低样本训练规模的同时留出验证集（孟倩，2018；邓军等，2018）；而在特征选择上 CART 使用基尼系数进行选择，基尼系数越小，表示特征越好。构建随机森林的步骤如图 4.24 所示。

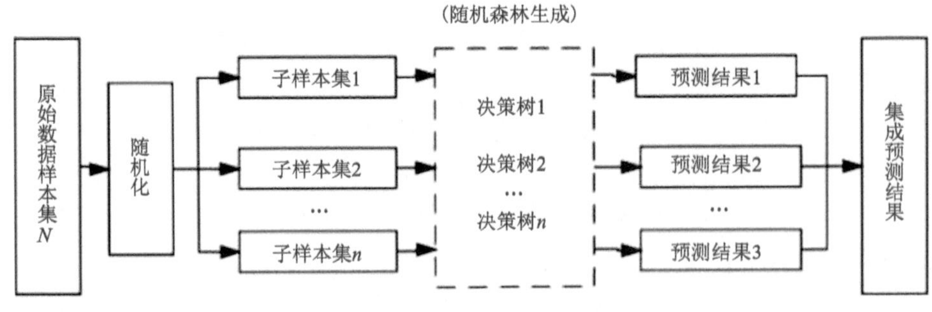

图 4.24 随机森林算法流程

随机森林预测步骤：

(1)采用 Bootstrap 重抽样方法从原始数据集 N 中抽取 n_{tree} 个训练样本集，每个训练样本集大小约为原始数据集的 2/3。

(2)对每一个训练集分别建立 CART，并从全部 M 个特征中随机抽取 m_{try} 个特征作为

CART 的特征变量，再根据基尼系数最小原则选择最佳方案对节点进行分裂。

(3)每棵决策树在生长期间都按照步骤(2)进行，并保持 m_{try} 的大小不变；且每棵决策树都要进行完全的生长，不对其进行任何剪枝操作。

(4)由前(3)步生成的 n_{tree} 棵决策树组成一个随机森林。在分类问题中，随机森林对检验集进行投票并根据少数服从多数的原则进行分类预测；而在本书的回归问题中，则将每棵树的结果等权相加，并求得均值作为最终预测值。

4.3.4 基于 Prophet-RF 模型的 GNSS 坐标时间序列预测

选用 BJFS 站 2008—2013 年的高程坐标数据作为本节实验数据，该数据的采样间隔为 1/365.25a，采样频率为 1/365.25Hz。由于实测数据中含有粗差，在分析之前先利用 Hector 软件对序列中较大的粗差进行剔除，并将剔除粗差后时间序列作为本节实验的原始数据序列。本节实验方案都保持相同的样本集划分：2008 年 1 月 1 日至 2012 年 12 月 31 日的每日数据作为训练样本集，2013 年 1 月 1 日至 2013 年 12 月 31 日的数据作为测试样本集。图 4.25 是使用 Prophet 模型得到的预测图，可以看出 Prophet 模型能够较好地拟合原始数据中的周期变化且具有较好的抗粗差能力。

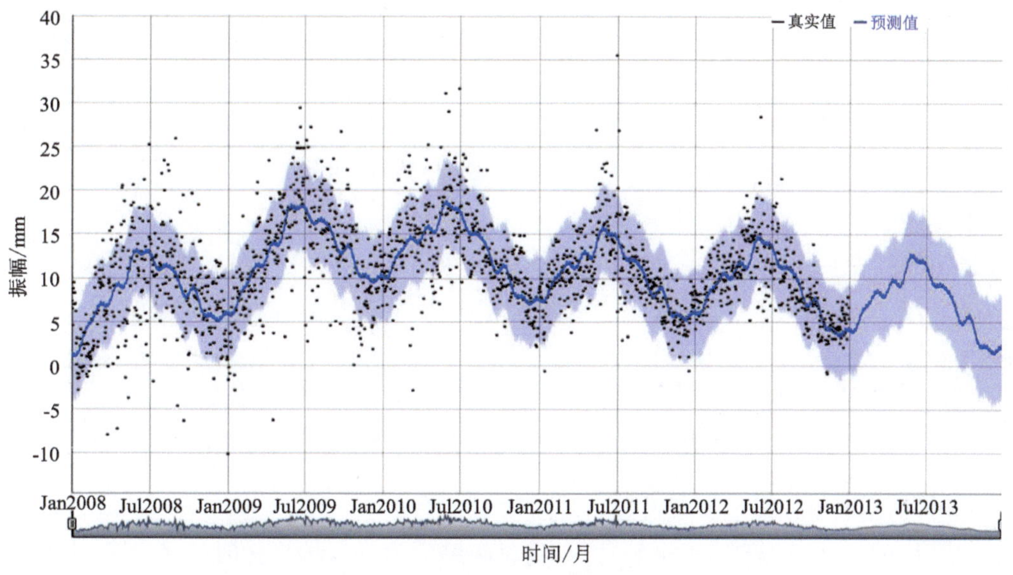

图 4.25 Prophet 模型对 BJFS 站高程坐标的预测

通过分析 Prophet 模型与随机森林模型的特性并构建不同的组合方案。方案 1 是基于 Prophet 模型自带的分解功能，将数据分解为周期部分与非线性部分；方案 2 是假设在数据噪声量级较大的情况下，使用 Prophet 模型对原始数据进行拟合；方案 3 是假设在噪声量级较小的情况下，使用随机森林模型对原始数据进行拟合。

4.3.4.1 Prophet-RF 组合模型方案 1

Prophet 模型对线性趋势有较好的拟合与预测效果，而对于非线性部分的预测效果较差。

根据这一特性，使用 Prophet 模型自带的分解功能将高程坐标时间序列分解为趋势项与周期项，其他部分看作残差项。图 4.26 中，Prophet 模型将 BJFS 站高程坐标时间序列分解为 3 个主要成分：①由逻辑回归函数或分段线性函数拟合的趋势项；②基于傅里叶级数构建的以年为周期的季节项；③由虚拟变量表示的以周为周期的季节项（徐绍铨等，2008）。假日项或特殊变动项可单独添加，当数据中不存在此类情况时，采用默认分解即可。图 4.27 为 Prophet-RF 组合模型方案 1 的流程图。

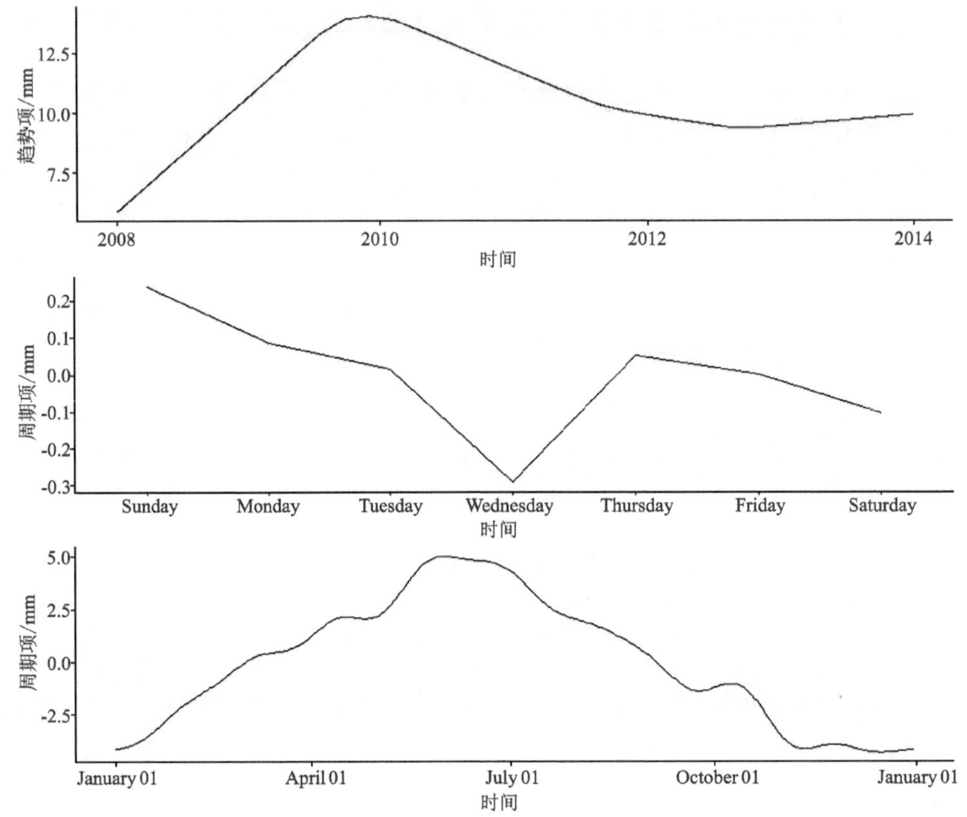

图 4.26　Prophet 模型分解坐标数据

Prophet-RF 模型方案 1 实现流程：

(1)使用 Prophet 模型自带的分解功能，将时间跨度为 n 天的坐标时间序列 S_n 分解为趋势项 trend_n、以周为周期的季节项 weekly_n、以年为周期的季节项 yearly_n 以及残差项 error_n。

(2)其中，趋势项、以周为周期的季节项、以年为周期的季节项分别使用 Prophet 建立预测模型，残差项则使用随机森林模型建立预测模型。将每个分量模型的前 t 天作为训练集，后 k 天作为测试集，且 $t+k=n$。

(3)将各分量模型得到的拟合与预测结果等权相加得到 Prophet-RF 组合模型方案 1 的拟合值与预测值。

$$
\begin{aligned}
S_{\text{拟合}} &= \text{trend}_t + \text{weekly}_t + \text{yearly}_t + \text{error}_t \\
S_{\text{预测}} &= \text{trend}_k + \text{weekly}_k + \text{yearly}_k + \text{error}_k
\end{aligned}
\tag{4.21}
$$

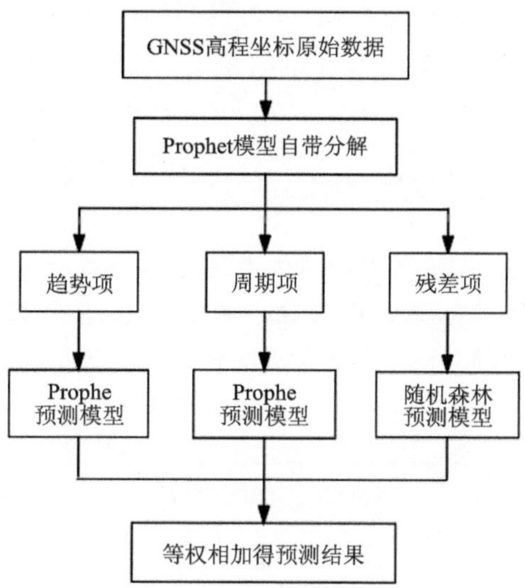

图 4.27　Prophet-RF 模型方案 1 流程图

4.3.4.2　Prophet-RF 组合模型方案 2

随机森林模型在某些噪声较大的分类或回归问题中可能会出现过拟合的情况，但数据中的噪声量级往往难以判断。故方案 2 中，在不明确数据噪声量级的情况下，假设原始数据中噪声含量较多。首先选用 Prophet 模型拟合坐标原始数据，再对拟合数据建立随机森林预测模型。该方案在数据噪声较多时针对随机森林的缺点避免了数据的过拟合。图 4.28 为 Prophet-RF 组合模型方案 2 的流程图。

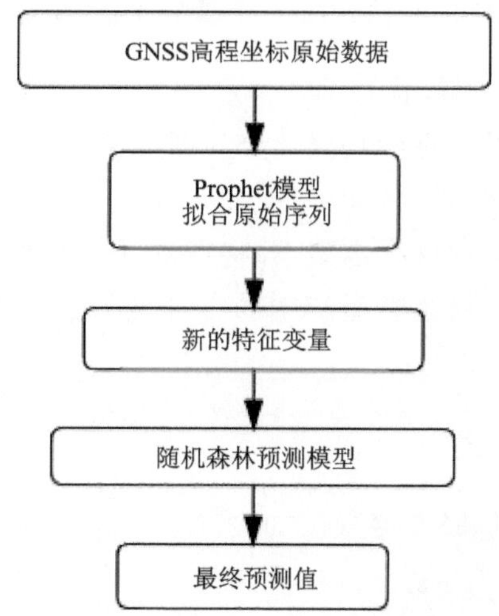

图 4.28　Prophet-RF 模型方案 2 流程图

Prophet-RF 模型方案 2 实现流程：

(1)将时间跨度为 n 天的原始坐标数据划分为训练样本集和测试样本集，前 t 天作为训练样本集，后 k 天作为测试样本集，且 $t+k=n$。

(2)使用 Prophet 模型拟合训练样本集,并将得到的拟合数据看作新的特征变量。

(3)由随机森林模型对 Prophet 模型产生的特征变量建立预测模型,得到最终的拟合数据与预测数据。

4.3.4.3 Prophet-RF 组合模型方案 3

随机森林模型在数据噪声含量较少的情况下能够保持较好的独立性,即不易过度拟合数据。故方案 3 中,在假设原始数据噪声量级较小的情况下,使用随机森林模型拟合原始数据避免了 Prophet 模型对非线性部分预测能力较弱的缺陷,从而能够充分发挥 Prophet 模型的预测优势。图 4.29 为 Prophet-RF 组合模型方案 3 的流程图。

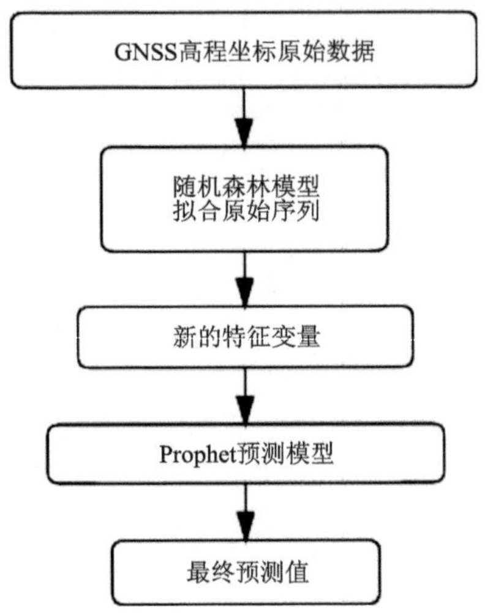

图 4.29 Prophet-RF 模型方案 3 流程

Prophet-RF 模型方案 3 实现流程:

(1)将时间跨度为 n 天的原始坐标数据划分为训练样本集和测试样本集,前 t 天作为训练样本集,后 k 天作为测试样本集,且 $t+k=n$。

(2)使用随机森林模型拟合训练样本集,并将得到的拟合数据看作新的特征变量。

(3)由 Prophet 模型对随机森林模型产生的特征变量建立预测模型,得到最终的拟合数据与预测数据。

4.3.4.4 各方案精度对比

本书选用 BJFS 站高程坐标时间序列作为实验数据,将 Prophet 模型与 Prophet-RF 组合模型方案 1、方案 2、方案 3 得到的拟合值和预测值分别与原始数据进行对比,同时加入经典的 ARIMA 模型作为参照,并得到各模型相应的 RMSE 值与 MAE 值。

由表 4.14 可知,ARIMA 模型的拟合精度最高,但预测精度最低,这是由于经典的 ARIMA 模型容易出现过拟合的现象,并在长期预测中缺乏稳定性。而单一的 Prophet 模型也能得到较高的拟合精度,但预测精度却不如组合模型,这表明模型的预测能力与拟合效果没有直接关系。Prophet-RF 组合模型方案 1、方案 2、方案 3 预测数据的 RMSE 值较单一的

Prophet 模型分别提升 0.7%、14.7%、16.1%，MAE 值分别提升 7.8%、23.4%、24.2%。其中，方案 1 的预测精度提升较少，而方案 2、方案 3 的预测精度都有较大提升。

表 4.14 不同模型的性能对比 单位：mm

模型	拟合指标		预测指标	
	RMSE	MAE	RMSE	MAE
ARIMA	3.81	2.76	6.15	4.87
Prophet	3.97	2.92	4.35	3.72
Prophet-RF 组合方案 1	3.97	2.91	4.32	3.43
Prophet-RF 组合方案 2	4.08	3.07	3.71	2.85
Prophet-RF 组合方案 3	3.99	2.97	3.65	2.82

为了检验各模型得到的拟合值、预测值与实际数值的关系，引入了皮尔森相关性系数和斯皮尔曼相关性系数。由于 ARMA 模型在该数据中的适用性不强，故没有分析其相关性。由表 4.15 可知，各模型得到的拟合值、预测值都与原始数据显著性相关。结合表 4.15 的相关性等级划分，可知各模型的拟合值与原始数据具有强相关性，而预测值与原始数据为中等强度相关。结合表 4.14、表 4.15 的指标分析，可认为组合模型方案 3 在 BJFS 站高程方向上的预测精度最高、适用性最强。图 4.30 是 Prophet 模型与 Prophet-RF 组合模型方案 3 预测误差的对比图，由预测值减去原始值得到。

表 4.15 不同模型的相关性对比

模型	拟合相关系数		预测相关系数	
	Pearson	Spearman	Pearson	Spearman
Prophet	0.69	0.71	0.51	0.52
Prophet-RF 组合方案 1	0.69	0.7	0.52	0.54
Prophet-RF 组合方案 2	0.68	0.7	0.55	0.54
Prophet-RF 组合方案 3	0.7	0.72	0.56	0.59

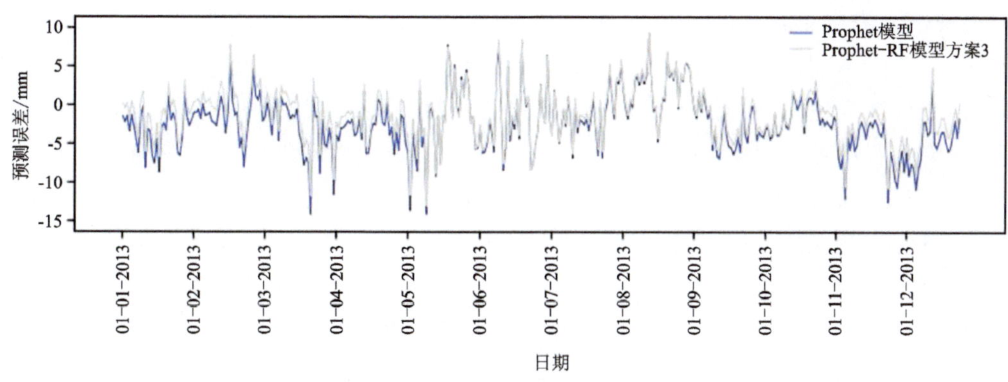

图 4.30 模型预测误差对比

4.3.4.5 组合模型结果分析

在方案1中，通过分解原始数据的组成成分，并根据Prophet模型与随机森林模型的特点针对不同组成成分选用合适的预测模型，但该方案较单独的Prophet模型性能几乎没有提升，这可能是由于：实测数据中往往存在各种误差，如板块运动、电离层延迟，观测墩的热胀冷缩等造成的非线性变化，还有季节性的海洋、陆地及大气变化造成的地表水文负载等都会对GNSS观测数据产生负面影响（姜卫平等，2018）。所以方案1在分解数据时受到误差影响无法较好地分离出各组成成分，从而导致模型精度提升较小。

方案2与方案3可看作一组对比实验，分别在数据噪声量级较大与噪声量级较小的假设下进行实验。这两组方案较单独的Prophet模型预测精度都有较大提升，但方案3的预测精度更高，这表明原始数据中的噪声量级相对较小。方案2由于使用Prophet模型拟合原始数据时对非线性部分的拟合效果较差，再使用随机森林模型进行预测时精度可能会受到Prophet模型拟合效果的负面影响。而方案3使用随机森林拟合原始数据，避免了过拟合并对非线性部分进行了修正，再使用Prophet模型进行预测时能够充分发挥模型优势，从而提高预测精度。

4.4 GNSS基准站坐标序列绘图

GPS时间序列由于数据量大、具抽象性，且所有数据都与空间位置相关，因此合理表达GPS相关参数、成果及其同地理环境的相互关系显得尤为重要（徐硕等，2009；占伟等，2010）。GMT软件在科学绘图方面具有明显的优势，能够结合地形数据、地理要素、配色方案，将复杂的信息以高质量的PostScript格式输出，绘制出高分辨率2D和3D的图形；同时GMT能对数据成果进行数学运算处理，得出数据背后的规律（马润霞等，2010；赵桂儒等，2012）。由于GMT语言具有自己的规范及编程方式，且主要通过命令行进行绘图处理，交互性较差，大多数地学工作者由于缺乏相应的编程背景等，不能熟练地使用GMT进行相关绘图工作。为了快速、便捷地将GPS坐标时间序列相关的数据成果，更加直观地分析相关地球物理现象的潜在规律，即直观地表示相关参数之间的定量和定性关系，本书开发了Visual Basic平台的交互式GMT地学绘图工具（VB_GMT V1.0），软件主界面见图4.31，为本书后续的成果表述及分析提供一个有力的工具。

如图4.32所示，基于VB平台的GMT交互式地学绘图工具主要包含站点分布图绘制、速度场图绘制、梯度色阶热力图绘制、时间序列图绘制、等高线图绘制、地震频率图绘制等六大模块，各模块所需数据以文件形式提供，其文件格式为GMT中的脚本命令所需格式。各个模块包含若干下拉菜单，实现不同的功能，通过模块之间的集成与融合，形成一个完备的、可靠的、易操作的交互式GPS坐标时间序列领域绘图软件。图4.32为GMT交互式地学绘图工具部分功能展示，本书后续章节如站点空间分布、GPS时间序列绘制、速度场绘制、负载位移效应时空分布、站点空间距离计算等相关图形均由该软件完成。

图 4.31　GMT V1.0 交互式地学绘图软件

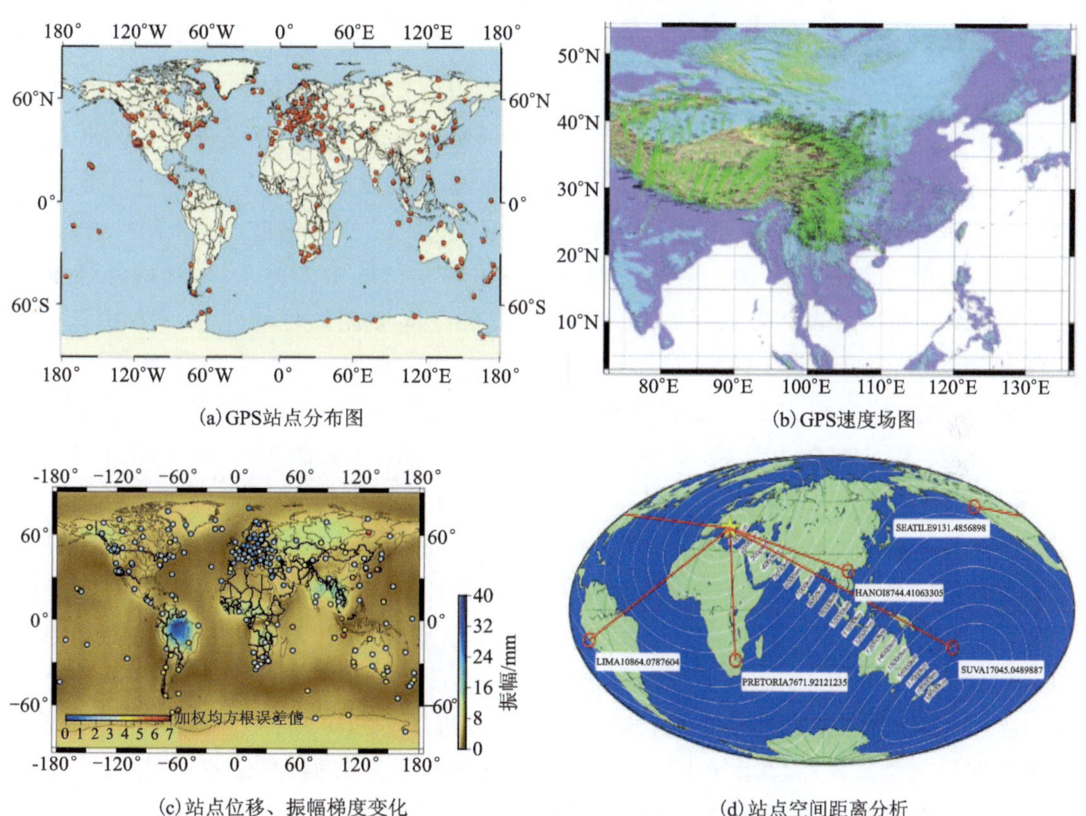

图 4.32　GMT 交互式地学绘图工具部分功能

第 5 章　GNSS 基准站坐标序列非线性变化分离与降噪

5.1　GNSS 基准站坐标序列环境负载修正

5.1.1　环境负荷效应

研究表明 GPS 坐标时间序列呈现出明显的季节性信号，主要表现为周年、半周年变化趋势(Blewitt et al.，2001)。GPS 站坐标序列呈现出的季节性变化部分源自地表环境负载的迁徙(即质量再分布)。由于负载效应的影响，GPS 站坐标及速度的估计结果会产生一定的偏差(Blewitt et al.，2001)。因此有必要对环境负载引起的测站位移变化进行深入的探讨。

环境负载被认为是 GPS 坐标时间序列精度与可靠性的影响因素之一，国内外学者对其进行了相应的研究。地表负载如固体潮、极潮、海潮在 GPS 数据处理软件(如 GAMIT、GIPSY 等软件)中施加了相应的改正模型(Herring et al.，2010)。其他一些地表负载如大气压负载、积雪负载、水文负载也积累了一定的研究成果(姜卫平等，2013)。Dong 等(2002)探讨了极潮、海洋潮汐负载、大气压力负载、非潮汐海洋负载以及地下水负载对 GPS 测站时间序列的影响，其研究结果指出负载效应可以解释 GPS 垂向坐标序列中约 40％的周期性变化。Yuan 等(2008)对香港地区 GPS 测站进行分析，结果表明地表负载变化对 GPS 坐标序列影响较大，引起的垂向周年变化达 3mm。Collilieux 等(2010)探讨了负载效应对 ITRF 框架维持的影响，结果表明负载效应改正后，约 73％ 的 GPS 测站周年项振幅有所减少。Rietboek 等(2011)同样对负载效应改正后 GPS 测站位振幅进行估计，其研究指出约 80％的测站经负载改正后，周年振幅减少了约 10％。通过对已有研究成果的分析可知，不同的学者对地表负载效应的研究呈现出差异性，其潜在原因为：①不同的地球物理数据源；②不同的 GPS 坐标时间序列及数据处理策略；③负载效应存在空间差异性。另外，负载修正模型的精度是否满足高精度大地测量的需求，尚需大量数据加以验证，需要对其进行进一步的研究。

随着对 GPS 非线性变化研究的不断深入，负载效应对 GPS 站点的位移影响越来越受到关注。考虑到环境负荷对地表垂直位移的影响较大，因此在高精度 GPS 数据处理及应用中需加以修正(周江存和孙和平，2007)。

GPS 测站存在一定的相关性，对于相距较近的 GPS 测量观测值，由于地表环境变化存在相似性，地表环境变化引起的测站位移可以通过测站之间进行求差，以减弱或消除其影响(赵庆海等,2009)。然而对于大范围内的GPS测量,由于测站之间的差异性较大,以求差法来消除地表环境效应不再可取,因此,地表负载环境变化引起的站点位移需要进行相应的模型改正。

地表环境变化(如流体负载的全球再分布、周期性迁徙等)会引起地球质量再分布,通过质量守恒定律可以知道地球整体的质量不会发生改变,但地球表面及内部的质量分布发生了改变,质量的再分布使得地表测站产生相应的位移变化,这种由地表质量的重新分布而引起的地表位移、重力变化、应变变化等称为环境负荷效应。

整体而言,引起地表位移(主要表现为测站三坐标分量位移变化)的环境负载起源可归结为两大类(Jiang et al.,2013)。第一种类型主要是由日月位置相对变化而引起的潮汐形变,主要包含固体潮、海潮和极潮3种。在大部分的高精度GPS后处理及分析软件中,对潮汐形变引起的站点位移施加了相应的改正。第二种类型为地表流体负载的迁徙引起的全球负载变化,流体负载主要包括大气压力负载、积雪深度负载、非潮汐海洋负载、地表地下水负载等。由于地球自转等影响,这些负载发生周期性的再分布,从而引起地表测站产生相应的位移变化。

环境负荷效应的计算方法主要有3类:线性函数模型趋近法、球谐函数趋近法以及格林函数趋近计算方法。线性模型趋近法是一种比较简单的计算方法,它主要用于计算大气负荷引起地表垂直位移和重力变化。该方法的优点是计算模型相对简单,计算速度快;其缺陷主要体现在精度较低,只能计算大气压力负载引起的位移变化,且水平方向精度较差,一般只用于计算站点垂向位移变化。球谐函数趋近法首先将地表负荷进行球谐展开,然后对球谐展开数值与负荷勒夫数进行求和,最后对计算结果进行验证(李英冰,2003)。负荷格林函数趋近是计算地表负荷引起地球形变的经典计算方法,通过计算负荷勒夫数以及负荷格林函数,通过对负荷辩护进行格林函数卷积,求得测站的位移变化,最终采用大地测量结果进行验证。格林函数法可以对不同负载进行计算,且精度相对较高;该方法的主要缺陷在于计算过程复杂、速度慢。

现阶段国际上大多采用Longman(1962)与Farrell(1972)提出的格林函数模型处理方法来计算地表质量负载变化引起的弹性地球形变的位移量。负荷格林函数趋近是基于对点激发源的响应函数,直接由物质负荷计算引起的地壳位移。地表物质负荷引起地壳形变依据以下假设(李英冰,2003):①地球是一个弹性体;②任何地表物质负荷可以在地球任何一点产生形变;③观测到的地表形变可以反演和监视地面物质的分布变化和迁移。

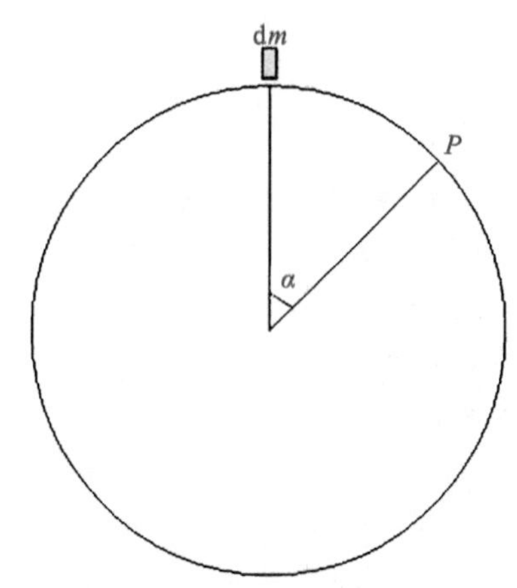

图5.1 负荷效应示意图

不同环境负载引起的地表测站位移可以通过格林函数求卷积获得,表现为负载及响应位置的函数(van Dam and Herring,1994)。假设一个点负荷,其质量为dm,测站位于P处,测站与负荷之间的距离(角度)为α,见图5.1。

单位质量的点负荷引起的负荷效应可以表示为(Khan,2005)：

$$\mathrm{d}L(\alpha)=G(\alpha)\mathrm{d}m \tag{5.1}$$

式中：$\mathrm{d}L$ 为负荷效应变化诱发的三维地表位移；G 为弹性格林函数(elastic Green's function)。对点负荷进行积分可以求得总的负荷效应 L(点负荷元素的积分)：

$$L=\int G(\alpha)\mathrm{d}m \tag{5.2}$$

上述式子也被称为卷积积分，由于格林函数根据质量负载分布进行卷积，可以理解为对地表负载(Ω)进行卷积。假设地表元素 $\mathrm{d}\Omega$，其定义如下：

$$\mathrm{d}m=\rho H\mathrm{d}\Omega \tag{5.3}$$

式中：ρ 为地表负载元素的密度；H 为地表负载元素的厚度，则负荷效应卷积可以表示为：

$$L=\int_{\Omega}\rho HG(\alpha)\mathrm{d}\Omega \tag{5.4}$$

上述公式的求解需要计算负荷勒夫数、负荷格林函数，不同的负载对应不同的格林函数，其具体计算方法见相关文献(李英冰,2003)。

本书采用 Dong(1998)开发的 QOCA 软件，根据弹性地球静态形变理论结合格林函数模型，进行负载效应位移计算。只要给出全球地表负载 $q(\varphi,\lambda)$ 就能估算出地球表面的径向弹性形变 $u(\varphi,\lambda)$。如将地表负载 $q(\varphi,\lambda)$ 展成球谐函数序列(Mangiarotti et al.,2001)：

$$\begin{aligned}
q(\varphi,\lambda)&=\sum q_n(\varphi,\lambda)\\
q_n(\varphi,\lambda)&=\sum[qc_{n,m}(\varphi,\lambda)\cos m,\lambda+qs_{n,m}(\varphi,\lambda)\sin m\lambda]P_{n,m}(\sin\varphi)\\
u(\varphi,\lambda)&=\frac{3}{\rho_e}\sum_{n=0}^{\infty}\frac{h'_n}{2n+1}q_n(\varphi,\lambda)
\end{aligned} \tag{5.5}$$

式中：$qc_{n,m}(\varphi,\lambda)$ 和 $qs_{n,m}(\varphi,\lambda)$ 为负载展开式对应的斯托克斯系数；φ 为纬度；λ 为经度，$P_{n,m}$ 为缔合 *Legendre* 函数。这时相应于地表负载 $q(\varphi,\lambda)$ 的地表的径向形变 $u(\varphi,\lambda)$ 可表示为(Farrell,1972)：

$$u(\varphi,\lambda)=\frac{3}{\rho_e}\sum_{n=0}^{\infty}\frac{h'_n}{2n+1}q_n(\varphi,\lambda) \tag{5.6}$$

式中：ρ_e 为地球的平均密度；h'_n 为负载 Love 数(Farrell,1972)。

5.1.2 环境负载模型效应位移序列可靠性分析

已有的研究表明了环境负载引起的位移变化使得 GPS 站坐标序列呈现非线性运动。地表质量负荷引起的 GPS 测站位置产生的变化原因很多，如重力激发、热膨胀、站点自身误差及模型误差等。重力激发主要源自太阳、月亮灯星体的引起牵引而引起的固体潮、海潮、大气潮等，还包括海平面变化、地表地下水、积雪、大气负荷等。其中固体潮、极潮、海潮等负载效应已经建立了相对较完善的改正模型，并在 GPS 绝大多数的高精度后处理软件(如 GAMIT、GIPSY、BERNESE 等)处理过程中进行了相应的改正。然而，近来的研究表明，GPS 坐标时间序列呈现出明显的周期性变化，40%～50%周期性变化由未改正的地表负载引起(Dong et al.,2002)。在高精度 GPS 软件中，未改正的负载效应主要包括大气、地表水、非潮汐海洋、积雪等，其影响不可忽略，对站点位移影响高达毫米甚至厘米级。

对 GPS 坐标时间序列而言，尤其是对一些高精度的地球动力学研究过程，为了获得可靠的参数估计（如位置精度达到亚厘米级），地表负载引起的位移效应不可忽略。常用的方法是建立相应的全球、区域地球物理流体数据及其模型，对负载效应进行改正。常用的地表负载数据主要包括 QLM 数据（Data of Loading Model of Quasi-Observation Combination Analysis software）、全球地球物理流体中心数据（Global Geophysical Fluid Center，GGFC，数据可以通过 http://geophy. uni. lu/进行访问及下载）。

已有的负载效应改正方法通过根据负载数据结合格林函数进行位移计算。相比 GGFC 模型，QLM 能对包括大气、地表水、非潮汐海洋、积雪等负载效应进行改正，广泛应用于地球物理相关研究领域。对于不同负载模型的精度，即负载模型计算得到的测站位移是否满足高精度大地测量应用需求，缺少相应的研究，如负载位移序列是否包含粗差、数据是否可靠，缺乏相应的研究。基于此，本节以常用的 QLM 模型为例，对基于 QLM 的负载效应模型可靠性进行一些探讨。

5.1.2.1 环境负载模型

本节主要对未改正的地表负载（源自 QLM 数据及其相应模型）：大气、地表水、非潮汐海洋、积雪负载进行分析，计算相应的地表负载对测站位移影响时，其具体数据及模型描述如下。

大气质量负载（atmospheric pressure loading，ATML）在地球表面随着时间变化而重新分布，这种重新分布改变着地球的荷载，进而使地壳产生形变，尤其是垂直形变。大气质量负荷起的测站位移可以通过格林函数计算（Jiang et al.，2013）。大气负荷采用 NCEP/NCAR 的全球表面大气压力数据（如 pres. sfc. year. nc，可以通过 ftp://ftp. cdc. _noaa. gov/Datasets/ncep. reanalysis2. dailyavgs/进行下载），时间分辨率为 6h，空间分辨率为 2.5°×2.5°。

非潮汐海洋负荷（non-tidal ocean loading，NTOL）主要由海洋底部压力的变化引起，采用 ECCO 模型提供的经卡尔曼滤波得到的海底压力（Ocean Bottom Pressure，OBP）产品[kf080 (Fukumori，2002)]计算，其时间分辨率为 12h，空间分辨率为 1°×0.3°，覆盖范围为±80°纬度之内（Jiang et al.，2013）。

积雪负载（snow cover mass loading，SCML）和土壤水负载（soil moisture mass loading，SMML）的变化，也会对测站位置产生影响。该数据来自 NCEP 的再分析资料，可以在网站 http://www. esrl. noaa. gov/psd/data/gridded/下载（He et al.，2015）。

5.1.2.2 GPS 站点分布

为了分析负载效应引起的位移的可靠性，选取加州区域内 12 个 IGS 站进行分析（图 5.2），站点均匀分布在所选区域内本章采用的时间段，为 2000—2012 年。站点经纬度及高程信息见表 5.1。

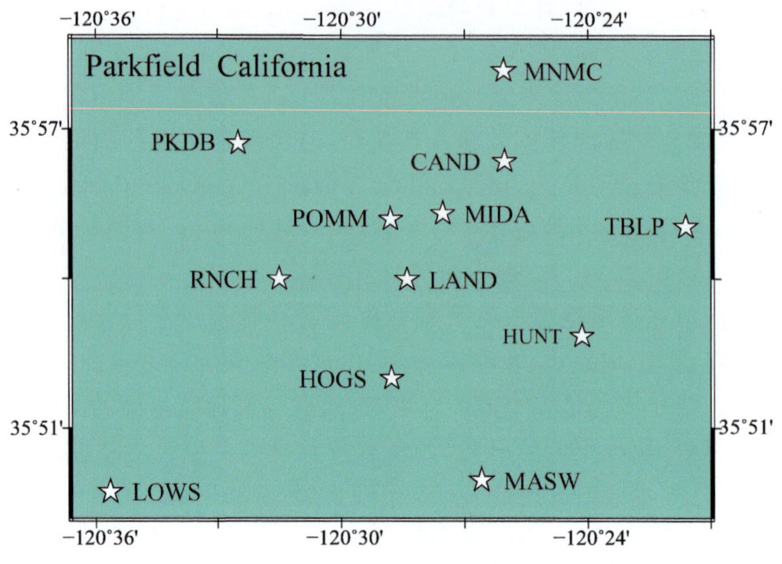

图 5.2 站点分布图

表 5.1 站点经纬度及高程信息表

站点	经度/(°)	纬度/(°)	高程/m
CAND	239.566 3	35.939 4	568.402 2
HOGS	239.520 5	35.866 7	762.855 4
HUNT	239.597 6	35.880 8	449.332 3
LAND	239.526 7	35.899 8	568.561 3
LOWS	239.405 7	35.828 7	429.665 8
MASW	239.556 9	35.832 6	713.741 0
MIDA	239.541 2	35.921 9	570.689 7
MNMC	239.565 9	35.969 5	1 061.921 6
POMM	239.521 6	35.919 9	597.121 5
PKDB	239.458 4	35.945 2	589.917 6
RNCH	239.475 2	35.900 0	838.818 5
TBLP	239.639 7	35.917 4	937.520 8

5.1.2.3 数据处理及分析

对于 QLM 负载数据，采用 QOCA 的子模块“mload”进行计算，分别计算 ATML、SMML、NTOL、SCML 引起的地表位移，QOCA 在计算地表负载效应过程中采用了弹性地球模型，基于格林函数的方法进行，其数据来源见 5.1.2.1 节中所述(He et al.,2015)。QOCA 的输出值为 CE(center of solid earth)框架下不同环境负载造成的测站 NEU 分量的单日解位移。而 GPS 坐标时间序列(如 SOPAC 的时间序列产品)是在 CF(center of figure reference frame)框架下，CE、CF 框架存在细微的差异(Blewitt，2003)；此外，Jiang 等(2013)的研究指出 CE 和 CF 框架之间的差异在实际应用中可以忽略不计(Jiang et al.，2013)。因此，本书采用 QOCA 计算出的单日负载效应位移对 GPS 坐标时间序列进行改正。计算后的大气负载、地表水、非潮汐海洋、积雪负载 2000—2012 年的负载效应位移序列见图 5.3(以 CAND 站点位移序列为例)。

从图 5.3 可知大气负载、地表水负载引起的地表位移相比非潮汐海洋及积雪负载较大，且负载效应达到亚厘米级别，这表明负载效应不可忽略。不同负载效应引起的位移序列呈现出一定的周期性。为了进一步对负载效应进行分析，对选取的 12 个站的位移序列进行统计，对 12 个测站分别计算地表负载引起的位移序列的最大值(Max)、最小值(Min)、均值(Mean)、绝对均值(Mean Absolute Value，MAV)，并对其进行统计，结果见表 5.2。这里我们对其绝对均值进行统计是考虑到负载效应的影响的周期性波动，即负载对站点的位移有正、有负数，绝对均值能更好地反映负载效应的长周期影响。

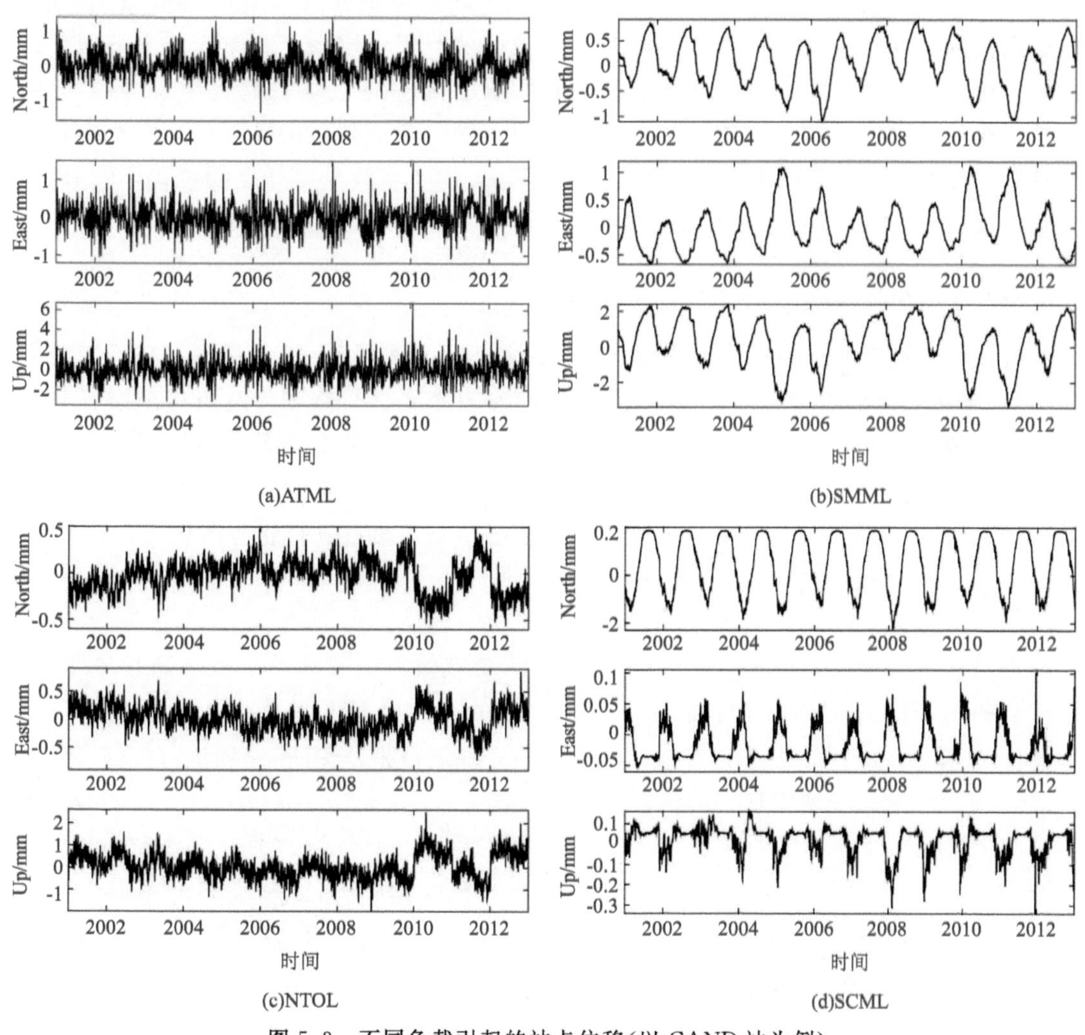

图 5.3　不同负载引起的站点位移(以 CAND 站为例)

表 5.2　地表负载效应位移序列统计结果　　单位:mm

统计值	负载项											
	ATML			SMML			NTOL			SCML		
	U	N	E	U	N	E	U	N	E	U	N	E
Min	−3.3	−1.1	−1.5	−3.4	−1.1	−0.7	−2.1	−0.6	−0.7	−0.3	−0.2	−0.1
Max	6.7	1.5	1.3	2.4	0.9	1.1	2.8	0.5	0.9	0.2	0.2	0.1
Mean	0.02	0.02	0.02	0.28	0.06	−0.01	0.07	0.03	0.00	0.02	0.05	0.02
MAV	0.75	0.26	0.26	1.14	0.40	0.34	0.46	0.14	0.18	0.06	0.11	0.03

从表 5.2 不同负载的位移效应的 Min、Max、Mean、MAV 统计均值可知,负载效应的水平小于垂向分量值,负载效应对站点的垂向位移影响更为明显,垂向分量值约为水平分量的 1.5~5.6 倍。其中大气负载效应最明显,其垂向分量的位移最大值达到 6.7mm,地表水负载效应最大位移达到约 3mm,非潮汐海洋、积雪负载的效应相对较小。从图 5.3 中不同负载引起的站点位移及表 5.2 中不同负载的位移均值可知,负载效应的均值趋近于零,即在长周期下负载效应趋于平稳,这与地表负载的周期性迁徙相关。负载效应的绝对均值能真实地反映不同负载效应对站点位移的影响,从 MAV 结果可知,地表水负载对站点的位移影响最大,垂向绝对均值为 1.14mm,大气负载均值为 0.75mm。

5.1.2.4　环境负载位移序列可靠性分析

传统的负载模型改正方法一般通过地球物理数据及负载模型,根据格林函数计算负载位移值,然后将负载效应引起的位移值对 GPS 坐标时间序列进行修正。对负载模型计算得到的位移序列精度与可靠性缺乏相应的研究,如负载位移序列是否包含粗差、数据是否可靠,负载效应改正是否会引入二次误差(负载效应位移序列中引入的误差),负载效应的噪声特性等,缺乏相应的研究。本节对基于 QLM 的负载效应模型可靠性进行相应的探讨。

1. 粗差分析

从图 5.3 不同负载引起的站点位移可以看出,负载效应引起的站点位移达数毫米,且存在一些离散值,即位移序列可能存在粗差。粗差的存在会使得坐标、速度估值存在偏差(Kuusniemi et al.,2004),因此有必要对负载位移序列进行粗差探测,保证负载位移序列的可靠性。GPS 坐标时间序列中常用的粗差探测方法如 3σ、5σ 法(Kutterer et al.,2003)。观测值偏离均值的量大于 3、5 倍中误差,则认为该值是粗差。由于 GPS 序列主要表现为有色噪声特性,并不符合正态分布的高斯白噪声,上述方法在粗差探测中,应用受到一定限制(Amiri-Simkooei et al.,2007)。为了更加有效地探测负载效应位移序列的粗差,本书采用 Bos 等(2013b)提出的粗差剔除方法对其进行处理,首先采用最小二乘方法对位移时间序列进行线性拟合,估计时间序列的趋势项;然后对估计的趋势项进行去除,得到负载位移序列的残差序列。残差序列按照值进行排列,并计算残差序列的四分位数间距或四分位距(interquartile range,IQR),四分位数间距由 P25、P50、P75 将一组变量值等分为四部分,P25 称下四分位数(Q1),P75 称上四分位数(Q3),将 P75 与 P25 之差定义为四分位数间距(IQR)。分别计算 a(Q1－3×IQR)、b(Q3＋3×IQR)的值,原始序列中位于(a,b)区间之外的值,则为粗差(Bos et al.,2013)。

在粗差处理过程中采用 3σ 与 IQR 方法对表 5.1 中所述的 12 个站点的负载位移序列进行粗差分析,结果表明负载效应位移序列中存在一定的粗差,其中在大气负载位移序列中探测出 19 个粗差(12 个站的均值),在积雪位移序列中探测出 18 个粗差。粗差主要出现在大气负载位移序列和积雪负载位移序列中,但粗差的比率较低,约占时间序列长度的 0.5%。粗差分析的结果表明,基于 QLM 获取的负载效应位移序列包含粗差比例较低,负载效应修正过程中二次误差的引入率较低。对存在的少量粗差,建议对其进行去除,对去除粗差的后残差序列进行插值拟合。对数据缺失小于 3 天的时间序列间隙,采用三次样条插值方法;数据缺失间隙大于 3 天的时间间隙,采用线性插值进行补齐,以使数据保持原有的变化趋势。

2. 主分量分析

主成分分析(principal component analysis,PCA)是现代数据分析的一个有效工具,是一种非参数的正交分解数据处理方法,广泛应用于经济、金融、测绘等领域。PCA 把原始相关的观测数据重新组合,分解成一组互不相关的向量,在保持数据信息损失最小的前提下,通过线性转换将原始自变量中相关的维数消除,转换到低维向量空间;转换后的低维空间中各主分量是相互正交的,综合了原始数据的最大信息量,可以揭示隐藏在数据背后的一些规律及结构特征(Shen et al.,2014)。

PCA 的基本准则是通过正交转换将原始的观测信息 $\boldsymbol{X}$ (n 维向量矩阵,去均值)转换到新的观测量 $\boldsymbol{Y}$ (n 维)(Williams,2003)。转换后的 n 维向量根据每个主分量的方差大小进行排列,第一个主分量对应的方差最大,依次排列。PCA 方法中假定方差越大,其对应的有用信息越多,或者说该分量综合了原始信号中绝大部分的信息;而方差较小的分量,包含的原始信号的信息较少,即该分量包含的信息量少,甚至是噪声。

对负载效应引起的位移序列进行 PCA 分析,以对位移序列本身的性质进行分析。经 PCA 处理的主分量贡献率及负载位移序列的加权中误差(WRMS)见表 5.3。

表 5.3　负载效应位移序列分析结果(主分量贡献率、位移序列 WRMS)

Value Loading	PC 1(% total eigenvalue)			WRMS		
	U	N	E	U	N	E
ATML	99.98	99.98	99.99	0.97	0.30	0.32
SMML	99.99	99.99	99.99	0.69	0.21	0.22
NTOL	99.90	99.98	99.98	0.52	0.16	0.21
SCML	99.89	99.98	99.54	0.04	0.01	0.04

从表 5.3 可知,对不同负载位移序列进行 PCA 分析之后,第一个主分量的贡献率约 99.9%,即第一个主分量概括了原始信号约 99.9%的信息,其他主分量包含的信息量极少,即负载位

移序列包含的噪声分量较少，一定程度上反映了负载序列的可靠性，且不同负载效应主要由单一机制诱发。从位移序列的加权中误差可以看出，其 WRMS 值较小，即负载计算的位移序列比较可靠。

3. 噪声特性分析

已有的研究指出白噪声模型并不能较好地描述 GPS 坐标时间序列噪声模型，闪烁噪声加白噪声的混合模型被认为是 GPS 测站最佳随机特性的噪声模型（Wang et al. ，2012；钱文龙等，2020；鲁铁定等，2020，2021）。由于 GPS 坐标时间序列中包含着负载效应位移序列，因此研究负载位移序列的噪声模型，对进一步了解 GPS 坐标时间序列的噪声模型有一定的意义。

为了分析位移序列的噪声特性，分别采用功率谱分析法、极大似然估计方法对负载效应位移序列进行噪声估计。在功率谱分析中，快速傅里叶变换（FFT）是常用的一种方法，是信号在时间域和频率域转换的桥梁（刘大杰和陶本藻，2000）。一般来说，信号在时间域看不出明显的特征或隐藏了大部分特征，转换到频率域之后，能揭示信号背后潜在的规律。对傅里叶变换而言，一般要求时间序列等间距采样，数据的缺失率较小，负载位移序列均匀采样（一天一个解，类似 GPS 单日解时间序列），且粗差率较低，经去除粗差及插值后，对其进行傅里叶变换，其结果见图 5.4。

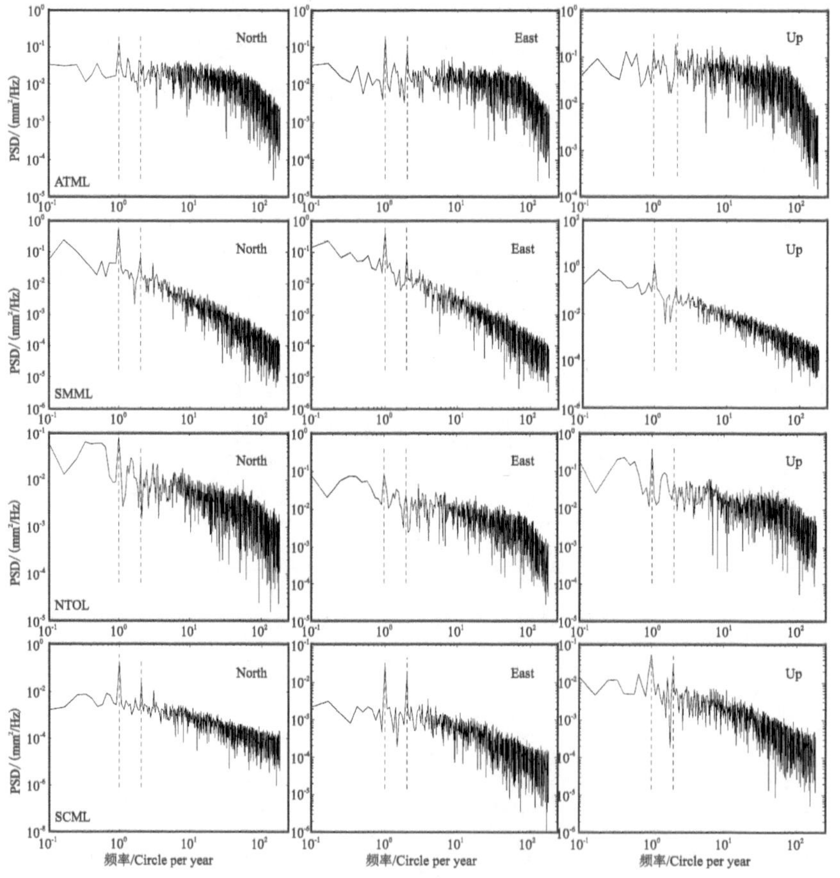

图 5.4　大气、非潮汐海洋、土壤水和积雪负荷引起的测站垂向位移序列频谱（以 CAND 站为例）

从图 5.4 中不同负载位移序列的功率频谱图可知，大气负荷、非海洋潮汐负荷、土壤水负荷在频率域上表现基本一致，且均呈现出明显的周年半年峰值，第一个峰值的频率为 1cpy。这也印证了负载效应在长周期尺度下的均值（长期效应）趋于零的原因。三坐标分量之间的频谱特性基本一致，不同负载之间存在一些差异，大气、地表水位移序列的频谱能量（power spectral density，PSD）高于非潮汐海洋、积雪负载效应。另外，从频谱图的曲线可以看出，负载位移序列并不符合白噪声特性，对白噪声而言，其频谱图应近似呈现出平坦状波谱图，对其频谱曲线进行线性拟合，结果表明不同负载效应的频谱指数约为－1，即其噪声特性主要表现为闪烁噪声。

为了获得更加可靠的、定量估计负载序列的噪声模型，采用极大似然估计法对负载位移序列进行估计。Williams 等（2003a）的研究指出 MLE 方法的优点是能对不等间距的时间序列进行噪声估计，同时能对有数据缺失的数据进行估计，得到噪声模型的定量估计。根据 Williams 提出的简易噪声模型，我们采用 QOCA 软件对闪烁噪声、白噪声混合模型进行估计，其结果见表 5.4。

表 5.4　白噪声、闪烁噪声模型估计结果

负载项	N/%		E/%		U/%	
	FN	WH	FN	WH	FN	WH
ATML	97.62	2.38	97.01	2.99	97.36	2.64
NTOL	99.55	0.45	99.55	0.45	99.55	0.45
Soil	99.08	0.92	98.73	1.27	98.46	1.54
Snow	99.55	0.45	98.98	1.02	99.58	0.42

从表 5.4 可知，闪烁噪声的比例约占了 99%，即负载位移序列主要呈现出闪烁噪声性质，MLE 估计的结果与前述的功率谱分析相一致。在进行噪声模型估计的过程中，我们事先假定噪声模型为闪烁噪声与白噪声混合，为了使噪声模型结果更可靠，采用更一般的噪声模型，幂律噪声加白噪声模型（Williams，2003a），其噪声谱指数（d）估计结果见表 5.5。

表 5.5　不同负载噪声谱指数估计结果　单位：%

负载项	谱指数		
	E	N	U
ATML	0.499	0.498	0.499
NTOL	0.499	0.499	0.499
Soil	0.498	0.499	0.498
Snow	0.499	0.499	0.499

从表 5.5 不同负载噪声谱指数估计结果可知，不同负载效应的谱指数 d 接近于 0.5，根据 Bos 等（2013b）的研究结果，闪烁噪声的谱指数 $d=0.5$，进一步验证负载位移序列闪烁噪声特

性，即位移序列中随机噪声比例较低，表明位移序列中包含偶然误差的概率较低。根据负载位移序列粗差分析、主分量分析、噪声特性分析，表明基于 QLM 计算的负载效应序列是比较可靠的，在对 GPS 坐标时间序列修正过程中，能较好地避免不必要的二次误差的引入。

5.1.3 环境负载效应区域特征分析

5.1.2 节的研究表明基于 QLM 环境负载模型获得测站位移序列具有较高的信噪比，能满足高精度大地测量的需求。地表负载效应在全球范围、大空间尺度下是否具有一定的规律，目前学者研究环境负载大多集中在揭示某一区域的负载造成位移的规律及影响，对负载效应的大尺度下变化缺乏相应的研究。对全球范围内负载效应的研究，有助于深入了解 GPS 测站变化规律，对建立相应的误差改正模型、提高非构造信号分量效率、准确地分离 GPS 坐标时间序列中存在的共模误差等有重要意义。

为了分析负载效在全球尺度下的变化规律及其特征，本书在全球 IGS 站中选取了 206 个全球分布的 IGS 站进行分析，选取的站点分布见图 5.5。

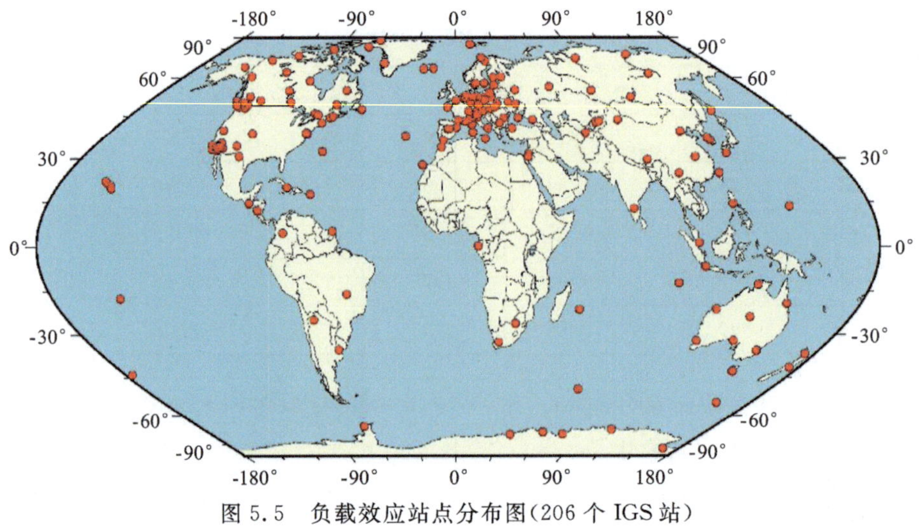

图 5.5 负载效应站点分布图(206 个 IGS 站)

图 5.5 中 GPS 站点近似均匀分布，美洲区域由于 IGS 站点众多，较密集。所处理的数据跨度为 2003—2012 年共 10 年的数据，站点选取过程中顾及了站点 GPS 观测数据的质量(选取的站点缺失率较低)，以便对 GPS 坐标时间序列进行负载效应修正后，得到可靠的结论，降低数据质量不佳引入的误差。

5.1.3.1 负载位移序列区域特征分析

为了分析 QLM 计算的负载效应位移序列的空间响应，通过采用 QOCA 软件基于 QLM 模型计算得到全球分布的负载效应位移序列(2003.0—2013.0)累积 10 年时间跨度位移序列。然后采用统计分析的方法，分别对不同负载效应位移序列的最大值、最小值、平均值、绝对平均值结合地理环境因素进行分析。负载效应位移序列的最大值、最小值能直接反映负载对 GPS 站点的影响大小，均值能反映出负载效应的长期影响，绝对均值能真实反映负载效应的影响(引起站点上抬或下沉)。根据统计特性并结合站点的空间分布，通过统计值与地理因素相结合，有利于分析探讨负载效应的空间分布及相应的规律。

图 5.6～图 5.9 描述了大气压力、土壤湿度、非潮汐海洋、积雪深度负载引起的 GPS 站点位移序列最大值、最小值、平均值、绝对平均值统计分析结果。从图 5.6 中大气压力负载引起的 GPS 测站 E、N、U 三个方向的位移的最大值分布可以看出，大气压对测站垂向位移影响较大，其值最高达 20mm，在高精度地球物理应用中，其瞬时影响不可忽略。大气压力负载对水平方向的影响相对较小，最大位移量为 3～4mm，垂向分量是水平方向的 6～7 倍。另外大气压力负载效应在 E、N、U 三个方向都呈现出随着纬度的增加负载造成的位移值也随之增大的趋势，即大气负载与纬度之间存在一定的相关性。考虑到大气压是由大气层受到重力的影响而形成的，即离地面越高的地方对应的大气层越稀薄，相应的大气压(大气压强)也就越小。此外，大气压的变化与温度也存在关系，气温高时空气密度变小，大气压比气温低时要小。因此，低纬站气温高气压低，而高纬站气温低气压高。大气负载是大气压对固体地球压力作用的直观表达，这样造成了高纬度地区的 IGS 测站受大气负载的影响较大，而低纬度地区的 IGS 测站受大气负载的影响较小。另外，从图 5.6 中大气效应最大值的空间分布可以看出，相邻站点之间存在一定的相关性(南北半球内呈现出区域性规律)，这与大气负载的区域性迁徙相关，且北半球位移效应略高于南半球，也反映出负载效应的空间差异性。

从图 5.6 中土壤湿度负载 E、N、U 三坐标分量位移效应序列可以看出，土壤湿度负载诱发的测站位移最大值相比大气压力负载较小，其水平方向值为 1～2mm，垂向最大约为 12mm。此外，从 E、N、U 三坐标分量位移序列的最大值空间分布可以看出，内陆与海洋交界处附近测站受到的影响较大，而位于海洋中的测站以及南极附近区域测站的位移效应较小。

从图 5.6 中非潮汐海洋负载引起的测站位移序列最大值空间分布可以看出，非潮汐海潮对绝大部分站点的影响较小，E、N、U 三个方向中大部分站点的最大值在 0～1.4mm、0～1.5mm、0～4mm 之内。另外，非潮汐负位移序列中存在一些异常点，如在 U 方向部分点位移影响大于 16mm。对位移值较大点分析后发现，该部分测站主要位于沿海(海岸线)地带，根据 Williams and Penna(2011)和 Bos 等(2015)的研究，海岸线附近的站点的非潮汐海洋影响可达厘米级别，其影响不可忽略，应对其进行修正。积雪深度负载对测站的影响相比其他负载，其影响较弱，水平方向影响小于 1mm，垂向最大值约 5mm。在北半球，积雪负载对测站位移影响随纬度降低而减小，且积雪负载对测站位移影响在北半球略高于南半球。

大气压力、土壤湿度、非潮汐海洋、积雪深度负载引起的 GPS 站点位移序列的最小值空间分布见图 5.7。从图 5.6 与图 5.7 对比结果可知，位移效应坐标序列的最小值的空间分布与最大值的空间分布基本一致，这说明负载对测站存在周期性的影响，以及引起测站上抬或者下沉，且测站上抬位移为正对应最大值，测站下沉对应位移为负(对应最小值)。

考虑到负载对 GPS 测站的影响有正、负，在坐标垂向表现为测站上抬、下沉，水平方向表现为测站的随机游走。因此，对 2003.0—2013.0 内大气压力、土壤湿度、非潮汐海洋、积雪深度负载引起的位移序列分别进行均值计算，图 5.8 为不同负载效应位移序列平均值的空间分布图，以分析其长期(大时间尺度下)的变化规律。从图 5.8 不同负载的均值可以看出，大气压力、土壤湿度、非潮汐海洋、积雪深度负载效应在水平方向上均值在±0.2mm 之内，即在大时间尺度下，负载对测站的长期影响趋于零，这也表明地表负载呈现出周期性的迁徙规律，在大尺度(10 年)下其长期影响趋于零，同时图 5.8 也反映出负载效应存在一定的区域差异性。在坐标 U 方向上，大气压力负载对测站的长期影响维持在 0.5～1.0mm 之间，土壤湿度为 −2～2mm，非潮汐海洋与积雪深度负载相对较小。最后，对负载位移序列进行绝对均值分析(图 5.9)，绝对均值反映了负载对测站的真实影响，与图 5.8 中所述平均值相类似，不同负载对坐标水平分量的影响较小，主要体现在 U 方向上，不同负载对测站的影响为 1～2mm。

综上所述，大气压力、土壤湿度、非潮汐海洋、积雪深度负载效应对测站的影响主要在坐标 U 分量上，其中大气、土壤湿度负载的影响较大，最大值可达厘米级，非潮汐负载影对海岸线附近站点会产生厘米级位移，积雪负载影响相对较小。长时间尺度下，单一负载对 GPS 测站的水平方向的影响趋近于零，垂向约 1～2mm。考虑到上述负载对测站的综合影响，负载的周期性迁徙，引起的位移效应，是 GPS 测站呈现出周期性信号的主要影响因素之一。因此上述负载在高精度地球动力学研究中、周年项信号研究中不可忽略。

通过对负载的极值分析可知负载效应呈现出区域性差异，这在一定程度上解释了不同学者得到的环境负载对 GPS 坐标时间序列的贡献呈现显著差异的原因。由于负载效应存在空间差异性，从而使得不同区域 GPS 测站经过负载纠正后，周年项、坐标序列 WRMS 表现存在差异。此外，通过 GPS 测站的负载效应，一定程度上反映了测站周边环境及其变化，为深入了解测站相关误差及分离提供了一个判断的依据。

5.1.3.2 环境负载对 GPS 测站修正分析

根据前述研究负载效应引起的位移达到毫米(mm)级，部分负载的瞬时效应达到厘米(cm)级，其影响对高精度 GPS 应用不可忽略。为了进一步探讨其长期影响，分别解算不同负载的 WRMS 空间分布及其变化规律(图 5.10)。从图 5.10 可知不同负载效应位移序列水平方向的 WRMS 较小，约在 1.2mm 以内，表明负载效应对 GPS 测站水平位移纠正影响相对较小。另外，负载位移序列坐标垂向的 WRMS 值可达 2～6mm，说明负载对 GPS 站点的垂向运动影响较大，这也可以解释负载效应为什么是引起 GPS 测站垂向季节性运动的原因之一。另外，负载效应存在一定的区域性变化，大气负载、土壤湿度负载较为明显。结合上一小节中负载位移序列分析结果，即负载效应对 GPS 测站影响达厘米级，且周期性波动较明显，其影响不可忽略，对高精度的地球动力学研究，应施加负载改正。

为了评估环境负载对 GPS 坐标时间序列的影响，对负载效应改正前后的 GPS 垂向坐标时间序列的 WRMS 变化率(diff_WRMS)进行比较。其定义为：

$$\mathrm{diff}_{\mathrm{WRMS}}=\frac{\mathrm{WRMS}_{\mathrm{ori}}-\mathrm{WRMS}_{\mathrm{corr}}}{\mathrm{WRMS}_{\mathrm{ori}}} \tag{5.7}$$

式中：$\mathrm{WRMS}_{\mathrm{ori}}$ 为负载改正前坐标序列的 WRMS 值；$\mathrm{WRMS}_{\mathrm{corr}}$ 为负载改正后坐标序列的 WRMS 值；$\mathrm{diff}_{\mathrm{WRMS}}$ 为正表明 WRMS 值减小。从图 5.11 可以看出，经负载修正后，GPS 坐标序列 WRMS 整体上(90%)呈现减少趋势，即负载修正在一定程度上能提高坐标序列的精度，对出现的异常(约 9%的测站)，即经负载修正后坐标序列的 WRMS 出现增大情况，有待进一步研究。另外对负载改正后站点 WRMS 变化率进行统计分析，结果表明约 30%的测站经负

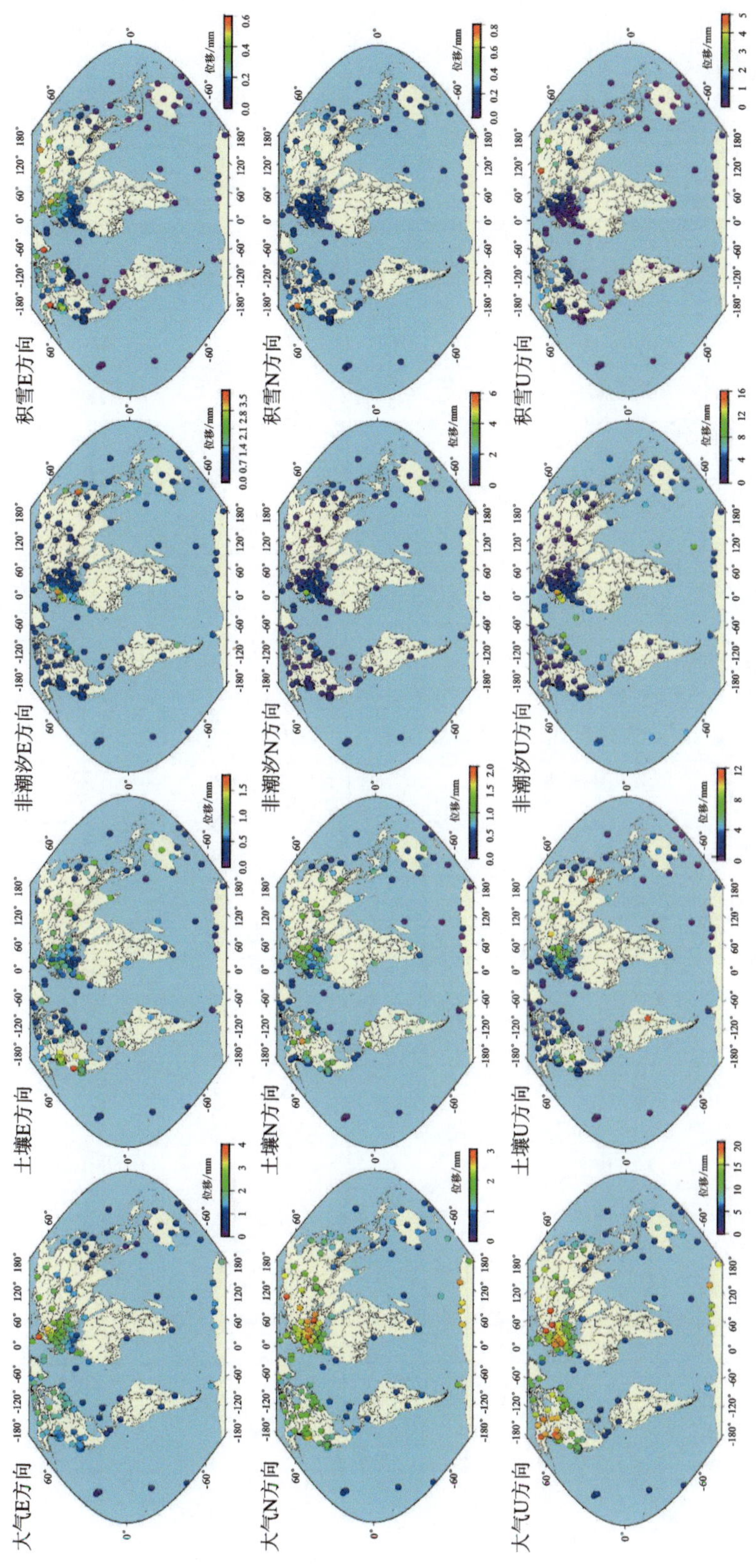

图5.6　负载效应位移序列统计分析结果：最大值空间分布

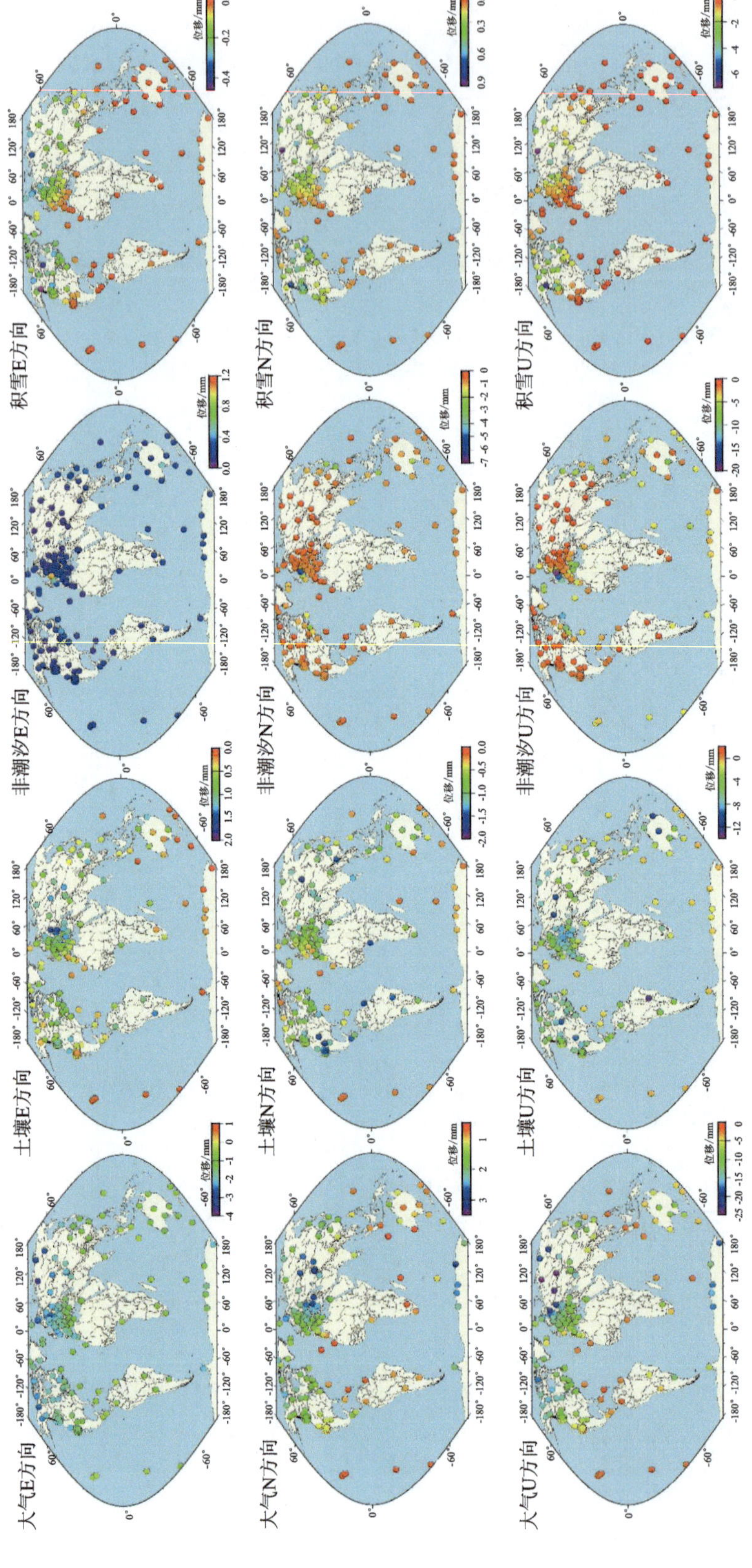

图5.7 负载效应位移序列统计分析结果：最小值空间分布

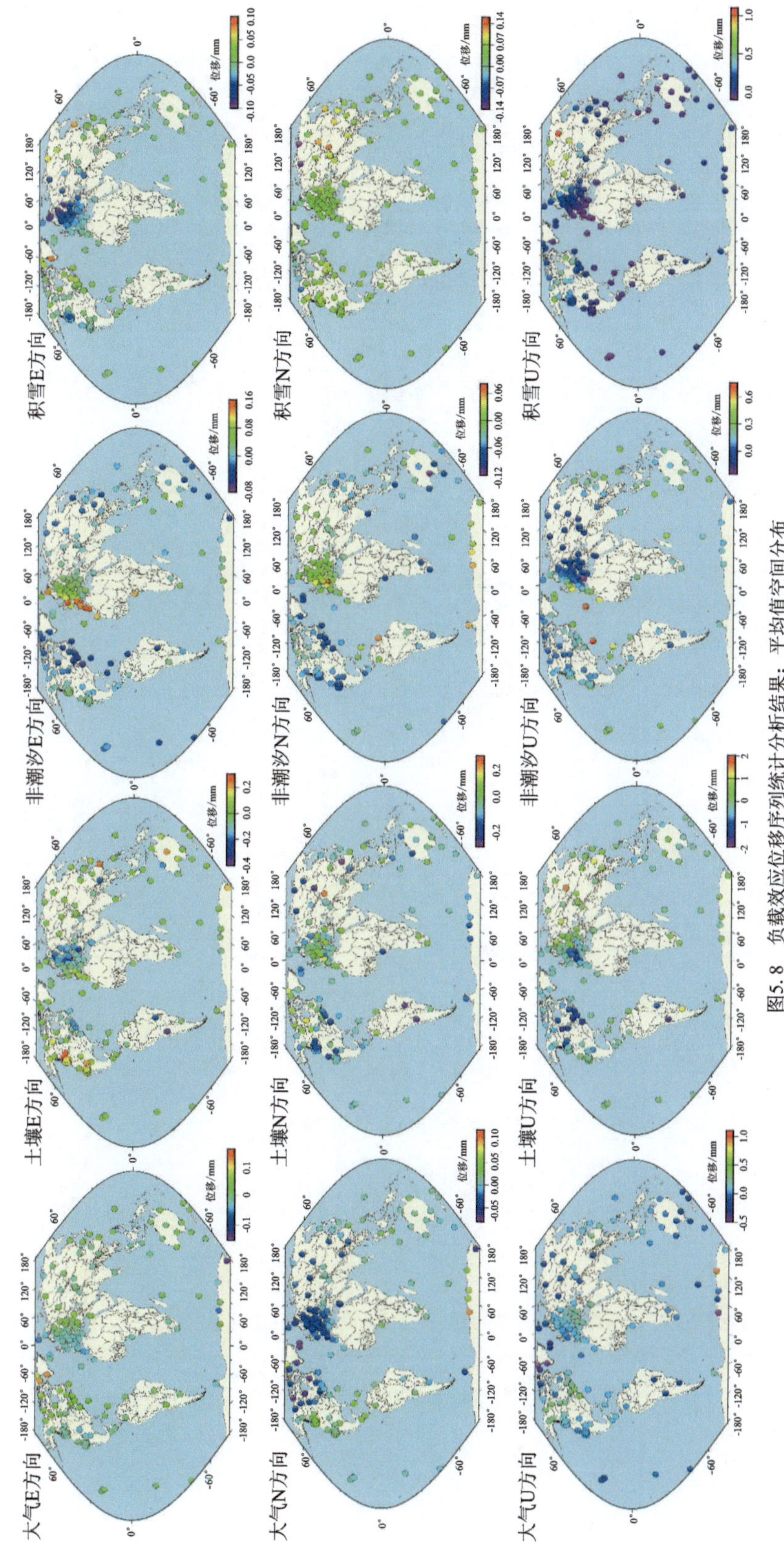

图5.8　负载效应位移序列统计分析结果：平均值空间分布

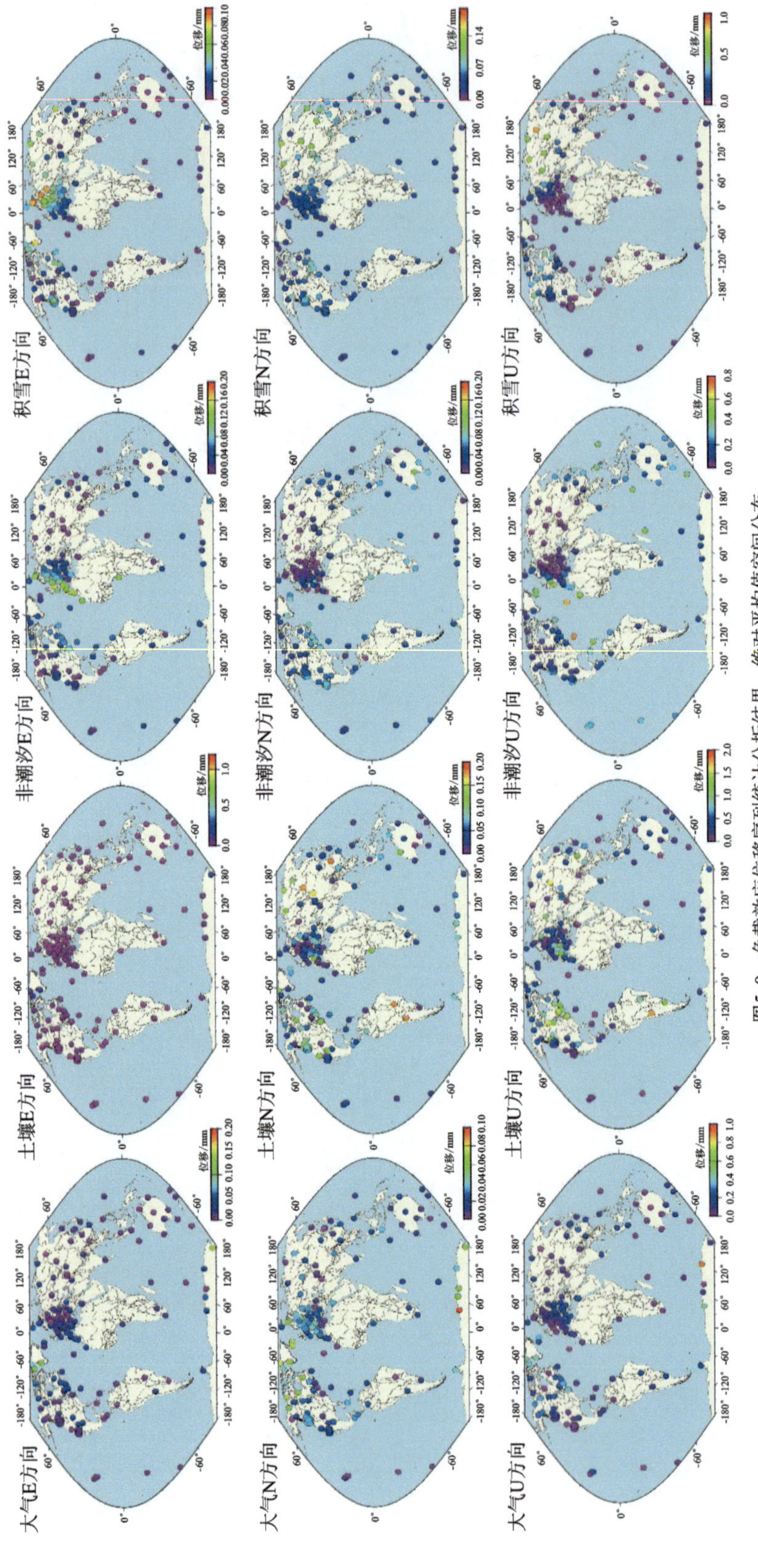

图5.9 负载效应位移序列统计分析结果：绝对平均值空间分布

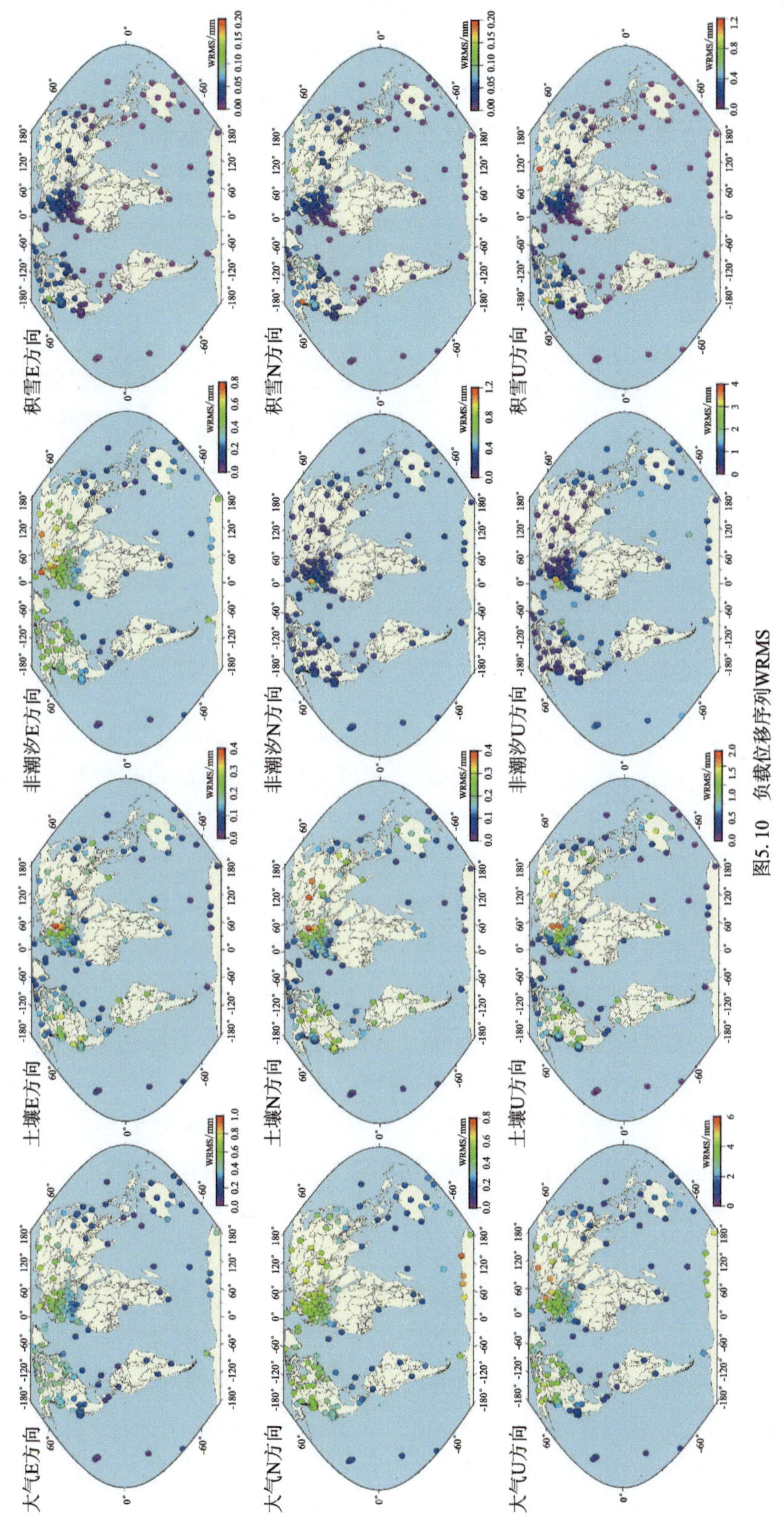

图5.10　负载位移序列WRMS

载改正后 WRMS 变化率为 0～5%，22%的测站负载改正后 WRMS 变化率为 5%～10%，WRMS 变化率在 30%以上的不足 4%。经负载修正后 WRMS 的变化可知，尽管负载效应的长期影响(均值)趋于零，但负载效应对 GPS 站坐标序列的影响较大，因此在高精度 GPS 应用中，应对其进行修正。此外，站点之间的差异性，即表现出区域特征，说明负载在空间尺度上存在差异，这种差异为研究 GPS 测站相关的非线性变化如测站相关的共模误差提供了可能。

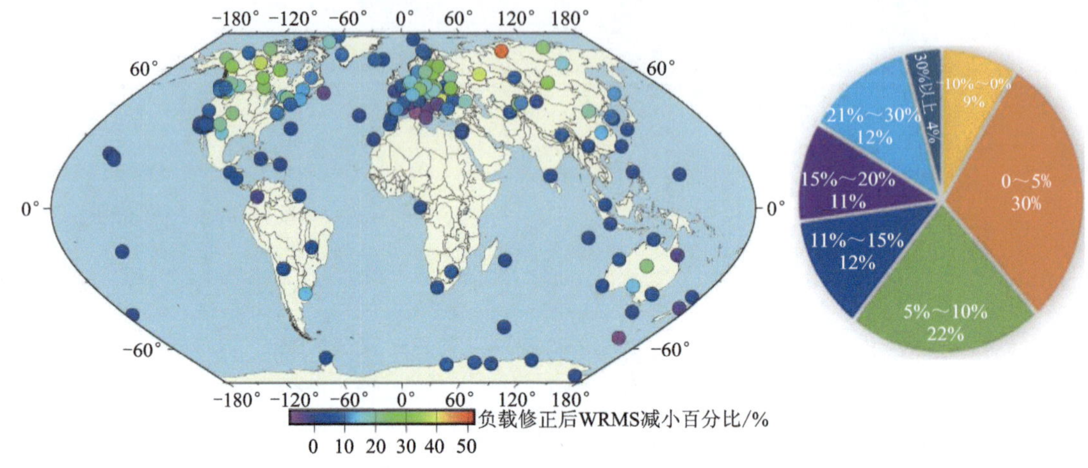

图 5.11　负载造成的 GPS 坐标时间序列 WRMS 变化率

5.1 节根据格林函数方法对基于 QLM 模型的地表环境负载(大气压力、土壤湿度、非潮汐海洋、积雪深度)引起的测站位移进行计算。通过对位移序列进行特征分析，根据负载位移序列粗差分析、主分量分析、噪声特性分析，表明基于 QLM 计算的负载效应序列是比较可靠的，在对 GPS 坐标时间序列修正过程中，能较好地避免不必要的二次误差的引入。此外，对全球区域内 IGS 站的负载效应进行分析，实验结果表明负载对测站的位移影响达到厘米(cm)级，且周期性波动较明显，其影响不可忽略，对高精度的地球动力学研究，应施加负载改正。通过对负载位移序列进行极值以及负载改正前后测站坐标序列 WRMS 变化率分析，结果表明，负载效应呈现出区域性差异，这也一定程度上解释了不同学者得到的环境负载对 GPS 坐标时间序列的贡献呈现显著的差异的原因。由于负载效应存在空间差异性，从而使得不同区域 GPS 测站经过负载纠正后，周年项、坐标序列 WRMS 表现存在差异。此外，通过 GPS 测站的负载效应，一定程度上反映了测站周边环境及其变化，为深入了解测站相关误差及分离提供了一个判断的依据。

5.2　GNSS 基准站坐标序列水文负载修正

环境负载造成的地表位移能够解释中国区域 IGS 基准站的部分周期性变化。然而，QOCA 计算结果的稳定性及可靠性还需进一步验证。本节阐述 3 种不同途径：①QOCA；②GGFC；③自主开发的最优模型数据(Optimum Model Data，OMD)获得的环境负载位移，分析不同方法应用于 GPS 坐标时间序列修正的优劣性，给出能满足高精度大地测量需要的最优修正方法。考虑的环境负载包括非潮汐海洋、大气及水文负载。

5.2.1　数据来源

5.2.1.1　GGFC 数据

GGFC 提供了大气压负载(ATML),非潮汐海洋负载(NTOL),以及大陆储水量(Continental Water Storage,CWS)变化造成的地表位移全球格网。用户可以通过内插格网得到任意指定经纬度处的负载位移时间序列。

ATML 根据 NCEP 提供的空间分辨率为2.5°×2.5°,时间分辨率为 6h 的地表气压数据获得,每 6h 估计一次2.5°×2.5°格网点处 ATML 造成的三维地表位移(van Dam et al.,2010)。由于我们仅对负载效应随时间的变化感兴趣,计算地表位移时先将格网点的气压值减去 30 年的平均地表气压值,然后将获得的残差气压格网与 Farrell 格林函数求卷积。海洋区域的气压负载通过改进的反气压模型获取(van Dam and Wahr,1987),陆地海洋边界通过空间分辨率为0.25°的水陆标识(land-sea mask)定义。

水文负载造成的三维地表位移采用 GLDAS 模型(Rodell et al.,2004)包括的月均雪水当量及土壤湿度值计算得到,空间分辨率为2.5°×2.5°。GLDAS(version 1)向用户提供 1979 年至今的全球陆地数据同化解,空间分辨率为 1°×1°,经纬度范围分别为−180E～180E、90N～60S(Rui,2011)。

NTOL 位移时间序列采用 ECCO 模型提供的经卡尔曼滤波得到的海底压力(Ocean Bottom Pressure,OBP)产品(kf080)计算,空间分辨率同样为2.5°×2.5°。该数据集融合了卫星测高数据得到的海面高度,投弃式海水温深测仪得到的温度-深度廓线及其他海洋现场观测数据,提供纬度范围位于 78.5N～79.5S 之间的全球海洋区域每天 06:00 及 18:00 时刻的 OBP 产品,空间分辨率为 1°×(0.3°～1°)。关于 ECCO 产品的深入介绍,请参见 Kim 等(2007)。本章采用的 OBP 时间段为 1993—2009 年。

对于以上 3 种格网数据,GGFC 均采用双三次内插的方法获得不同负载造成的任意位置的地表位移时间序列。

5.2.1.2　QOCA 负载位移时间序列

QOCA 广泛应用于不同大地测量数据的组合以获取地壳构造运动信息。该软件提供了 mload 子模块计算不同环境负载造成的测站位移,包括 ATML、NTOL 及土壤湿度、积雪深度组成的 CWS 负载。为了评估获取环境负载效应的不同方法的影响,我们采用 QOCA 计算了不同测站的负载位移时间序列,输入数据包括测站经纬度列表、用户指定的驱动文件及计算不同环境负载影响所需的地球物理数据。关于输入地球物理数据的描述及下载地址请参见 5.1.2.1 节。QOCA 和 GGFC 最大的差异在于水文负载输入数据的不同。GGFC 根据 GLDAS 模型获得的月均雪水当量及土壤湿度值计算陆地储水量变化造成的地表位移,而 QOCA 的水文负载输入数据为 NCEP 再分析数据提供的积雪深度及土壤湿度。QOCA 的输出值为 CE 框架下不同环境负载造成的测站 N、E、U 分量日位移。

5.2.1.3 OMD 负载位移时间序列

由上文可知，GGFC 采用全球格网内插的方式计算不同测站处的环境负载效应。这种情况下，插值误差会传播至测站的负载时间序列，造成计算得到的负载效应与实际估值的偏离。为了消除这种偏差，我们根据地球弹性形变理论，采用 Farrell 格林函数与全球地表质量分布做卷积获得给定测站的负载效应，将该方法获得的负载位移时间序列称为最优模型数据(Optimal Model Data，OMD)，包括最优水文负载时间序列(optimal continental water storage，cws_optimal)，最优非潮汐海洋负载时间序列(optimal ocean bottom pressure，obp_optimal)及最优大气压负载时间序列(optimal atmospheric pressure loading，atml_optimal)。其中，对于 atml_optimal，我们采用经地形改正的高分辨率地表气压数据代替原始的 NCEP 数据计算大气压负载造成的测站位移，以降低复杂地形及较低空间分辨率导致的气压数据偏差影响(van Dam et al.，2010)。

5.2.1.4 GPS 坐标时间序列

目前的 GPS 测量精度足以提取 GPS 坐标时间中的环境负载信号。本书选择"IGSW"周坐标时间序列评估不同环境负载获取方法对 GPS 坐标时间序列的影响。"IGSW"时间序列由代表国际 GNSS 服务的加拿大自然资源部负责生成并向全球发布，代表了 IGS 地球参考框架的官方实现①。"IGSW"提供了全球 313 个 IGS 基准站的周坐标时间序列，时间跨度为 1999—2009 年。为了确保统计结果的准确性，我们去掉了高程分量的不确定度大于 10mm 或者时间跨度小于 100 周(即观测时间段小于 2 年)的测站，最后参与环境负载时间序列组合的 IGS 基准站总数为 233 个，其空间分布如图 5.12 所示。

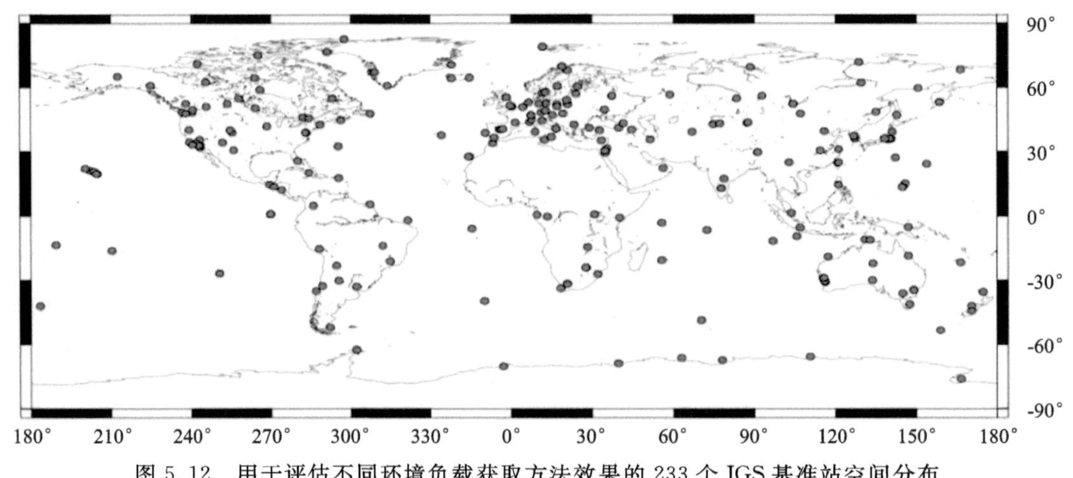

图 5.12 用于评估不同环境负载获取方法效果的 233 个 IGS 基准站空间分布

注：①引自 http://www-gpsg.mit.edu/～tah/MIT_IGS_AAC/index2.html。

5.2.2　数据处理策略

本书选择的 GPS 周坐标时间序列属于 ITRF，短时间尺度或季节性尺度上表现为地球形状中心 CF 框架(Dong et al.，1997)，因此采用 GGFC 及 OMD 数据在 CF 框架下计算环境负载造成的 IGS 基准站位移以保证负载结果与 GPS 数据的一致性。QOCA 的输出结果属于 CE 框架，由于 CE 与 CF 之间的差异很小，在实际应用中可以忽略不计(Dong et al.，1997)，因此本书将 QOCA 得到的负载时间序列近似认为是 CF 框架下的结果。

5.2.2.1　环境负载及 GPS 高程时间序列的预处理

1. GGFC 环境负载位移周时间序列的获取

用户根据 GGFC 提供的全球负载格网，通过双三次内插的方法可以获得给定测站经纬度处不同环境负载造成的位移时间序列。ATML 位移时间序列每天的 4 个解，分别对应于 00:00，06:00，12:00，18:00 时刻。首先对测站处每天的 4 个解求和平均获得日时间序列，其次对 GPS 周内的日时间序列求和平均即可获取 GPS 周 3.5 时刻的周负载时间序列。

GGFC 的水文负载表现为测站处的月均 N、E、U 位置时间序列，可对其结果进行内插以获取 GPS 周 3.5 时刻的周负载时间序列。需注意的是，CWS 计算得到的水文负载时间序列包含长期的线性趋势，使用该数据集前必须去除这种长期趋势，因为我们不确定这种长期趋势是真实的水文作用结果或者某种未知的系统误差，最合理的方式是将其去除以保证更可靠的数据解释。

NTOL 时间序列同样存在线性趋势。与 CWS 类似，目前无法判断该趋势的虚实，需将其去除(van Dam et al.，2011)。对于去掉线性趋势的 NTOL 序列，可以采用与 ATML 相同的求和平均方法获得所有 IGS 基准站 GPS 周 3.5 时刻的 NTOL 周时间序列。二者的唯一区别是 ATML 每天 4 个解，而 NTOL 每天 2 个解。

对于 GGFC 提供的上述 3 种负载位移时间序列，我们都需要计算每个时刻对应的 GPS 周用于后续负载与 GPS 周时间序列的组合。

2. OMD、QOCA 环境负载位移周时间序列的获取

就 OMD 负载时间序列而言，atml_optimal 表现为日位移，可采用与 GGFC 提供的 ATML 相同的求和平均方法获得 OMD 负载位移周时间序列。Cws_optimal 及 obp_optimal 的数据格式与 GGFC 的 CWS 及 NTOL 相同，获得对应的负载位移周时间序列的方法见 5.2.2.1 节中的第 1 点。

QOCA 输出 ATML、NTOL，以及由土壤湿度、积雪深度组成的 CWS 负载造成的测站处 U、N、E 方向的日位移时间序列。ATML 及 NTOL 周位移时间序列采用与 OMD 的 atml_optimal 相同的求和平均方法得到，对于 CWS 负载，可根据下面 3 个步骤计算周位移时间序列：第一，对土壤湿度及积雪深度各自造成的日位移求和得到 CWS 负载日位移时间序列；第二，去除日位移时间序列包括的线性趋势；第三，对 GPS 周内的日位移求和平均获得 GPS 周 3.5 时刻的周位移时间序列。

3. GPS 高程周时间序列的预处理

对于本书选择的 GPS 高程周时间序列，首先计算各时刻对应的 GPS 周用于后续组合，然后去除时间序列的线性趋势以研究负载效应对 GPS 时间序列非线性变化的影响。

5.2.2.2 环境负载位移及 GPS 高程周时间序列的组合

环境负载及 GPS 周位移时间序列的预处理完成后即可进行二者的组合。第一步分别计算 3 种不同数据源得到的负载效应和造成的测站垂直周位移时间序列。为了反映负载量级，图 5.13 给出了 233 个 IGS 基准站的总负载绝对值的平均值空间分布，图中不同颜色代表不同位移量，白色圆圈表示该测站的负载位移大于对应的色标。总体而言，就同一测站来说，OMD 计算得到的负载值最小，GGFC 次之，QOCA 最大。不论采用哪种方法，负载造成的垂直位移均与温度带密切相关。最大的负载信号位于温带及寒带地区（中高纬度，通常大于 2mm），且主要集中在北温带；温带及热带区域的负载效应最弱（中低纬度，小于 2mm），尤其是热带地区。负载效应同样与测站距海洋的临近程度有关。相同纬度下，位于辽阔大陆中心的测站受环境负载的影响（＞2mm）大于临近海岸线的测站（＜1mm）。由此我们可以得出结论，对于毫米（mm）级参考框架的建立，环境负载对 IGS 基准站的影响不可忽视，尤其对于北半球中高纬度及远离海洋的测站更是如此。

组合的第二步对于所有选择的 IGS 基准站将 3 种数据源得到的负载和分别内插至 GPS 周时间序列的观测时刻，由此即可获得将环境负载改正后的 GPS 高程周时间序列。图 5.14～图 5.16给出了选取的 233 个 IGS 基准站的原始高程及其经 3 种不同环境负载建模方法改正后的周时间序列。图中，黑线表示原始 GPS 周时间序列，绿线代表 QOCA 改正结果，蓝线表示 GGFC 改正结果，红线代表 OMD 改正结果。右图红色圆圈表示不同温度带内本书采用的测站分布，4 个测站的名称及位置采用黑色字体标示。考虑到负载效应与温度带的相关性，由于篇幅有限，这里仅给出每个温度带内 2 个测站的组合结果。从图中可以清楚看到，环境负载模型确实能够解释部分 GPS 非线性变化，且负载效应因站而异。不同方法计算得到的同一测站处的负载效应同样各不相同，尤其是对于北半球的测站，例如 ankr、nya1。除此以外，图 5.14～图 5.16 还表达了一个明显的特征：QOCA 负载改正值与原始 GPS 高程时间序列的符合程度次于其余两种数据源。

5.2.3 数据分析与讨论

为了分析不同负载建模方法之间的差异，我们分别计算了 3 种不同数据源得到的 ATML、CWS 及 NTOL 负载总和造成的各测站垂直位移时间序列（简称负载时间序列）的均方根（root mean square，RMS）及最大值。RMS 的定义为：

$$\text{rms} = \text{sqrt}\left\{\frac{\sum_{1}^{\text{ndat}}\left[\text{load}(i) - \frac{\sum_{1}^{\text{ndat}}\text{load}(i)}{\text{ndat}}\right]^2}{\text{ndat}}\right\} \tag{5.8}$$

式中：ndat 表示测站数目；load(i)表示 3 种环境负载总和造成的垂直位移。

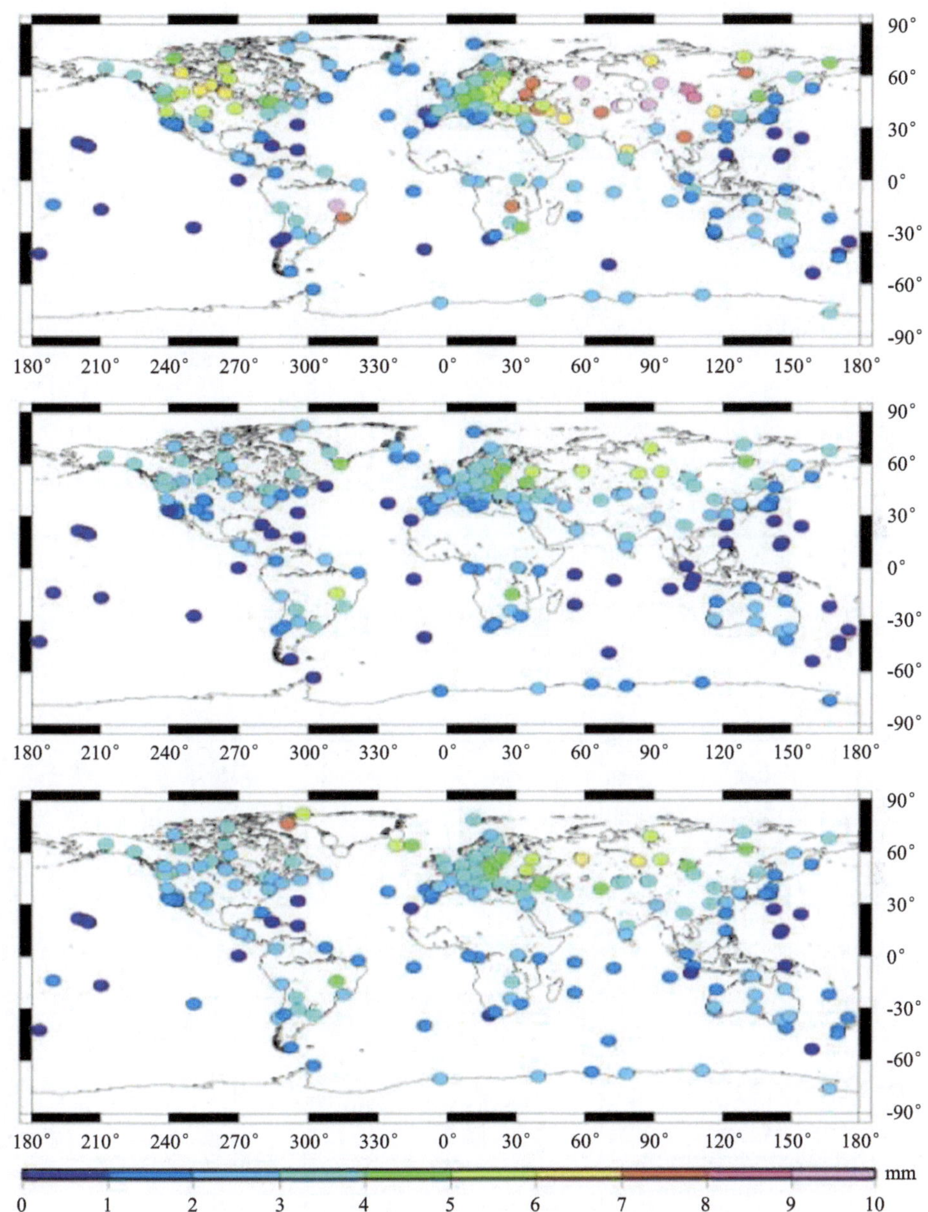

图 5.13　3 种不同数据源得到的负载效应和造成的垂直位移绝对值的平均值空间分布

（上：QOCA；中：OMD；下：GGFC）

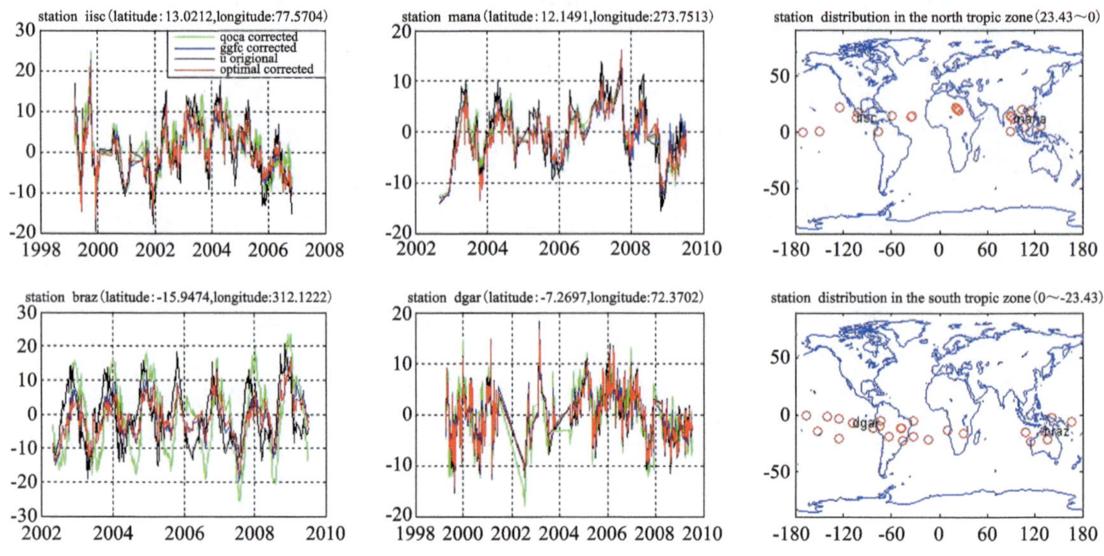

图 5.14　3 种环境负载改正前后测站 iisc、mana、braz、dgar 的高程周时间序列及其选取的热带地区 IGS 基准站分布

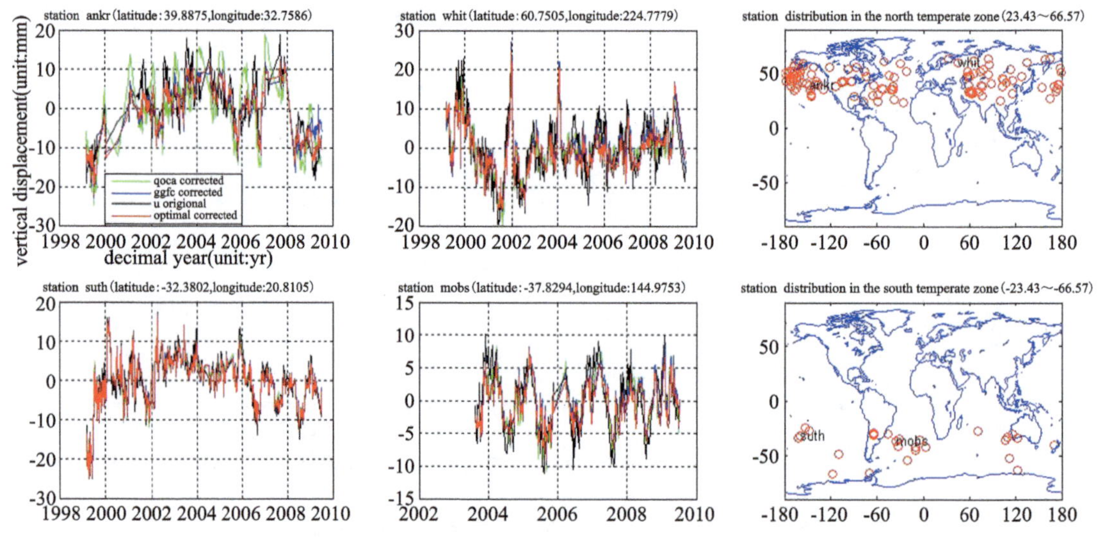

图 5.15　3 种环境负载改正前后测站 ankr、whit、suth、mobs 的高程周时间序列及其选取的温带地区 IGS 基准站分布

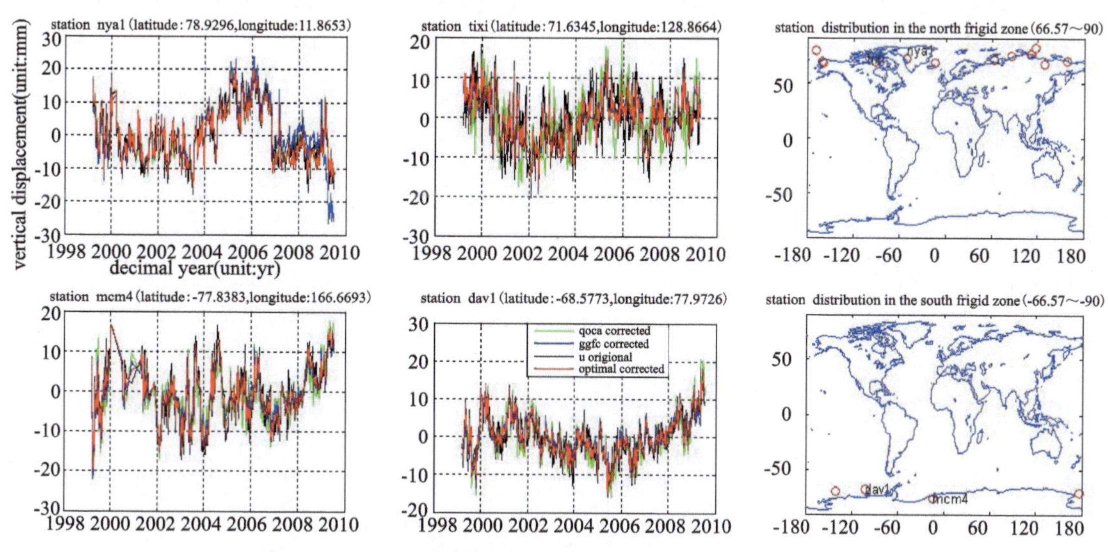

图 5.16　3 种环境负载改正前后测站 nya1、tixi、mcm4、dav1 的高程周时间序列及其选取的寒带地区 IGS 基准站分布

5.2.3.1　GGFC 负载时间序列的 RMS 分析

GGFC 负载时间序列的 RMS 及最大垂直位移空间分布如图 5.17～图 5.19 所示。图 5.17中的紫、绿色点分别代表北半球及南半球的 IGS 基准站，红、蓝色线为对应的最佳线性拟合趋势，各温度带以垂直虚线隔开。图 5.18 中的紫、绿色点分别代表南半球及北半球的 IGS 基准站，红、蓝色线为对应的最佳线性拟合趋势，同样各温度带以垂直虚线隔开。图 5.19 中的不同颜色代表不同 RMS 值，白色圆圈表示测站的 RMS 及最大值超过色标范围。位于格陵兰地区的 4 个 IGS 基准站(分别为 qaq1、scor、thu3 及 kely)的 RMS 均超过 9mm。这是由计算 CWS 负载采用的 GLDAS 模型导致的。格陵兰地区的力数据不可靠，且缺乏冰盖模型，使得该地区及少数北极点的雪水当量无限累积，专家建议采用 GLDAS 模型实施全球分析时最好将雪水当量值异常大的格陵兰及其他地区的点剔除(Wdowinski et al.,1997)。因此，采用 GGFC 数据对环境负载进行建模时应剔除格陵兰地区的建模结果。

从图 5.17 及图 5.19(上)可以看出，总体来说，GGFC 得到的南半球测站的负载时间序列 RMS 略小于北半球，平均 RMS 分别为 2.15mm 及 3.36mm。除去格陵兰地区的 4 个测站外，北半球测站的 RMS 随纬度升高而增大，且与纬度之间存在明显的线性趋势，斜率为 0.057。南半球测站的 RMS 与纬度同样存在相似的线性关系，但是其斜率仅为北半球的约 1/10。此外，GGFC 得到的同一温度带内的测站负载 RMS 表现为相同的趋势。热带区域的负载 RMS 最小，平均值约为 1.96mm，南北半球都是如此。北温带的 RMS 均值略大于南温带的，分别为 3.76mm 及 2.05mm。与此类似，北寒带及南寒带的平均 RMS 分别为 4.32mm 及 2.91mm。结合图 5.14～图 5.16 描述的各温度带的测站位置空间分布及图 5.19 的 RMS 分布，认为这种南北半球的差异可能由不均匀的测站分布造成，因为北温带及北寒带区域的测站明显多于南半球。另外，GGFC 得到的负载 RMS 与大陆分布存在一定的相关性。例如，南美测站的 RMS 较同一纬度的测站大，而北美区域的 RMS 略小于欧洲及亚洲西北部。位于海洋区域的各测站具有几乎相同的负载 RMS 值，且显著小于大陆地区。

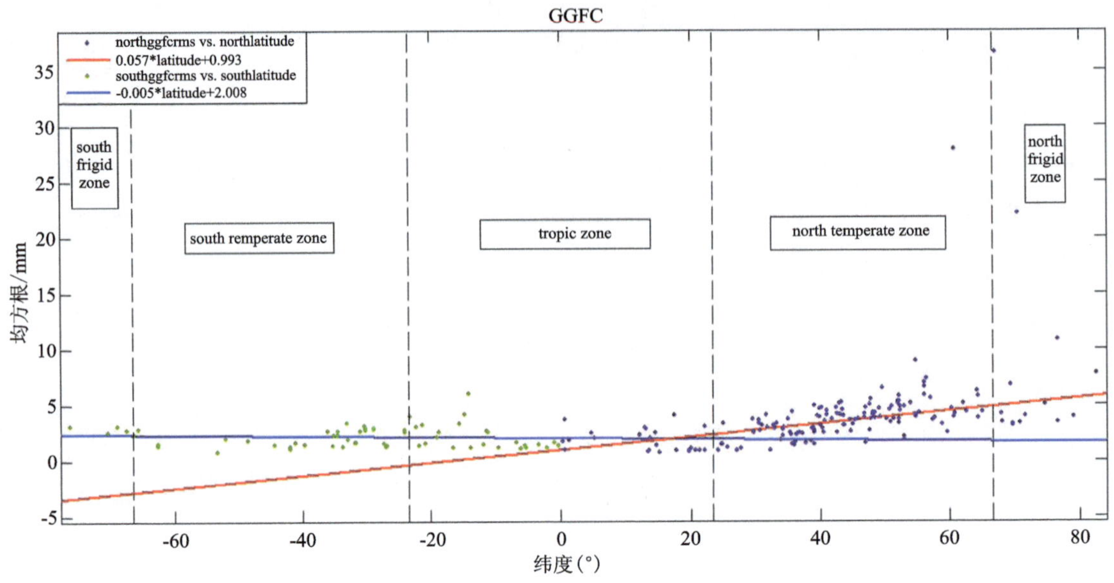

图 5.17　GGFC 负载时间序列高程分量的 RMS 随纬度分布图

就 GGFC 得到的环境负载造成的测站最大垂直位移分布来说(格陵兰地区除外)，南北半球表现为相同的趋势，如图 5.18 及图 5.19(下)所示。与 RMS 分布类似，各测站最大垂直位移的绝对值随纬度升高而增大，且与温度带及南北半球密切相关。环境负载造成的热带区域测站的最大垂直位移最小，约为±5.18mm。北温带测站的最大垂直位移变化剧烈，平均值为 10.56mm(绝对值)，而南温带测站的位移最大值与热带区域相近，约为±5.68mm。造成这种差异的原因可能有两个：第一，北温带选择的测站较南温带密集得多[图 5.15(右)]，南温带稀少的测站数目不足以显示最大位移的真正分布趋势；第二，本书选择的测站描述了环境负载造成的南温带测站垂直位移最大值的真正趋势。北温带陆地面积大于南温带，而陆地区域的温度变化较海洋地区剧烈得多，因此北温带的温度变化较南温带剧烈，导致环境负载造成的测站位移变化较大。GGFC 环境负载造成的寒带地区测站的最大垂直位移分布与热带区域类似，无明显的线性趋势，但是北寒带的位移最大值大于南寒带的，分别为 14.24mm 及 8.60mm。

5.2.3.2　QOCA 负载时间序列的 RMS 分析

图 5.20 及图 5.22(上)描述了 QOCA 负载时间序列的 RMS 分布。其中，图 5.20 中的垂直虚线及不同颜色点、线的意义同图 5.18，图 5.21 中垂直虚线及不同颜色点、线的意义同图 5.18，图 5.22 中的不同颜色圆圈的意义同图 5.19。QOCA 的 RMS 值明显大于 GGFC，其空间分布同样与 GGFC 存在很大差异。RMS 值大于 10mm 的测站数目达到 10 个，9 个集中在横跨亚洲的北温带而非格陵兰，另外一个测站是南美的 braz 站。考虑到目前 GPS 高程测量的精度(厘米级)，建议用户尽量避免采用 QOCA 对亚洲(尤其是西北部)区域的 GPS 测站坐

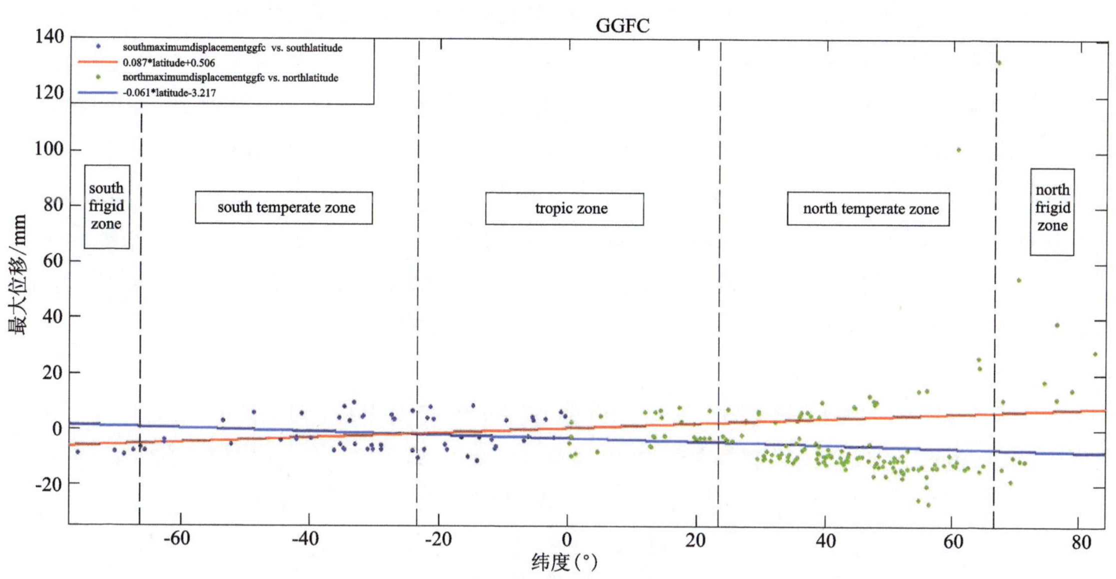

图 5.18　GGFC 负载时间序列的最大垂直位移随纬度分布图

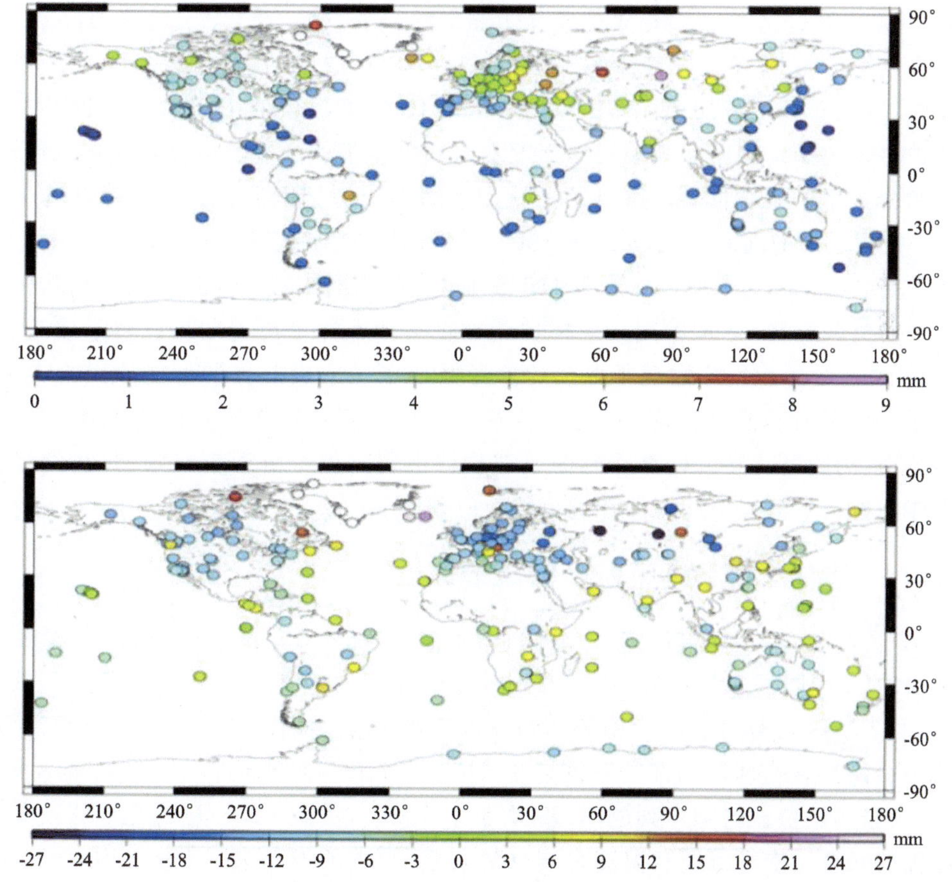

图 5.19　GGFC 负载造成的 IGS 基准站总垂直位移 RMS 及最大值全球分布

（上：RMS；下：最大垂直位移）

标时间序列进行环境负载改正。就 QOCA 负载 RMS 与南北半球的相关性来讲，采用 QOCA 计算得到的南半球负载建模结果分布均匀，平均 RMS 约为 2.32mm，南美的 braz、chpi 及非洲的 zamb 测站除外。北半球的 RMS 分布却呈现剧烈的变化，尤其是北温带。我们可将北半球分成两块：负载 RMS 较大（>7mm）的北美中部、东欧及亚洲区域，以及 RMS 较小（<5mm）的剩余地区。QOCA 负载 RMS 与温度带同样存在很强的相关性。除南半球的 braz、chpi、zamb 及北半球亚洲南部的 hyde 站以外，热带地区的 IGS 基准站具有稳定的负载 RMS，数值约为 2.22mm。寒带区域的 RMS 较温带稍大，不论南北半球，最小值大于 2mm。和 GGFC 类似，北温带和南温带区域的 RMS 分布存在很大差异，我们认为造成这种差异的原因同样可能是南北半球不均匀的测站分布或者不同的地形特征。

图 5.21 及图 5.22（下）描述了 QOCA 负载时间序列的最大值空间分布，表现为很强的区域特征，最大值超过 10mm 的测站聚集在北美中部、东欧及亚洲，其余测站值较小（南美的两测站除外），与 RMS 分布趋势相同。QOCA 计算得到的最大垂直位移同样与南北半球及温度带存在一定的相关性。不论南北半球，热带区域测站的最大负载位移呈均匀分布，平均为 ±6mm。南温带的测站最大垂直位移小于 10mm，南寒带和南温带相比稍大。北温带测站的最大位移变化十分剧烈，范围为 −28～20mm，北寒带相对较小，且无较大波动。

造成 GGFC 和 QOCA 负载结果的差异主要来源于 ATML 及 CWS 的输入数据。GGFC 采用低通地表气压（去除了大气潮汐的影响）计算 ATML 造成的地表位移，QOCA 则采用原始气压数据。就 CWS 负载来说，GGFC 根据 GLDAS 模型提供的土壤湿度和积雪深度计算 CWS 造成的测站位移，QOCA 则采用 NCEP 再分析数据提供的土壤湿度和积雪深度，二者的空间及时间分辨率都不相同。NCEP 的土壤湿度数据仅包括两层：0～10cm 和 10～200cm，而 GLDAS 根据不同的陆面模式（land surface model，LSM）将土壤划分成 3～10 层。另外一个原因在于获取 GGFC 及 QOCA 负载时间序列采用的不同算法。GGFC 根据全球格网内插给定测站处的负载位移，QOCA 则采用格林函数直接计算每个位置的不同负载效应。最后，GGFC 和 QOCA 对环境负载建模所选择的参考框架也是造成差异的可能原因。本书在 CF 框架下根据 GGFC 计算负载效应，而 QOCA 则在 CE 框架下实施环境负载建模。CE、CF 之间的差异虽小，仍然可能导致计算得到的负载位移出现偏差。由于篇幅限制，我们将在以后的研究中详细讨论参考框架造成的环境负载效应差异。

5.2.3.3 OMD 负载时间序列的 RMS 分析

图 5.23 及图 5.25（上）给出了 OMD 负载时间序列 RMS 的空间分布，同样表现出与 GGFC 及 QOCA 相同的区域特征。图 5.23 及图 5.24 中的垂直虚线及不同颜色点、线的意义分别同图 5.17 及图 5.18，图 5.25 中的不同颜色圆圈的意义同图 5.19。和 GGFC、QOCA 相比，OMD 负载结果在全球范围都具有较高的精度。除东欧、亚洲北部的极少数测站及南美的 braz 站外，其余测站负载时间序列的 RMS 均小于 5mm。负载 RMS 与南北半球及温度带同样具有较强的联系。南半球所有温度带测站的负载 RMS 变化缓慢，且分布均匀。北半球测站的负载 RMS 呈现明显的线性趋势，且随纬度升高而增大，最小值集中在中低纬度区域，最大值则聚集在北温带纬度范围为 40°～60°的区域。北寒带与南寒带的负载 RMS 表现为相同

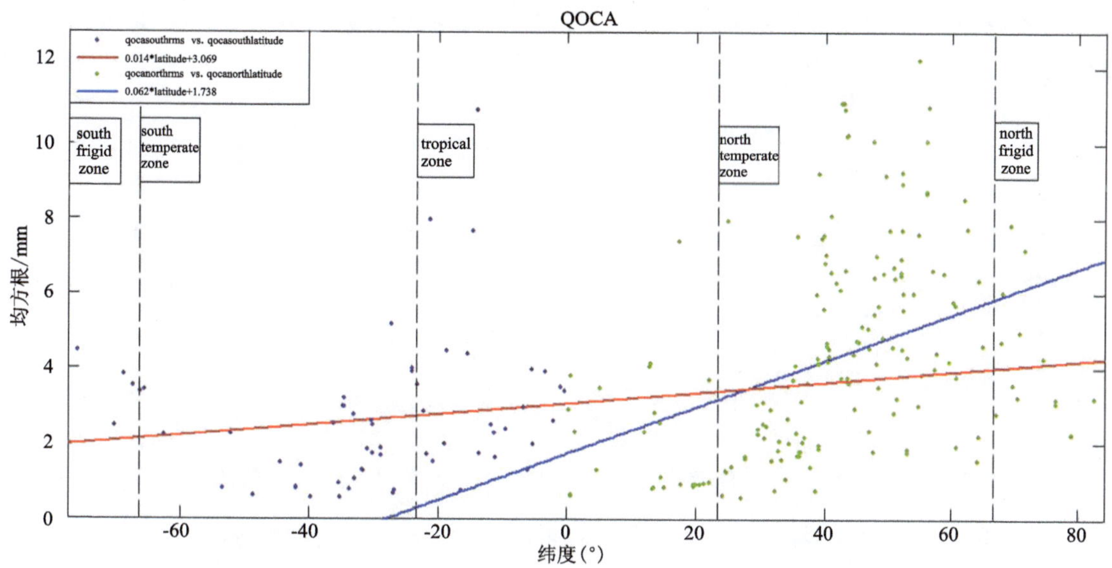

图 5.20　QOCA 负载时间序列高程分量的 RMS 随纬度分布图

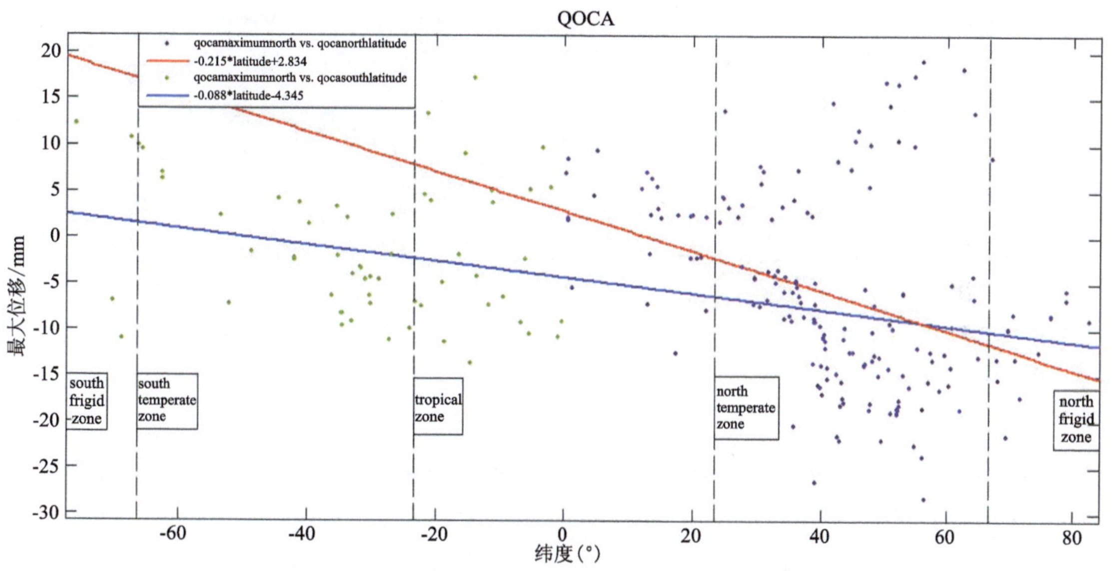

图 5.21　QOCA 负载时间序列的最大值随纬度分布图

的分布趋势，但是北寒带的负载 RMS 略大于南寒带。不论南北半球，热带区域的负载 RMS 均较小，且呈均匀分布。和 GGFC 及 QOCA 类似，我们认为这种差异可能由两种原因造成：选择测站的不均匀分布或者不同的地质环境。

OMD 得到的测站最大垂直位移空间分布如图 5.24 及图 5.25(下)所示，与 GGFC 表现为相似的空间分布。北半球测站的最大值绝对值与纬度呈现明显的线性趋势(尤其是北温带区域)，且随纬度升高而增大，变化范围从 0 增加至超过 15mm，其中北美中部、欧洲及亚洲北部(纬度 40°～60°)测站的最大负载位移超过 10mm。这种显著线性趋势止于北寒带，该区域测站的负载时间序列的最大值呈均匀分布，约为－10mm。南半球测站的最大负载位移较小

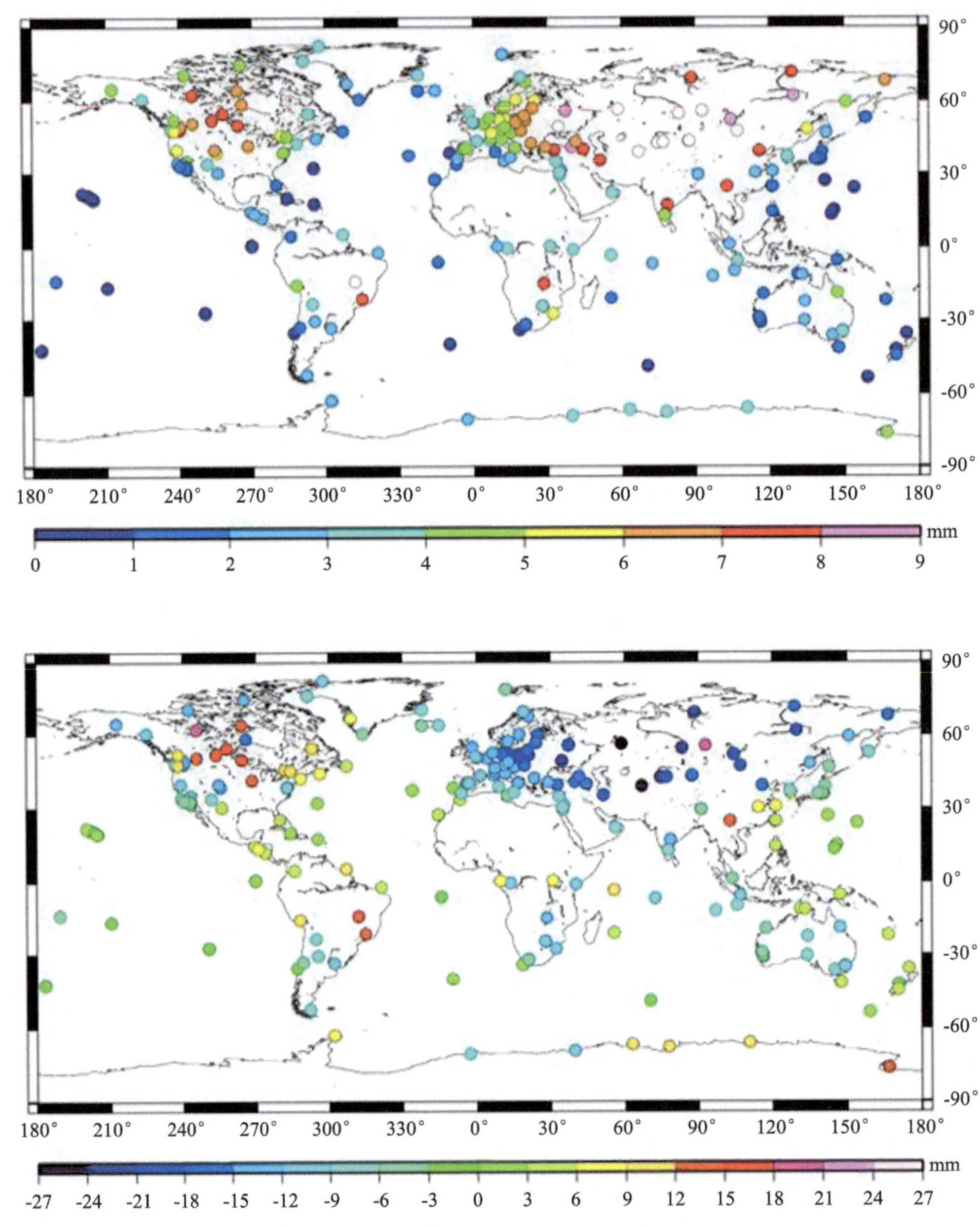

图 5.22 QOCA 时间序列的 RMS 及最大值全球分布(上:RMS;下:最大值)

(绝对值<10mm),随纬度分布无明显规律,较北半球相比分布更均匀。南半球热带区域的大多数测站的最大负载位移小于 5mm(绝对值)。除纬度范围位于—63°~—39°(包括南极洲北部边缘)的少数测站外,南寒带及多数南温带地区测站的位移最大值大于 5mm。

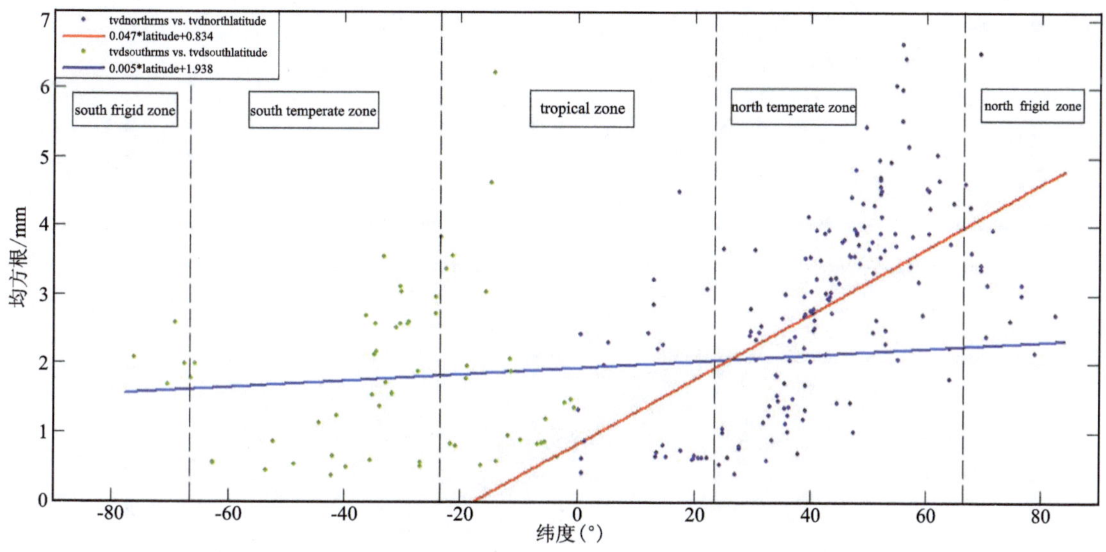

图 5.23　OMD 负载时间序列高程分量的 RMS 随纬度分布图

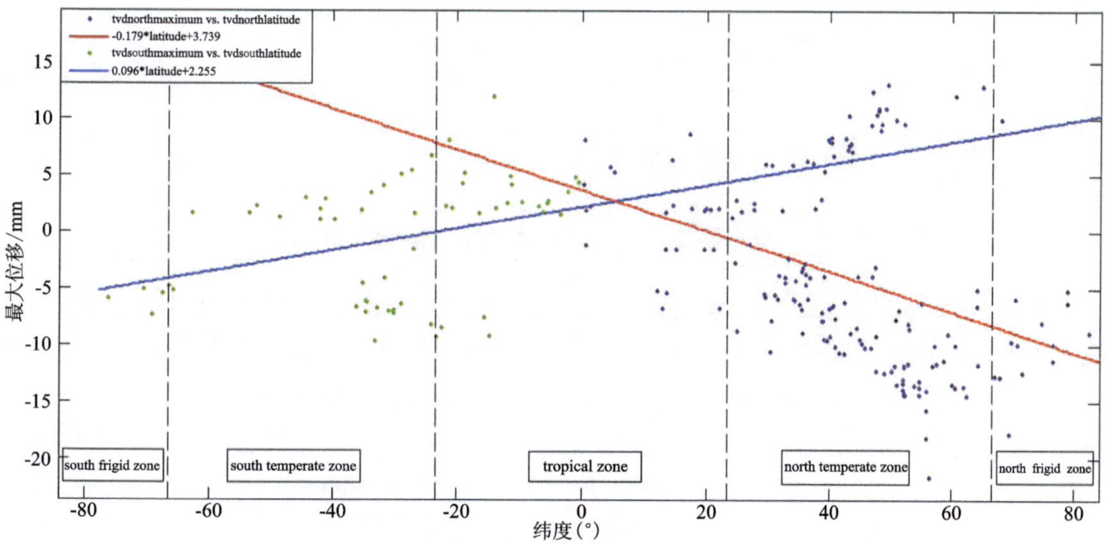

图 5.24　OMD 负载时间序列的最大值随纬度分布图

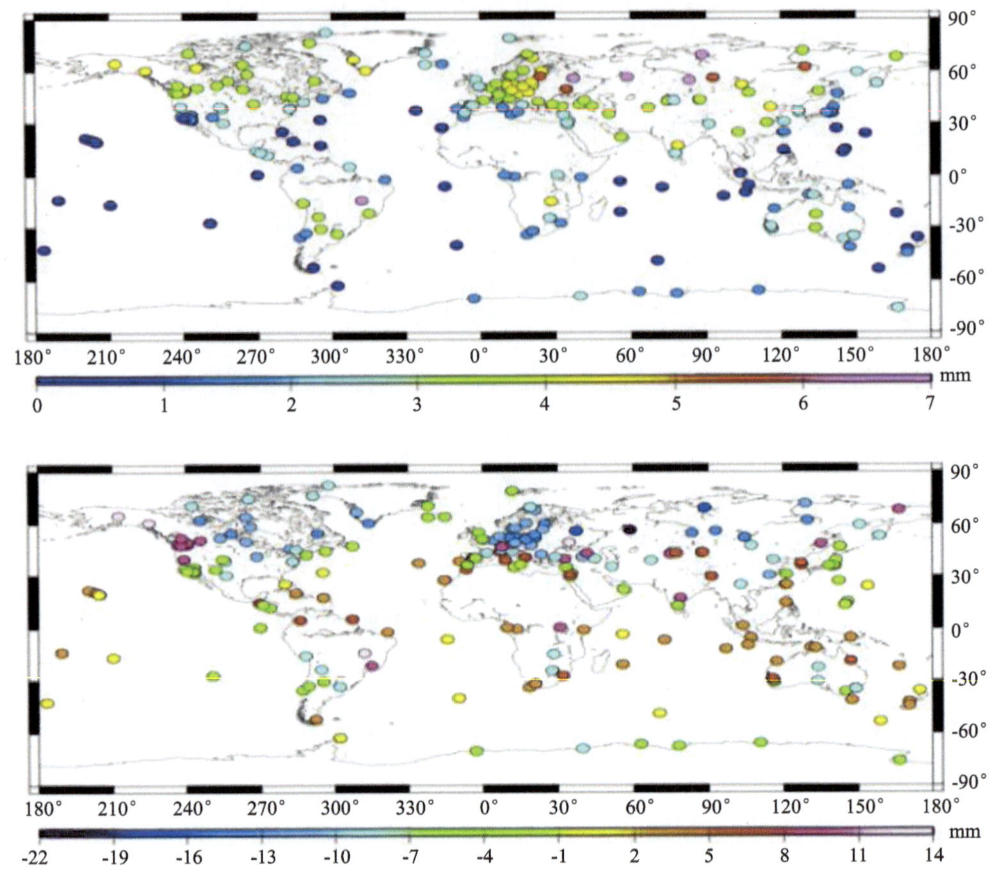

图 5.25 OMD 负载时间序列的 RMS 及最大值全球分布

5.2.3.4 不同负载建模方法对 GPS 高程周时间序列的影响

为了评估本书采用的不同环境负载建模方法对 GPS 坐标时间序列的影响，我们分别计算了 3 种建模方法得到的负载改正前后 GPS 周时间序列的 RMS 差。RMS 差定义为：

$$\text{rms(difference)}=\text{rms(gps)}-\text{rms(gps}-\text{load)} \tag{5.9}$$

其中，

$$\text{rms(gps)} = \text{sqrt}\left(\frac{\sum_{1}^{\text{ndat}} \dfrac{\left[\text{gpsu}(i) - \dfrac{\sum_{1}^{\text{ndat}} \dfrac{\text{gpsu}(i)}{\text{sigu}\,(i)^2}}{\sum_{1}^{\text{ndat}} \dfrac{1}{\text{sigu}\,(i)^2}} \right]^2}{\text{sigu}\,(i)^2}}{\sum_{1}^{\text{ndat}} \dfrac{1}{\text{sigu}\,(i)^2}} \right) \tag{5.10}$$

$$\mathrm{rms}(\mathrm{gps}-\mathrm{load})=\mathrm{sqrt}\left(\frac{\sum_{1}^{\mathrm{ndat}}\frac{\left(\left(\mathrm{gpsu}(i)-\mathrm{load}(i)\right)-\frac{\sum_{1}^{\mathrm{ndat}}\frac{\left(\mathrm{gpsu}(i)-\mathrm{load}(i)\right)}{\mathrm{sigu}\ (i)^{2}}}{\sum_{1}^{\mathrm{ndat}}\frac{1}{\mathrm{sigu}\ (i)^{2}}}\right)^{2}}{\mathrm{sigu}\ (i)^{2}}}{\sum_{1}^{\mathrm{ndat}}\frac{1}{\mathrm{sigu}\ (i)^{2}}}\right) \tag{5.11}$$

式中：gpsu(i)、sigu(i)分别表示测站在 i 时刻的垂直位移及其不确定度，load(i)、ndat 的意义同式(5.8)。从式(5.9)可以看出，RMS 差为正意味着环境负载改正能够减小原始 GPS 周时间序列的 RMS，RMS 差值越大，负载改正效果越好，若为负则表示施加负载改正会增大 GPS 的 RMS。图 5.26 及图 5.27 分别描述了根据 3 种环境负载时间序列计算得到的 RMS 差的二维及三维空间分布。我们可以清楚地看到，OMD 的改正效果最好，GGFC 次之，QOCA 较差。3 种负载时间序列改正获得的 RMS 差与经度分布、负载 RMS 及 GPS 原始时间序列的 RMS 均不相关。

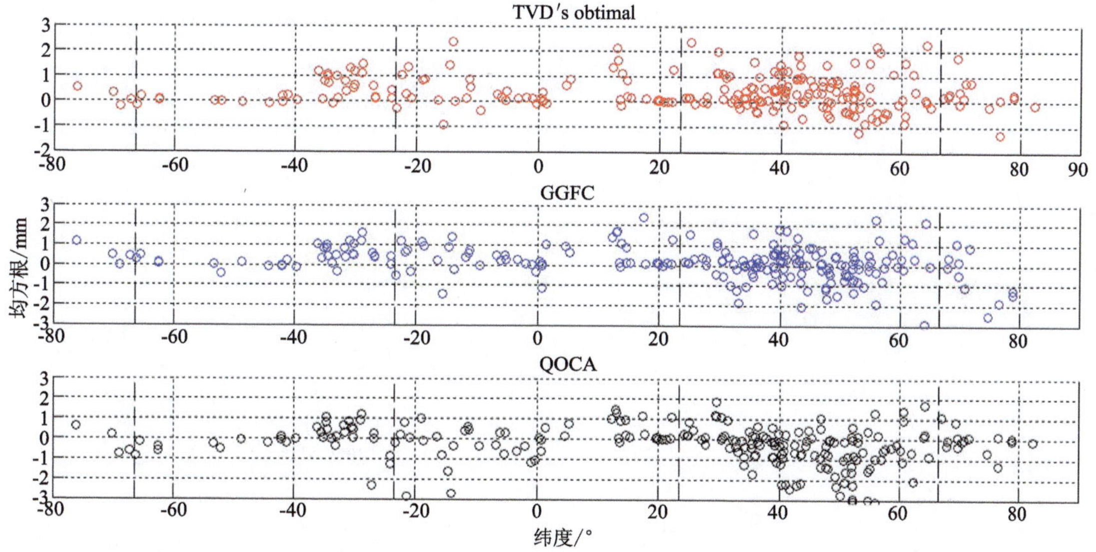

图 5.26　3 种负载模型获得的 RMS 差随纬度分布图(上：OMD；中：GGFC；下：QOCA)

采用 OMD 负载改正后，全球 172 个 IGS 基准站(占 233 个测站的 73.8%)高程时间序列的 RMS 减小[图 5.26(上)、图 5.27(中)]。不论南北半球，热带及温带区域多数测站的 RMS 减小，最显著的改正效果(RMS 差＞1mm)聚集在亚洲、大洋洲，以及北美、南美的少数测站。就 RMS 增大的测站来说，负值绝对值较大的测站主要集中在纬度约大于 40°的北温带(尤其是欧洲区域)。我们推测该区域可能存在某种未模型化的地球物理现象，例如基岩热膨胀等因素的影响。造成 RMS 增大的另外一个可能的主要原因是 GPS 数据处理策略的不完善，如未模型化的高阶电离层延迟及 S1-S2 大气潮汐造成的不同区域测站坐标估值偏差与环境负载效应的相互作用。RMS 增大的测站中，仅 2 个测站的 RMS 增大量大于 1mm(thu1，格陵兰；wsrt，荷兰）。Thu3 及 thu1 站为并置站，二者的负载时间序列几乎相同，其 RMS 差却存在显著差异，分别为 0.07 及－1.30，由此推断 thu1 站的 RMS 差的增大主要由 GPS 技术误差引起而非环境负载效应。其余测站 RMS 增大的原因仅采用本书的计算结果尚无法确定，需在后续工作中展开深入研究。

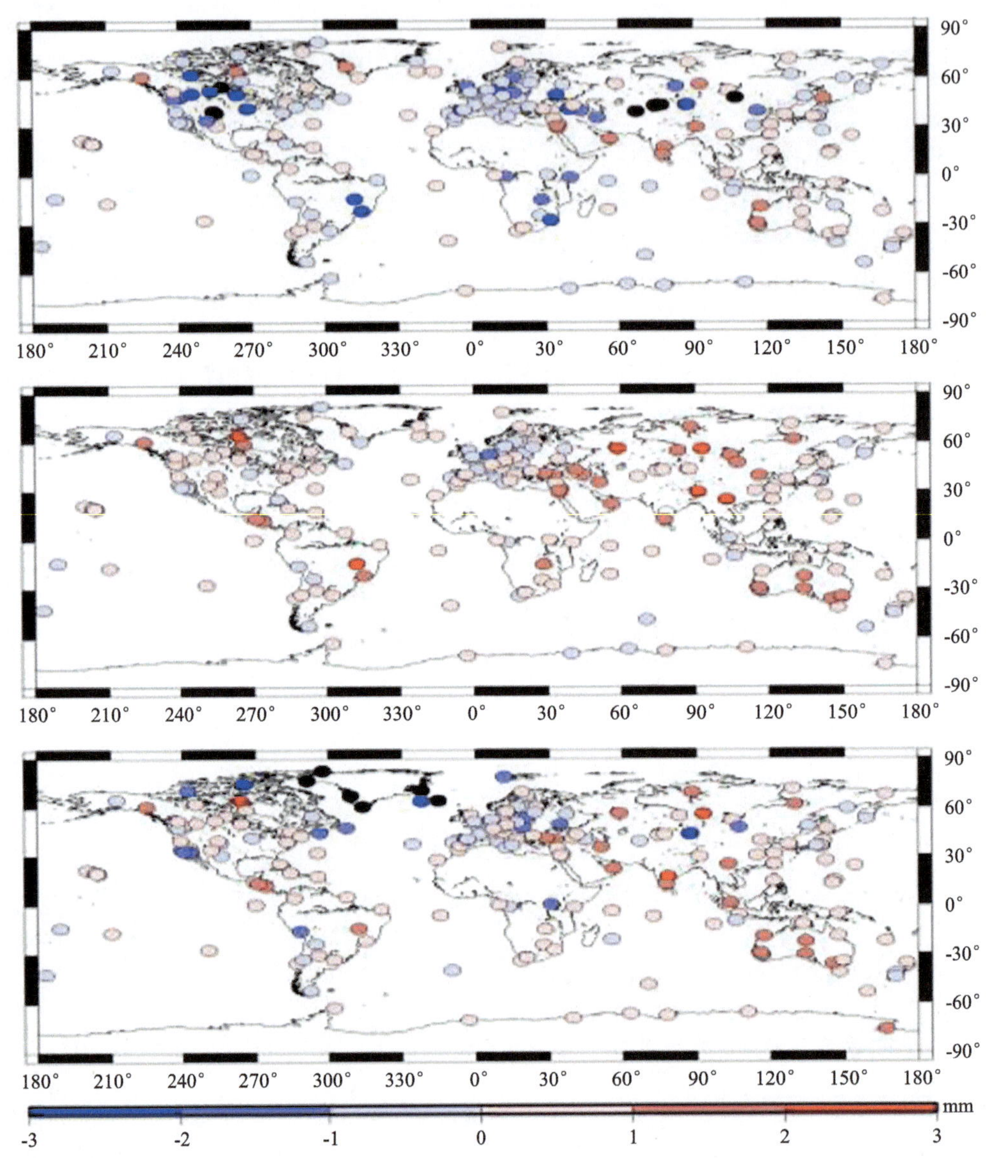

图 5.27　3 种负载模型获得的 RMS 差全球分布图（上：QOCA；中：OMD；下：GGFC）

GGFC 的改正效果略逊于 OMD[图 5.26（中）、图 5.27（下）]。63.5％的测站经 GGFC 负载改正后 RMS 减小。由于 GLDAS 模型的缺陷，负载改正使得位于格陵兰的测站及北极部分测站的 RMS 增大，应避免采用 GGFC 模型修正该区域的 GPS 坐标时间序列。根据 GGFC 模型得到的全球其他区域测站的 RMS 差与 OMD 表现为几乎相同的分布趋势，只不过对于同一区域，OMD 的改正效果较 GGFC 相比更为显著，其原因主要在于 OMD 采用的经地形改正的高分辨率气压数据。另外，OMD 直接计算特定位置的负载效应，而 GGFC 采用内插的方法，插值误差可能导致环境负载结果的偏差。尽管如此，经 GGFC 负载修正后的南极洲 IGS 基准站的 RMS 全部减小，而 OMD 则没有这种优势，造成这种异常的原因可能源于该区域的地形误差，需做进一步考证。就 GGFC 负载改正结果与温度带的相关性而言，热带、南温带及南寒带多数测站的 RMS 经 GGFC 改正后减小，北温带及北寒带区域多数测站却经 GGFC 负载改正后 RMS 增大。就区域而言，RMS 减小的测站主要聚集在北美洲、南非、亚洲、大洋洲及南极洲，而 RMS 增大的测站除格陵兰及北极外主要位于欧洲区域。

与 GGFC、OMD 相比，QOCA 的负载改正效果不是很理想，仅能使得 41.2%的全球 IGS 基准站 RMS 降低(96/233)，且 RMS 差值与温度带或南北半球均无相关性。实施 QOCA 负载改正后，北美、南美、欧洲、亚洲、南非及南极洲的多数测站 RMS 增大，尤其是北美中部及亚洲中部区域。除大洋洲外，RMS 减小的多数测站位于陆海交界处或者海洋区域。虽然 QOCA 直接计算每个测站的负载效应，而 GGFC 采用内插的方法，对于本书选择的 GPS 数据来说，QOCA 的负载改正效果远不如 GGFC。结合 5.2.3.2 节的分析结果，认为造成此差异的原因可能有 3 点：ATML、CWS 负载建模采用的不同输入数据及 CE 与 CF 框架的近似。考虑到 CE 与 CF 的微小差异，我们认为 QOCA 负载改正结果不理想的主要原因在于 NCEP 提供的气压及水文数据不准确。

5.2.3.5　小结

5.2 节主要介绍了 3 种获取环境负载造成的地表位移的方法(包括 QOCA、GGFC 及 OMD 方法)，分析了不同方法应用于 GPS 周坐标时间序列非线性位移修正的效果。研究结果表明，环境负载造成的地表位移确实能够解释部分 GPS 非线性变化，不论采用哪种方法，尤其是对北半球中高纬度地区的 IGS 基准站的影响不可忽视。3 种方法获得的负载效应因站而异，OMD 得到的负载位移时间序列的 RMS 最小(<7mm)，GGFC 次之(除格陵兰地区的异常值外，最大 RMS 为 8.9mm)，QOCA 最大，RMS 达 12.2mm。不同方法获得的负载 RMS 均随纬度升高而变大，且在相同的温度带内表现为相同的变化趋势。我们将这种现象解释为全球温度变化模式的影响。

就 3 种方法获得的负载位移对相同 GPS 高程周坐标时间序列的影响来讲，73.8%的 IGS 基准站(172/233)经 OMD 负载改正后 RMS 减小，改善最突出的区域主要集中在亚洲及大洋洲。GGFC 负载改正的效果略次于 OMD，RMS 减小的测站占总数的 63.5%，主要聚集在北美洲、南非、亚洲、大洋洲及南极洲。QOCA 负载改正仅能使得 41.2%的 IGS 基准站的 RMS 减小，且大部分 RMS 减少的测站位于大洋洲、大陆边界及海洋区域。不论采用哪种方法，位于欧洲区域部分 IGS 基准站的 RMS 都没有改善，该区域可能存在某种未知的局部效应，其原因尚需做进一步细致的研究。

从本节的分析结果来看，我们认为 3 种方法获得的环境负载效应对 GPS 坐标时间序列的不同影响主要来自计算水文及大气压负载效应的地球物理源。相比 NCEP 再分析数据，GLDAS 模型更适合于计算 GPS 坐标时间序列的水文负载改正，其效果优于 NCEP 约 20%。GGFC 提供的环境负载产品使用简单方便，且具有足够的精度应用于除格陵兰地区以外的全球 GPS 坐标时间序列改正。由于 QOCA 获得的环境负载位移对格陵兰地区的 IGS 基准站坐标改正效果与 OMD 相当，建议用户采用 QOCA 负载结果改正该区域的 GPS 坐标时间序列，与 GGFC 互补。地形大气压数据计算获得的大气压负载效应对全球 IGS 基准站坐标时间序列的改善效果较未考虑地形影响时提高了约 10%，尤其对亚洲地区测站 RMS 的减小具有显著效果。需要更高精度负载改正结果的用户建议不采用 GGFC 或者 QOCA 计算环境负载效应影响，而是考虑更多细节因素，例如复杂地形导致的误差等，对环境负载自行建模。

5.3 GNSS 基准站坐标序列共模误差分离

为了分离、提取 CME，提高坐标序列的精度，国内外学者对其进行了相关研究。Wdowinski 等(1997)最早提出堆栈滤波的方法对连续运行 GPS 站坐标序列进行 CME 滤波。由于 GPS 残差序列包含一系列的噪声，如白噪声、闪烁噪声、随机游走噪声(Amiri-Simkooei, 2013)。经过堆栈滤波去除 CME 后残差序列的噪声振幅有所减小，一定程度上提高了坐标序列的精度。Wdowinsk 提出的堆栈滤波的缺陷是该方法假定 CME 是均匀分布的，即 GPS 网中所有测站在同一历元具有相同的 CME。Nikolaidis(2002)对其进行了改进，指出当测站之间的精度(或者稳定性)不相同时，堆栈方法计算得到的 CME 并不准确；进而提出了加权堆栈方法，考虑了不同测站的先验误差，作为权重进行 CME 滤波(Nikolaidis，2002)。该方法的缺陷是忽略了站点之间的相关性，仅适合于小区域且 CME 近似均匀分布情况下。Dong 等(2006)提出了 PCA/KLE 相结合的空间滤波方法，该方法顾及了测站之间的时空相关性，通过经验正交变换的方法取前几个贡献率较大的主分量进行 CME 的分离。上述 CME 分离方法取得了一定的研究成果，但仍然存在一些不足之处。随着高精度 GPS 应用需求不断增加，尤其是大尺度、全球范围内应用(如框架维持)，对 GPS 坐标序列的精度提出了更高的要求。在大空间尺度下，GPS 网中站点 CME 是否均匀分布，若不均匀分布，CME 的影响因素及时空变化是否有一定的规律；另外，如何进行子区域的划分，不同的区域划分是否存在差异，有待进一步研究，因此探讨 CME 的最佳滤波方法，提高坐标序列的可靠性及精度，是 GPS 坐标时间序列研究中的关键问题之一。

5.3.1 GPS 共模误差的分离方法

5.3.1.1 堆栈滤波法

堆栈滤波法去除共模误差是比较原始经典的一种滤波方法，因为在小范围中的 GPS 网中，它能较好地去除坐标时间序列的噪声，以便获得精确的坐标序列用来做后续分析，因此它的提出对共模误差的研究起到了重要的作用。然而经过大量实验分析发现在大尺度 GPS 网中，GPS 坐标时间序列使用堆栈法滤波后的精度却没有明显提高(Dong et al.，2006)，主要原因是堆栈滤波法的算法本质，其算法是基于 GPS 网内所有台站都有共同的空间响应，却没有考虑到 GPS 台站实际位置的复杂性，故堆栈滤波法存在一定的局限性(He et al.，2015)。

堆栈滤波法的基本算法如下，若区域内有 S 个 GPS 测站，对获得的 GPS 坐标时间序列进行去均值、趋势项后得到残差坐标序列，则共模误差可以通过下式来计算：

$$\tilde{\varepsilon}_S(i)=\frac{\sum_{S=1}^{S}\varepsilon_S(i)}{S} \tag{5.12}$$

式中：i 为时刻；$\tilde{\varepsilon}_S(i)$ 为与历元时刻相对应的坐标残差序列。可以看出堆栈滤波法的原理是共模误差的大小等于当前历元时刻 GPS 网中所有台站残差的平均值。其缺陷显而易见，当 GPS 网仅有一个测站，则共模误差等于残差序列本身 $\tilde{\varepsilon}_S(i)$，这显然是不合理的。当 GPS 站点的个数逐渐增加时，堆栈滤波法的精度又会提高，表明堆栈滤波法与 GPS 测站的个数相关，但堆栈方法没有考虑 GPS 站点之间的差异性，要求全部站点的共模误差是相同的。

5.3.1.2　加权堆栈滤波法

顾及堆栈滤波法的不足之处，Nikolaidis(2002)在堆栈法的基础上进一步改进，提出了基于先验方差加权的堆栈滤波方法。其原理如下：假定 GPS 网内有 S 个测站，对 GPS 坐标序列进行去均值、趋势项后得到坐标残差序列 X（胡守超等，2009）。对于每个不同历元 $i=1,\cdots,m$，其共模误差 ε_i 的计算公式为：

$$\varepsilon_i=\begin{cases}0 & S_i<3\\ \dfrac{\sum_{s=1}^{S_i}\dfrac{X_{i,s}}{\sigma_{i,s}^2}}{\sum_{s=1}^{S_i}\dfrac{1}{\sigma_{i,s}^2}} & S_i<3\end{cases} \tag{5.13}$$

式中：$X_{i,s}$ 为时刻 i 测站 S 对应的残差；S_i 为 GPS 网站点数目；$\sigma_{i,s}$ 为对应时刻 i 测站 S 的中误差。由于该算法基于站点之间的相关性，因此对站点个数有一定的要求，当站点少于 3 个时，不进行共模误差的计算。则经过加权堆栈滤波去除共模误差后的残差序列可用下式来计算：

$$\tilde{x}_i=x_i-\varepsilon_i \tag{5.14}$$

式中：x_i 为历元时刻 i 的残差坐标序列；ε_i 为通过加权堆栈滤波法计算出的共模误差。从上述公式可以看出加权堆栈滤波法与传统堆栈滤波法最大的不同点：它考虑到了所有测站每一个单独的历元，在每一个时刻都对 GPS 网中所有测站的残差进行加权平均，然后把先验中误差作为定权因子计算共模误差。此方法的改进之处在于顾及不同测站之间不同的空间响应，采用了先验中误差进行加权来计算共模误差。然而它不能准确地反映共模误差的空间变化规律，尤其当 GPS 网较大时，其应用受到限制（胡守超等，2009）。

5.3.1.3　距离加权滤波法

如上所述，台站间的距离会影响 GPS 台站之间的相关性，进而会对区域性的 CME 大小也起到一定的影响。我们修改了区域叠加滤波的 CME 计算方法，以所有台站的中心距离作为权重来计算单站的 CME，计算公式如下：

$$\varepsilon_i = \frac{\sum_{s=1}^{S_i} \frac{X_{i,s}}{l_s}}{\sum_{s=1}^{S_i} \frac{1}{l_s}} \tag{5.15}$$

式中：$X_{i,s}$为历元时刻i测站S对应的残差；S_i为GPS网站点数目；l_s为每一个测站S到GPS网测站中心的距离。明显可以看出当GPS网较大时，站点间的距离较大，此方法也不适用。

5.3.1.4 相关加权叠加滤波法

1.共模误差空间相关分析

相关系数可以表明两个变量之间相关的程度，在这里我们用它来衡量GPS站点间对于空间响应的相似程度(田云锋和沈正康，2011)。GPS台站位置间的相关系数(r_{xy})的计算基于两个台站的位置分量残差序列(x和y)的公共历元进行：

$$r_{xy} = \frac{\sum_{k=1}^{N}(x_k - \bar{x})(y_k - \bar{y})}{\left[\sum_{k=1}^{N}(x_k - \bar{x})^2 (y_k - \bar{y})^2\right]^{1/2}} \tag{5.16}$$

式中：N为公共历元的个数；x和y为GPS台站残差位置序列的均值。

对不同GPS测站的坐标时间序列进行相关性分析，计算相关系数的公式见式(5.16)。图5.28为SEAT站和本节所要分析的另7个测站的相关系数与站点距离之间的对应关系。

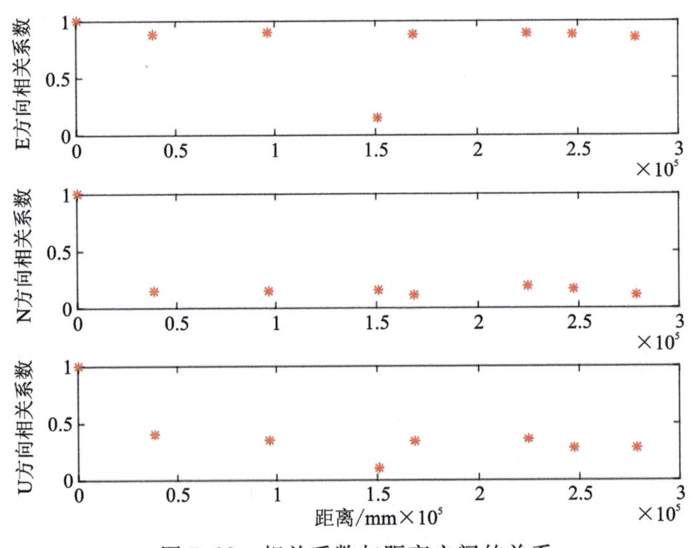

图5.28　相关系数与距离之间的关系

从图5.28可知，SEAT站与其他GPS站的相关性较强，且相关性的强弱与站点之间的距离有密切的关系，从上图可以看出站点间相关系数的大小随着距离的增加逐渐变小。但并不是所有GPS站点与其他站点之间的相关性都随着距离增大而减小，如PABH站与SEAT站距离较近，其相关性也较小，这往往与单站异常有关，说明GPS站点空间位置的复杂性。相关系数分析结果表明小范围内的 GPS 站点之间的相关性较强，即台站间的相似程度较高，为接下来共模误差的分析奠定了基础。

2. 相关加权叠加滤波算法

由于测站间的相关性能较好地表征站点间 CME 的共性大小，故我们在 CME 的计算中加入相关系数作为权重因子，即不仅加入了先验方差还利用了相关系数，充分考虑到了站点之间的空间响应。与加权堆栈滤波算法不同的是相关加权叠加滤波分别计算了每个站点单独的 CME 序列。其计算公式如下：

$$\varepsilon_{i,j}=\frac{\sum_{k=1}^{N_{i,j}}\frac{v_{k,j}}{\sigma_{k,j}^{2}}\times r_{i,k}}{\sum_{k=1}^{N_{i,j}}\frac{1}{\sigma_{k,j}^{2}}\times r_{i,k}} \tag{5.17}$$

式中：$\varepsilon_{i,j}$ 为历元时刻 j 测站 i 的 CME 值；$N_{i,j}$ 为参与计算 CME 的总测站个数；$v_{k,j}$ 和 $\sigma_{k,j}$ 分别为历元时刻 j 测站 k 某一坐标分量的残差和均方差；$r_{i,k}$ 为测站 i 和测站 k 某一对应分量坐标残差序列间的相关系数。由于该算法也是基于站点之间的相关性，故参与计算的 GPS 站点少于 3 个时，不进行共模误差的计算，该算法最大的优势在于考虑到了距离因素、相关系数和台站数量三者的相互影响。

5.3.1.5　主成分分析滤波法

Dong 等(2006)提出主成分分析(PCA)的空间滤波方法来分离共模误差，又叫特征向量分析法，是一种常用的数据分析方法。其核心思想是通过线性变换将原始数据变换为一组各维度线性无关的表示，即将数据进行正交分解到互相正交的向量空间，可用于提取数据特征的主要分量(主成分)。在这里我们将它应用到 GPS 数据处理中，经过 PCA 滤波方法对 GPS 坐标时间序列进行处理后，挑选贡献率较大的主成分来提取共模误差。对于大尺度下的 GPS 网，主成分分析依然可以有效地分离 GPS 坐标时间序列中包含的共模误差。

假定 GPS 坐标时间序列 $\boldsymbol{X}_{n\times m}$，$n$ 代表观测值个数(或者称历元个数)，m 表示观测值类型，时间序列 $\boldsymbol{X}_{n\times m}$ 的协方差阵为 $\boldsymbol{C}_X$，且 $\boldsymbol{C}_X = X^{\mathrm{T}}X$，GPS 站坐标时间序列的具体形式如下(Dong et al.，2006)：

$$\boldsymbol{X}=\begin{bmatrix} x_1(t_1) & x_1(t_2) & \cdots & x_1(t_m) \\ x_2(t_1) & x_2(t_2) & \cdots & x_2(t_m) \\ \cdots & \cdots & \cdots & \\ x_{1n-1}(t_1) & x_{n-1}(t_2) & \cdots & x_{n-1}(t_m) \\ x_n(t_1) & x_n(t_2) & \cdots & x_n(t_m) \end{bmatrix} \tag{5.18}$$

令 $\boldsymbol{v}_i$ ($m\times 1$ 维列向量)为对应的协方差阵的特征向量，λ_i 为特征向量对应的特征值，$\sigma_i=\sqrt{\lambda_i}$，$\sigma_i$ 为正的奇异值，$i=1,2,\cdots,r$。则有：

$$(\boldsymbol{X}^{\mathrm{T}}\boldsymbol{X})\boldsymbol{u}_i=\lambda_i\boldsymbol{v}_i \tag{5.19}$$

我们作如下定义：

$$\boldsymbol{u}_i = \frac{1}{\sigma_i}\boldsymbol{X}\boldsymbol{v}_i \tag{5.20}$$

$$\sum = \begin{bmatrix} \sigma_1 & & & & & \\ & \sigma_2 & & & & \\ & & \cdot & & & \\ & & & \sigma_r & & \\ & & & & \cdot & \\ & & & & & 0 \end{bmatrix} \tag{5.21}$$

$$\boldsymbol{V} = [\overrightarrow{\boldsymbol{v}_1}\ \overrightarrow{\boldsymbol{v}_2} \cdots \overrightarrow{\boldsymbol{v}_m}] \tag{5.22}$$

$$\boldsymbol{U} = [\overrightarrow{\boldsymbol{u}_1}\ \overrightarrow{\boldsymbol{u}_2} \cdots \overrightarrow{\boldsymbol{u}_n}] \tag{5.23}$$

其中 $\overrightarrow{\boldsymbol{u}_i}$ 是 $n \times 1$ 列向量，$\boldsymbol{U}$ 为 $n \times n$ 向量矩阵，$\boldsymbol{V}$ 为 $m \times m$ 向量矩阵，则有：

$$\begin{aligned} \boldsymbol{X}\overrightarrow{\boldsymbol{v}_i} &= \sigma_i \overrightarrow{\boldsymbol{u}_i} \\ \boldsymbol{XV} &= \boldsymbol{U\Sigma} \\ \boldsymbol{X} &= \boldsymbol{U\Sigma V}^{\mathrm{T}} \end{aligned} \tag{5.24}$$

令 $\boldsymbol{\Lambda} = \boldsymbol{\Sigma}^{\mathrm{T}}\boldsymbol{\Sigma}$，则有：

$$\begin{aligned} \boldsymbol{C}_X &= \boldsymbol{X}^{\mathrm{T}}\boldsymbol{X} \\ &= (\boldsymbol{U\Sigma V}^{\mathrm{T}})^{\mathrm{T}}\boldsymbol{U\Sigma V}^{\mathrm{T}} \\ &= \boldsymbol{V\Sigma}^{\mathrm{T}}\boldsymbol{\Sigma U}^{\mathrm{T}}\boldsymbol{U\Sigma V}^{\mathrm{T}} \\ &= \boldsymbol{V\Sigma}^{\mathrm{T}}\boldsymbol{\Sigma V}^{\mathrm{T}} \\ &= \boldsymbol{V\Lambda V}^{\mathrm{T}} \end{aligned} \tag{5.25}$$

即 $\boldsymbol{V}$ 构成矩阵 $\boldsymbol{X}$ 的正交基底，矩阵 $\boldsymbol{X}$ 根据 KLE 方法展开有：

$$\boldsymbol{X}(t_i, x_j) = \sum_{k=1}^{n} a_k(t_i) v_k(x_j) \tag{5.26}$$

$a_k(t_i)$ 可由下式求出：

$$\boldsymbol{X} = \boldsymbol{AV} \Rightarrow \boldsymbol{A} = \boldsymbol{XV}^{-1} \Rightarrow \boldsymbol{A} = \boldsymbol{XV}^{\mathrm{T}} \tag{5.27}$$

$$a_k(t_i) = \sum_{j=1}^{n} \boldsymbol{X}(t_i, x_j) v_k(x_j) \tag{5.28}$$

式中：$a_k(t)$ 为第 k 个主成分，$v_k(x)$ 为对应主成分的响应特征矩阵，分别代表时间特征和空间响应。当选第一主分类作为共模误差时，第 j 个测站的共模误差 $s(t_i, x_j)$ 可以表示为：

$$s(t_i, x_j) = a_1(t_i) v_1(x_j) \tag{5.29}$$

5.3.1.6 不同共模误差分离方法对比实验分析

本书采用以上 5 种共模误差分离方法，选取了美国南加州及周边区域的 8 个 GPS 测站，对 GPS 坐标时间序列中的共模误差进行剔除，分析共模误差的空间分布及其变化规律，期望得到效果最好的去除 GPS 坐标时间序列中共模误差的方法。

1. 数据选取及预处理

GPS 测站的选择参考上一章中站点的选取，最终本书选取美国南加州经度为 121°W～126°W、纬度为 47°N～50°N 的一块区域中的、时间序列跨度为 7 年(2004.0—2011.0)的 8 个 GPS 基准站，站点名称及空间位置如图 5.29 所示，来进行共模误差的分析与探讨。

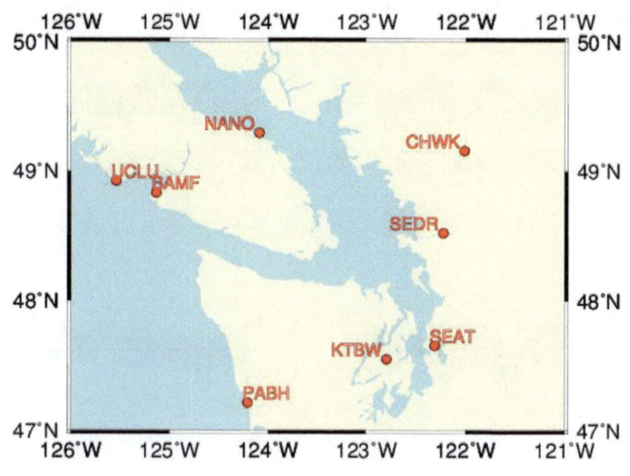

图 5.29　GPS 基准站名称及其所在位置

对 GPS 坐标时间序列的处理还是按照常规流程进行，先对 GPS 坐标时间序列去除均值、趋势项及粗差项等得到残差坐标时间序列，如若时间序列中有缺失的历元和坐标，则对其进行插值补全。最后采用 5 种误差分离方法计算出其中的共模误差，用原始残差序列减去共模误差得到滤波后的残余坐标时间序列。

2. 5 种滤波方法去除共模误差

本书采用时间序列模型拟合得到 8 个测站的残余坐标时间序列，限于篇幅，仅列出 BAMF 站通过采用 5 种滤波方法去除共模误差前后的残差时间序列图，如图 5.30～图 5.34 所示。从图 5.30～图 5.34 可以明显看出，去除均值、趋势后的残差时间序列振幅仍然较大，在 3 个分量方向上有明显的周期性变化，这是由时间序列中存在非构造信息引起的误差(共模误差等)造成的，即反映了 GPS 站点的非线性运动。接着用 5 种滤波方法对残差时间序列进行处理，得到去除共模误差后的残差时间序列。

从图 5.30～图 5.34 可以看出，经过 5 种滤波方法处理后的残差时间序列的水平方向和竖直方向的波动振幅有所减小，表明 5 种滤波方法都起到了去除共模误差的效果；滤波后的残差时间序列的周期性有一定程度上的减弱，表明坐标时间序列剔除共模误差后能够大大减小估计线性项、周期项的误差，从而提高坐标时间序列的精度，使原来淹没在误差里的信号更加明显，也间接说明共模误差可以解释 GPS 坐标时间序列呈现周期性的部分原因。

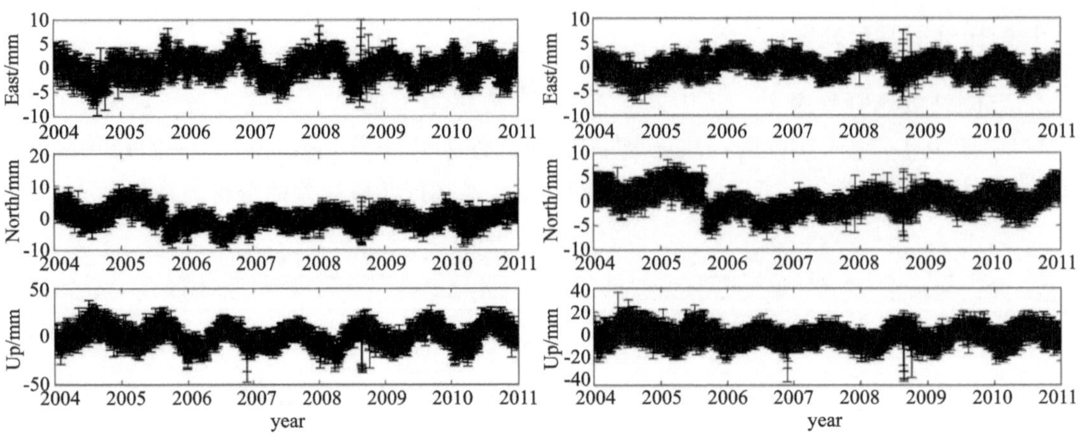

图 5.30　堆栈滤波法去除共模误差前、后的 GPS 时间序列

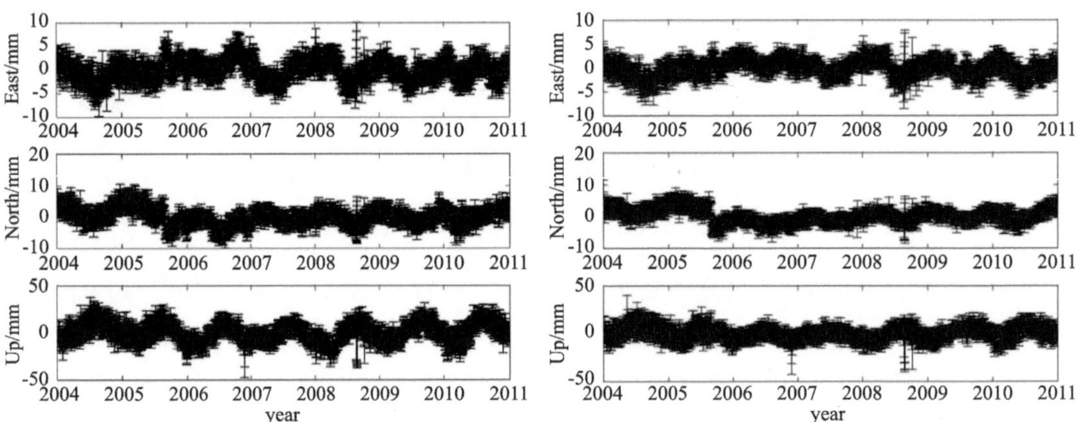

图 5.31　加权堆栈滤波法去除共模误差前、后的 GPS 时间序列

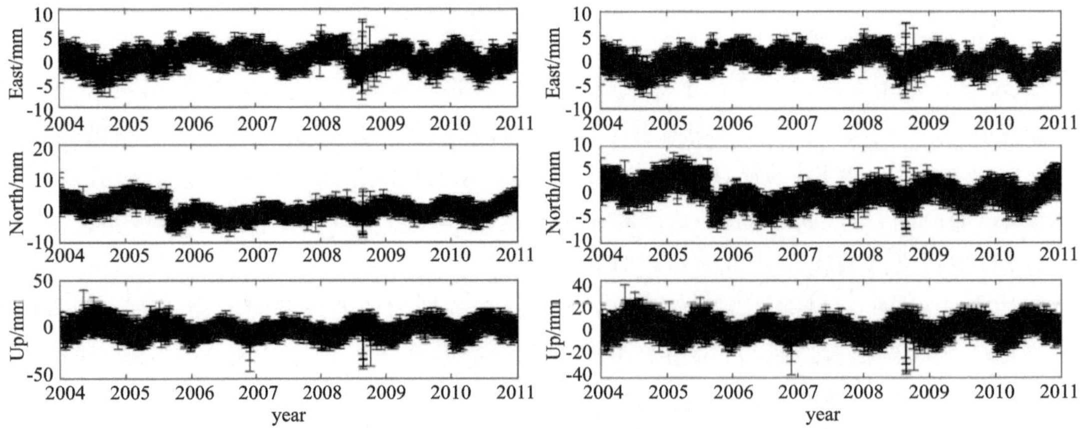

图 5.32　距离加权滤波法去除共模误差前、后的 GPS 时间序列

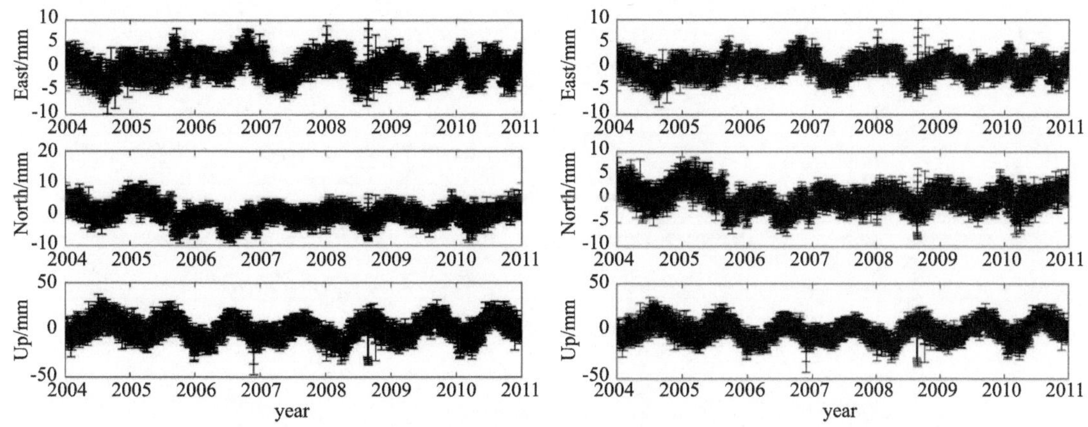

图 5.33　相关加权滤波法去除共模误差前、后的 GPS 时间序列

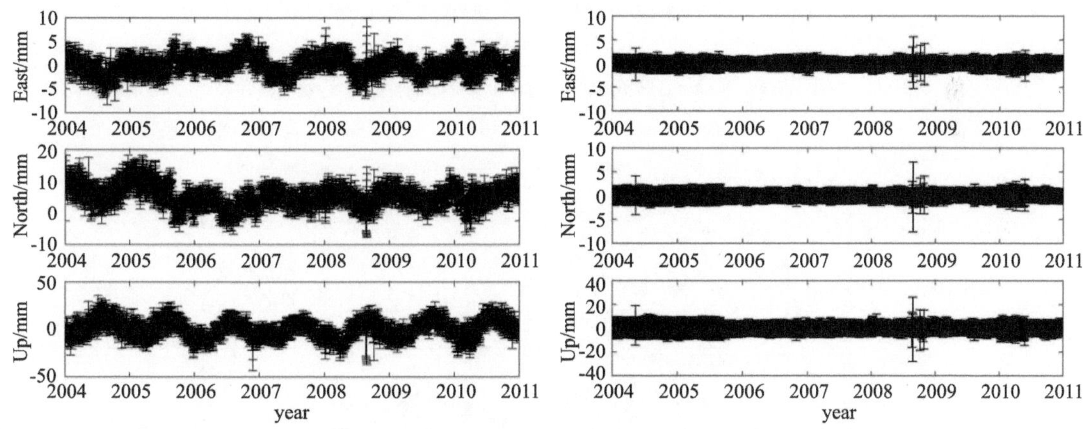

图 5.34　主成分分析滤波法去除共模误差前、后的 GPS 时间序列

3. 滤波前后残差时间序列的精度分析

为了比较分析 5 种滤波方法分离共模误差的效果，本书采用计算均方根(RMS)指标来衡量滤波前后的残差时间序列质量的好坏，RMS 单位为毫米，坐标时间序列的 RMS 值越小，表明其不确定性越小，即数据质量越好，精度越高。对滤波前后的残差时间序列进行分析，其结果见图 5.35～图 5.37。图 5.35～图 5.37 为所处理的站点的各个方向分量的均方根(RMS)比较分析结果，由图 5.35～图 5.37 可以看出原始残差序列各个方向分量上的 RMS 值均大于经过滤波后的残差序列，说明 5 种滤波方法处理后的残差时间序列稳健性得到增强。整体上不同滤波方法获得的残差时间序列的 RMS 值数量级基本相同，但主成分分析滤波法的精度略高，其余几种方法的效果相差不大。

为了对 5 种滤波方法有一个更加详细可靠的比较，进一步对 8 个站的滤波结果进行统计分析，表 5.6～表 5.8 给出了 GPS 测站滤波前后各分量残差时间序列的 RMS 值。

通过对上述站点的 RMS 值进行统计，我们可以得到如下结果：原始残差序列 E 方向上 RMS 最大值为 2.56mm、平均值为 2.08mm，堆栈滤波后最大值为 1.84mm、平均值为

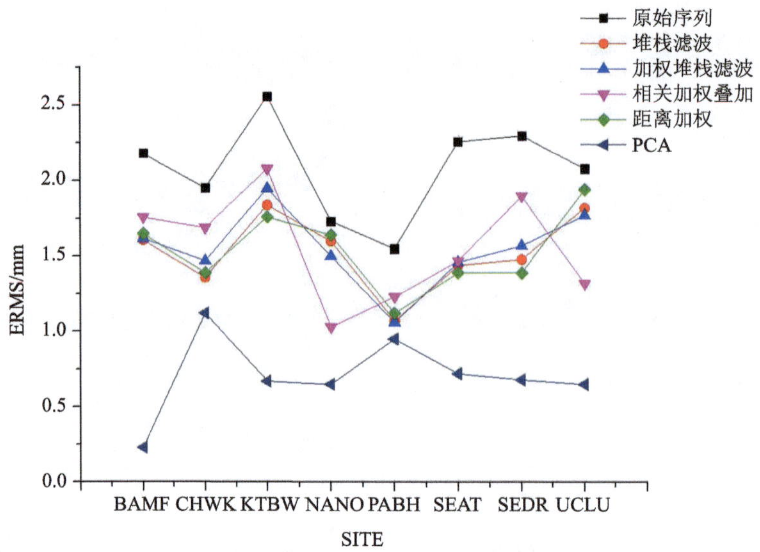

图 5.35 8 个 GPS 台站东方向残差时间序列的均方根

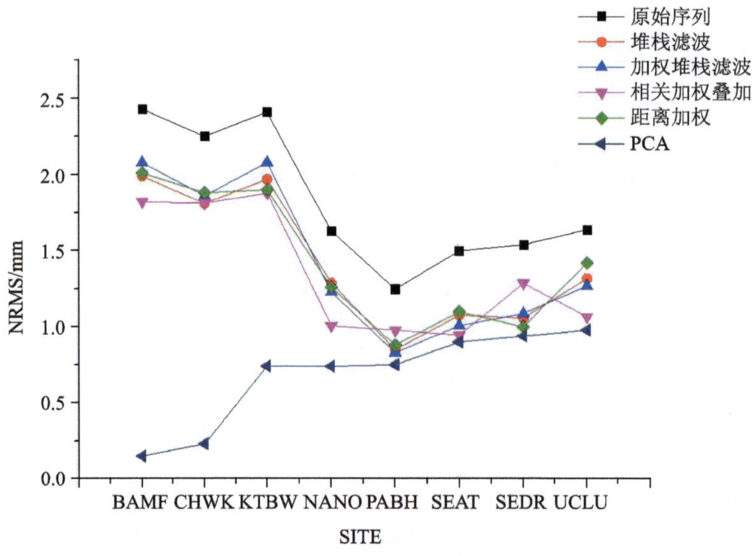

图 5.36 8 个 GPS 台站北方向残差时间序列的均方根

1.53mm，加权堆栈滤波后最大值为 1.95mm、平均值为 1.55mm，相关加权叠加滤波后最大值为 2.08mm、平均值为 1.56mm，距离加权滤波后最大值为 1.94mm、平均值为 1.54mm，PCA 滤波后最大值为 0.95mm、平均值为 0.71mm；原始残差序列 N 方向上 RMS 最大值为 2.43mm、平均值为 1.83mm，堆栈滤波后最大值为 1.99mm、平均值为 1.42mm，加权堆栈滤波后最大值为 2.08mm、平均值为 1.43mm，相关加权叠加滤波后最大值为 1.88mm、平均值为 1.35mm，距离加权滤波后最大值为 2.01mm、平均值为 1.43mm，PCA 滤波后最大值为 0.98mm、平均值为 0.68mm；原始残差序列 U 方向上 RMS 最大值为 9.83mm、平均值为 7.80mm，堆栈滤波后最大值为 5.70mm、平均值为 4.33mm，加权堆栈滤波后最大值为

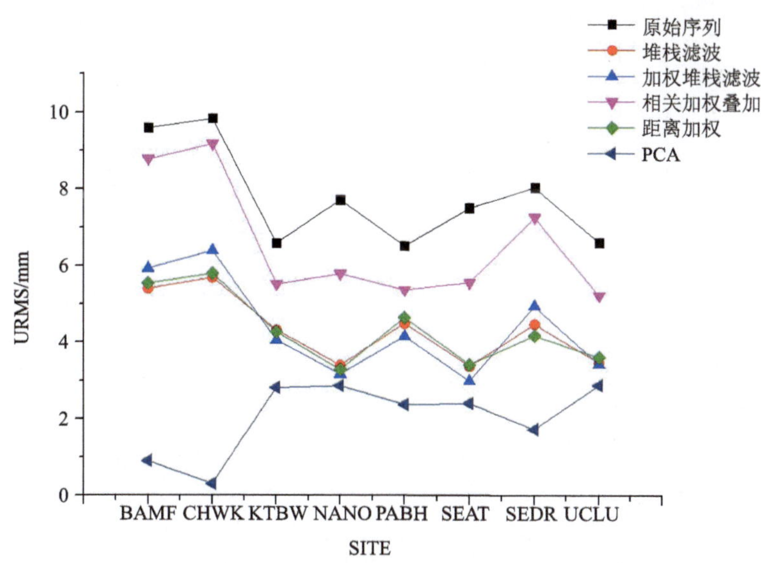

图 5.37 8 个 GPS 台站垂直方向残差时间序列的均方根

6.40mm、平均值为 4.39mm,相关加权叠加滤波后最大值为 9.19mm、平均值为 6.59mm,距离加权滤波后最大值为 5.80mm、平均值为 4.34mm,PCA 滤波后最大值为 2.88mm、平均值为 2.04mm。滤波后序列的 RMS 平均值比原始序列的 RMS 平均值在 E 方向上分别(滤波方法的顺序按表 5.6)下降了 26.4%、25.2%、24.8%、26.0%、65.8%,在 N 方向上分别下降了 22.3%、21.8%、26.2%、21.9%、63.0%,在 U 方向上分别下降了 44.5%、43.8%、15.5%、44.3%、73.9%,即均方根在滤波后明显变小。

对表 5.6～表 5.8 中 GPS 基准站滤波前后残差时间序列的 RMS 值分析得到,不同基准站各个分量采用不同的滤波方法,对残余坐标时间序列的改善效果不同,其中 U 方向上的共模误差改善效果最为明显,这表明处于不同地理位置的基准站对共模误差的响应程度大小不同。并且主成分分析法在消除共模误差方面较其他 4 种方法取得了较好的效果,使得残余坐标时间序列的不确定性和可靠性有了较好的提高,说明使用以上 5 种方法对坐标时间序列进行空间滤波能够有效降低各站点坐标时间序列的不确定性。

表 5.6 共模误差去除前后残差时间序列 ERMS 比较 单位:mm

E(RMS)	BAMF	CHWK	KTBW	NANO	PABH	SEAT	SEDR	UCLU
原始序列	2.18	1.95	2.56	1.73	1.55	2.26	2.30	2.08
堆栈滤波	1.61	1.36	1.84	1.60	1.07	1.44	1.48	1.82
加权堆栈	1.62	1.47	1.95	1.50	1.06	1.46	1.57	1.77
相关加权	1.76	1.69	2.08	1.03	1.23	1.47	1.90	1.32
距离加权	1.65	1.39	1.76	1.64	1.12	1.39	1.39	1.94
PCA	0.23	1.12	0.67	0.65	0.95	0.72	0.68	0.65

表 5.7 共模误差去除前后残差时间序列 NRMS 比较

N(RMS)	BAMF	CHWK	KTBW	NANO	PABH	SEAT	SEDR	UCLU
原始序列	2.43	2.25	2.41	1.63	1.25	1.50	1.54	1.64
堆栈滤波	1.99	1.81	1.97	1.29	0.85	1.08	1.06	1.32
加权堆栈	2.08	1.86	2.08	1.23	0.83	1.01	1.09	1.27
相关加权	1.82	1.81	1.88	1.01	0.98	0.95	1.29	1.07
距离加权	2.01	1.88	1.90	1.26	0.88	1.10	1.00	1.42
PCA	0.15	0.23	0.74	0.74	0.75	0.90	0.94	0.98

表 5.8 共模误差去除前后残差时间序列 URMS 比较

U(RMS)	BAMF	CHWK	KTBW	NANO	PABH	SEAT	SEDR	UCLU
原始序列	9.60	9.83	6.59	7.71	6.52	7.50	8.04	6.61
堆栈滤波	5.41	5.70	4.32	3.41	4.49	3.38	4.47	3.47
加权堆栈	5.94	6.40	4.06	3.18	4.16	2.99	4.94	3.43
相关加权	8.79	9.19	5.53	5.80	5.38	5.57	7.26	5.22
距离加权	5.55	5.80	4.27	3.29	4.64	3.42	4.17	3.61
PCA	0.90	0.31	2.82	2.87	2.38	2.41	1.73	2.88

5.3.2 GPS 共模误差的空间响应机制分析

考虑到 CME 的物理起源尚不明了，同时目前对其时空响应机制缺乏深入的研究，使得 CME 的分离存在一定的局限性，尤其是在大尺度范围的 GPS 网中，对准确、可靠地分离出 CME 造成了一定的困难。针对共模误差分离方法中存在的上述问题，以美国南加州区域的一个 GPS 网为例，通过对不同尺度下的 GPS 网进行共模误差分离处理，分析共模误差的空间分布特性，探讨共模误差空间响应机制及其最佳分离策略。

为了研究不同尺度下共模误差的时空变化，本书选取了 ITRF2008 框架下美国南加州及周边区域的一个 GPS 网为例，分析不同尺度下共模误差的空间分布及其变化规律。本书以 3 个 GPS 站(BEMT、PIN1、MONP)为中心，通过控制 GPS 网的尺度，不断增加 GPS 网的大小，使其从小区域网逐渐扩展到大尺度的网形，根据距离划分多尺度 GPS 网区域，最大尺度的 GPS 网包含 39 个站，其站点分布见图 5.38。通过对测站的时间序列进行处理，对不同尺度下的 GPS 网的共模误差空间变化进行探讨。

通过对图 5.38 中 GPS 站 2001 年至 2006 年的连续观测数据进行计算处理与分析，GPS 坐标时间序列获取步骤如下：

(1)首先采用 GAMIT 软件对站点的原始观测数据进行处理，选取站点数据时间跨度为 2001 年至 2006 年，数据要求观测时间大于 2.5a，数据的缺失程度小(本节数据平均缺失的比率为 1.46%)。GPS 单日解以 24h 的观测数据为基本单位,通过数据处理获得各 GPS 站点的三维坐标以及相关参数(速度等),形成单日解(贺小星等,2014)。

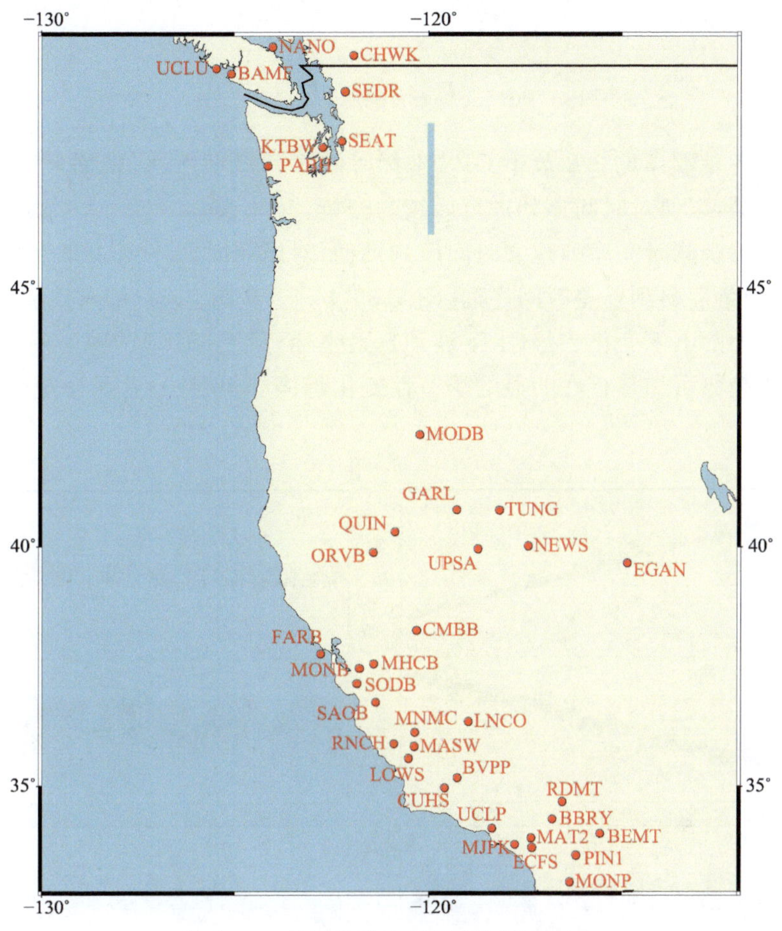

图 5.38　分析共模空间响应所处理站点

(2)在统一的基准下(ITRF2008),结合 SOPAC 的单日解序列(GIPSY 解算结果),通过公共站点和卫星,采用 QOCA 软件对单日解进行联合解算(GAMIT 与 GIPSY 的权比为 1∶2.4),解算得到 GPS 坐标时间序列及其相关参数的估值。数据处理过程中,对数据质量进行控制,如在进行 GPS 网平差过程中给定 E、N、U 三坐标分量的限制(分别为 30mm、30mm、100mm),一旦观测值的残差超过这个值就认为是过于弱的观测,予以剔除,解算后的 GPS 原始坐标时间序列见图 5.39(a)(限于篇幅,以 PIN1 站点为例)。

原始序列中包含着速度项、阶跃(Offset)以及地震引起的站点位移等,对 GPS 坐标时间序列进行后处理分析前,需要对其进行去趋势、去周期项、阶跃改正等处理(Griffiths and Ray,2016)。

根据本书前述章节内容可知,GPS 单站、单分量位置间序列通常满足模型:

$$y(t_i) = a + bt_i + c\sin(2\pi t_i) + d\cos(2\pi t_i) + e\sin(4\pi t_i) + \\ f\cos(4\pi t_i) + \sum_{j=1}^{n_j} g_i H(t_i - T_{hj}) + \sum_{j=1}^{n_h} h_i H(t_i - T_{hj}) t_i + \\ \sum_{j=1}^{n_k} k_j \exp[-(t_i - T_{hj}) t_i/\tau_j)] H(t_i - T_{kj}) + v_i \tag{5.30}$$

式(5.30)中各参数详见 2.2 节中 GPS 坐标时间序列模型所述，根据上述模型对 GPS 坐标时间序列建模型，以便对时间序列进行后续的分析。

通过对单日解观测时间序列建立时间序列模型，对原始时间序列去除速度项、阶跃、指数和对数衰减等项，最后得到残差时间序列[图 5.39(b)]。从图 5.39(b)可以看出，GPS 测站的残差序列存在较大的上下变化趋势(上下波动)，且坐标分量(NEU)的中误差较大；此外，从表序列的长期变化趋势可知其存在明显的季节性变化趋势(周期性)，这种季节性变化趋势在垂向尤为明显。

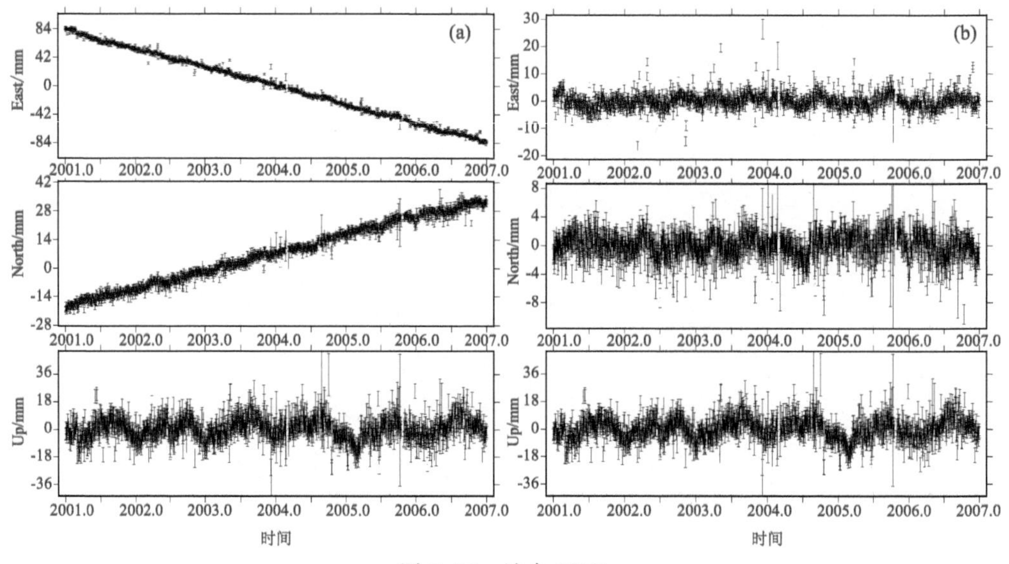

图 5.39　站台 PIN1

(a)站台 PIN1 坐标时间序列；(b)残差时间序列

另外，对于位于地震活跃地带的站点，由于受地震运动的影响，站点发生位移，以及同震形变、震后余滑等现象。如果不对地震运动引起的瞬时运动进行探测及改正，会对 GPS 站点估计结果(如速度估计、噪声模型估计等)产生偏差，甚至影响参数估值的准确性，导致分析结果不可靠，甚至给出错误的地球物理解释。对图 5.38 中站点，MASW、MNMC、RNCH、HUNT、LOWS 五个站位于地震活跃区域，由于受帕克菲尔德地震的影响，需要对其进行构造信号改正。图 5.40 为 MASW 站原始坐标序列及进行构造信号改正后结果。从图 5.40 改正前后坐标序列对比可知，MASW 站在 2004.7 时刻附近有较大的位移突变，表现为 GPS 坐标序列的不连续，即存在不同程度的跳跃变化，这说明该时间点附近发生过某种构造运动引起的地壳形变。根据历史地震观测记录资料可知，MASW 所在区域分别于 2003 年 12 月 22 日发生过 6.5 级 San Simeon 地震以及 2004 年 9 月 28 日发生过 6.0 级 Parkfield 地震，与 MASW 时间序列所出现的跳跃相符合。为了进一步揭示地震后的地壳运动过程，对原始坐标序列进行跳跃项（jump）、速度项、阶跃（Offset）消除处理，获得剩余残差坐标时间序列（图 5.40）。从图 5.40(b)可以看出，去除地震运动引起的测站突变（跳跃信号）后，测站仍然存在一定程度的震后形变，称之为震后余滑（after-slip）。Andrew（2007）的研究指出震后形变一般为指数对数衰减型（Andrew，2007），与本书的结果相吻合。采用 QOCA 对 MASW 测站进行地震信号改正后的见图 5.40(c)，从图可知除指数和对数衰减项得到了较好的分离。另外通过对长周期的 GPS 坐标时间序列分析，可以较好地监测地表形变，也为地震信号监测提供了可能（He et al.，2015）。

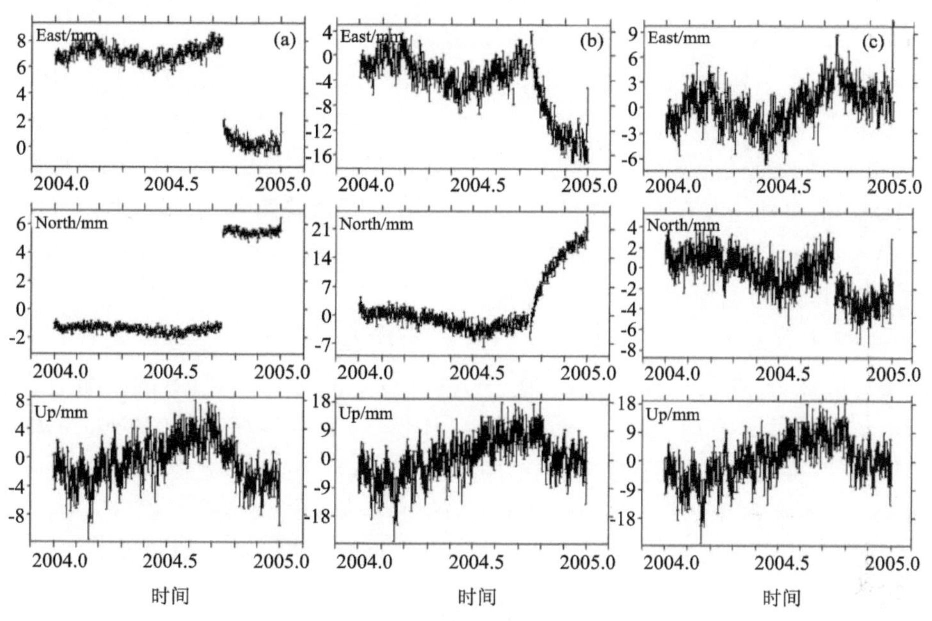

图 5.40　地震信号改正

(a)同震形变；(b)震后余滑；(c)改正后

为了分析共模误差在空间尺度上的规律，以图 5.38 中的 GPS 测站网中 3 个站台（BEMT、PIN1、MONP）为中心，逐渐将 GPS 网的尺度增大，共划分 9 个尺度空间，空间尺度分别为：100kmm、200km、420km、550km、660km、810km、1000km、1660km、2000km。

数据处理过程中，对不同尺度的 GPS 网及其时间序列采用相同的处理策略，然后对残差序列采取 PCA/KLE 的空间滤波方法对共模误差进行分离。对 GPS 坐标残差时间序列采用 PCA 主分量滤波分离共模误差之前，考虑到环境负载会对 GPS 坐标时间序列非线性变化产生影响，本书通过采用第 4 章所述方法对 GPS 站坐标序列作负载改正，对海潮、大气、积雪和土壤水、海洋非潮汐 4 项负荷效应进行负载纠正，最后分别对不同尺度下的 GPS 网进行 PCA 空间滤波处理，对 PCA 滤波后各 GPS 测站的残差坐标时间序列进行分析。图 5.41 为对不同尺度下 PCA 滤波后，3 个中心站的残差序列的加权均方根误差（WRMS）。

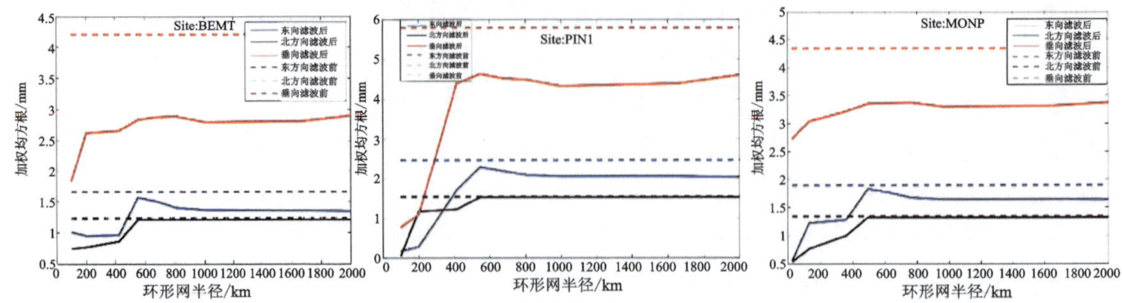

图 5.41　BEMT、PIN1、MONP 滤波前后 WRMS-距离曲线

图 5.41 中虚线为滤波前站点的 WRMS，实线为滤波后 WRMS 值。从图 5.41 可以看出，滤波前 BEMT、PIN1、MONP 三个站点 E 方向的 WRMS 分别为 1.665mm、2.468mm、1.966mm；N 方向的 WRMS 分别为 1.233mm、1.532mm、1.381mm；U 方向的 WRMS 分别为 4.213mm、5.795mm、4.544mm。对不同尺度下滤波后的 WRM 进行统计分析，以此来比较不同尺度下共模误差的分离效果。从图 5.41 滤波后的 WRMS 与距离之间的关系曲线可以得知，WRMS 值总体上是随着距离的增加而增加，表明随着距离增加测站之间相互关系减弱，即共模误差在小区域内效果较好，在大尺度空间下，共模误差更加难提取处理，这可能是共模误差在大尺度下的不均匀(一致性)引起。

在距离小于 420km 时共模误差的滤波效果较明显，在这个区间中随着距离的增加，WRMS 的增加明显，曲线斜率大，到达 420～600km 区间的时候 WRMS 的增加变缓慢。距离在大于 600km 区域时 E 方向和 N 方向的 WRMS 几乎不再发生变化，1000km 距离以后 U 方向的 WRMS 也不再变化。空间滤波后在 100～200km 尺度空间上提取效果最好，BEMT、PIN1、MONP 三个站点 E、N、U 方向的 WRMS 减少最明显。图 5.41 中各条曲线超过 420km 后 WRMS 的曲线斜率基本不再发生变化且滤波效果较差。根据这一曲线的变化趋势，笔者选取 200km(表 5.9)、400km(表 5.10)、600km(表 5.11)、1000km(表 5.12)这 4 个区域的所有测站进行研究。

表 5.9　200km 区域空间滤波前后残差坐标时间序列 WRMS 对比　　单位：mm

站点名	N 方向		E 方向		U 方向	
	滤波前	滤波后	滤波前	滤波后	滤波前	滤波后
BEMT	1.233	0.763	1.665	0.952	4.213	2.628
PIN1	1.532	1.171	2.468	0.277	5.795	1.094
MONP	1.381	0.778	1.966	1.260	4.544	3.165
BBRY	2.111	0.274	2.038	1.194	4.293	3.391
ECFS	1.234	0.628	1.801	0.971	3.789	2.660
MAT2	1.151	0.573	1.744	0.806	4.33	2.713
MJPK	1.287	0.713	1.893	0.959	4.994	2.219
RDMT	1.307	0.721	1.712	1.010	3.983	2.288

表 5.9 的数据说明在 200km 空间尺度下区域滤波以后各站点在 E、N、U 三坐标分量上 WRMS 平均减少百分比分别为 49.89%、47.64%、42.92%；400km 尺度下时间序列残差的 WRMS 平均减少 0.982mm、0.792mm、1.973mm。表 5.10 说明 400km 空间尺度下区域滤波以后各站点在 N、E、U 三个方向上的加权均方根均有减少，但减少幅度小于 200km 尺度。

表 5.10　400km 区域空间滤波前后残差坐标时间序列 WRMS 对比　　单位:mm

站点名	N 方向		E 方向		U 方向	
	滤波前	滤波后	滤波前	滤波后	滤波前	滤波后
BEMT	1.233	0.856	1.665	0.965	4.213	2.661
PIN1	1.532	1.217	2.468	1.703	5.795	4.397
MONP	1.381	1.018	1.966	1.319	4.544	3.358
BBRY	2.111	1.462	2.038	1.334	4.293	3.919
ECFS	1.234	0.73	1.801	1.02	3.789	2.711
MAT2	1.151	0.652	1.744	0.815	4.33	2.726
MJPK	1.287	0.787	1.893	0.992	4.994	2.291
RDMT	1.307	0.746	1.712	1.007	3.983	2.42
UCLP	1.37	0.787	1.751	0.986	4.468	2.77
BVPP	1.264	0.846	1.652	1.057	4.18	3.301
CUHS	2.533	0.238	3.086	0.205	4.075	1.026
LNCO	1.169	0.745	1.761	1.141	4.305	3.284

对尺度大于 600km 的空间中区域滤波分析，通过表 5.11、表 5.12 分析得出各站点在 N、E、U 三个方向上的加权均方根均有减少，但减少幅度明显小于 400km 区域上的各点。这些站点中 MNMC、MASW、HUNT、RNCH 在 E、N 或 U 方向未滤波的时候 WRMS 超过 10mm，在这种情况下判定这些站点的本地效应较严重，根据地震记录及 SOPAC 发布的阶跃日志(ftp://sopac-ftp.ucsd.edu/pub/gamit/setup/site_Offsets.txt)可知 2003 年 12 月 22 日 6.5 级 San Simeon 地震和 2004 年 9 月 28 日 6.0 级 Parkfield 地震，即上述站点发生了不同程度的阶跃，与上述 WRMS 异常判断相符合。在进行 PCA 提取共模误差时，阶跃的影响使得主分量中包含本地效应，影响共模误差提取，应该剔除这些阶跃站点。

表 5.11　600km 区域空间滤波前后残差坐标时间序列 WRMS 对比　　单位:mm

站点名	N 方向		E 方向		U 方向	
	滤波前	滤波后	滤波前	滤波后	滤波前	滤波后
BEMT	1.233	1.205	1.665	1.509	4.213	2.884
PIN1	1.532	1.518	2.468	2.194	5.795	4.527
MONP	1.381	1.364	1.966	1.835	4.544	3.509

续表 5.11

站点名	N 方向		E 方向		U 方向	
	滤波前	滤波后	滤波前	滤波后	滤波前	滤波后
BBRY	2.111	1.861	2.038	1.920	4.994	4.044
ECFS	1.234	1.242	1.801	1.661	4.293	2.873
MAT2	1.151	1.144	1.744	1.552	4.33	2.773
MJPK	1.287	1.284	1.893	1.686	3.789	2.551
RDMT	1.307	1.214	1.712	1.572	3.983	2.608
UCLP	1.37	1.233	1.751	1.658	4.468	2.934
BVPP	1.264	1.221	1.652	1.445	4.61	3.361
CUHS	2.533	1.873	3.086	2.297	7.054	3.955
LNCO	1.169	1.139	1.761	1.502	4.797	3.135
MASW	10.604	3.612	10.28	1.917	4.18	2.394
MNMC	15.519	6.228	7.313	3.937	4.914	2.714
RNCH	10.981	4.154	14.992	5.646	4.305	2.694
HUNT	13.328	4.742	10.123	3.105	4.23	2.737
LOWS	6.713	2.367	8.17	1.590	4.075	2.543
SAOB	1.496	1.411	1.805	1.585	4.383	3.222
CMBB	1.781	1.758	1.998	1.885	6.955	4.504
MHCB	1.295	1.258	1.723	1.521	4.082	3.075
SODB	1.628	1.615	1.889	1.700	6.063	4.545
EGAN	1.175	1.162	2.059	1.977	4.411	3.747

表 5.12　1000km 区域空间滤波前后残差坐标时间序列 WRMS 对比　　单位:mm

站点名	N 方向		E 方向		U 方向	
	滤波前	滤波后	滤波前	滤波后	滤波前	滤波后
BEMT	1.233	1.203	1.665	1.366	4.213	2.8
PIN1	1.532	1.518	2.468	2.051	5.795	4.335
MONP	1.381	1.363	1.966	1.704	4.544	3.456
BBRY	2.111	1.864	2.038	1.764	4.994	4.011
ECFS	1.234	1.242	1.801	1.467	4.293	2.887
MAT2	1.151	1.144	1.744	1.328	4.33	2.827
MJPK	1.287	1.283	1.893	1.506	3.789	2.514

续表 5.12

站点名	N 方向		E 方向		U 方向	
	滤波前	滤波后	滤波前	滤波后	滤波前	滤波后
RDMT	1.307	1.214	1.712	1.408	3.983	2.532
UCLP	1.37	1.232	1.751	1.477	4.468	2.97
BVPP	1.264	1.218	1.652	1.279	4.61	3.381
CUHS	2.533	1.874	3.086	2.226	7.054	4.967
LNCO	1.169	1.136	1.761	1.3	4.797	3.146
MASW	10.604	3.581	10.28	2.293	4.18	2.487
MNMC	15.519	6.215	7.313	3.65	4.914	2.773
RNCH	10.981	4.147	14.992	5.335	4.305	2.763
HUNT	13.328	4.663	10.123	3.077	4.23	2.8
LOWS	6.713	2.307	8.17	1.843	4.075	2.617
SAOB	1.496	1.406	1.805	1.387	4.383	3.167
CMBB	1.781	1.757	1.998	1.72	6.955	5.097
MHCB	1.295	1.255	1.723	1.301	4.082	2.972
SODB	1.628	1.613	1.889	1.506	6.063	4.629
EGAN	1.175	1.16	2.059	1.833	4.411	3.68
MONB	1.484	1.182	1.77	1.294	5.05	3.435
NEWS	1.143	1.121	1.765	1.473	4.126	3.339
UPSA	1.146	1.148	1.596	1.236	3.706	2.861
FARB	1.201	1.153	1.917	1.555	4.919	3.969
TUNG	1.21	1.116	1.783	1.339	5.219	3.846
GARL	1.239	1.229	1.773	1.426	5.359	4.513
ORVB	1.164	1.139	1.693	1.272	4.713	3.798

图 5.42(a)、5.42(b)、5.42(c)为 400km 尺度下滤波前后 WRMS 减少百分比，其曲线表明，在 E、N、U 三坐标分量上 WRMS 平均减少约 44.51%、39.72%、37.05%。图 5.42(d)、5.42(e)、5.42(f)为 1000km 尺度下滤波前后 WRMS 减少百分比曲线，结果表明在 E、N、U 三坐标分量上 WRMS 平均减少约 21.44%、6.88%、26.26%。根据两种尺度空间上所有站点 WRMS 的比较发现各个方向平均 WRMS 减少的百分比 400km 尺度下均比 1000km 尺度下好很多，而且 600km、1000km 空间区域滤波中 WRMS 的减少很多都在 20%以下，400km 的时候大部分点的 WRMS 减少都在 30%～40%之间，200km 的时候点的 WRMS 减少都在 40%以上。结合图 5.41 可以得出空间尺度大于 600km 的时候，PCA 区域叠加滤波方法效果不明显。

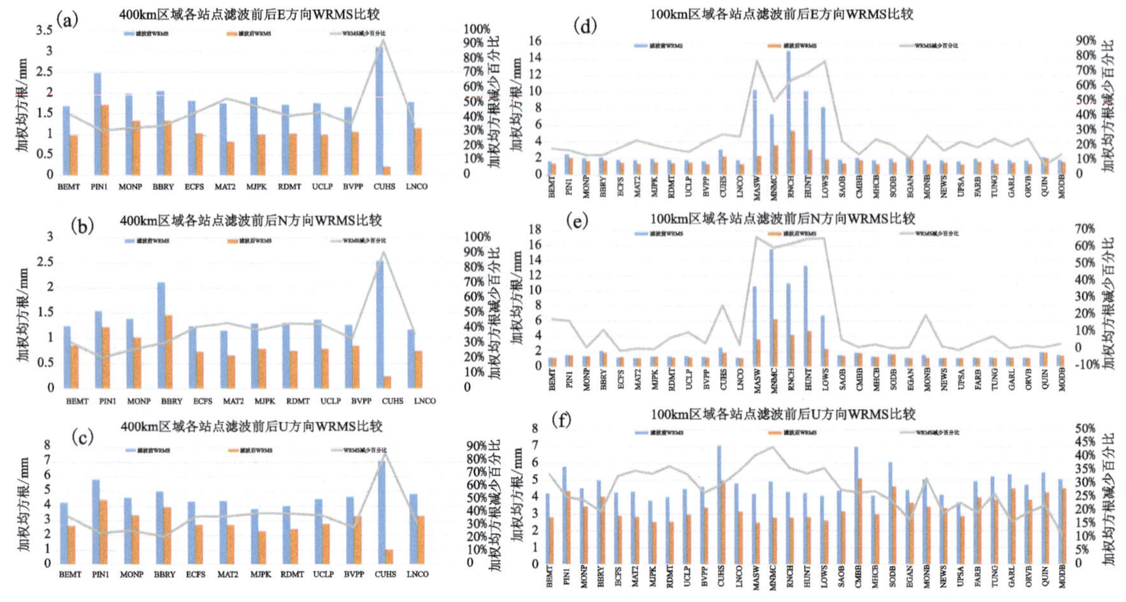

图 5.42　400km 与 1000km 各站点滤波前后 WRMS 比较

5.3.3　广义共模误差分离方法

5.3.3.1　广义共模误差分离方法原理

根据实验结果及分析可知，CME 在大尺度空间下并不是严格一致的，使得采用经典的主成分分析的时空滤波方法存在一定的局限性，甚至分离出错误的共模误差分量，对一些地球物理现象给出错误的解释。

另外，传统的 CME 滤波方法大都建立在经典的 GPS 时间序列模型上，CME 分离方法一般步骤是：去趋势（trend），去周期（seasonal term），Offset 等信号改正之后，再对残差序列进行 CME 分离。近来的研究指出 GPS 坐标时间序列中不仅包含周年、半周年项，也包含其他周期信号（部分学者称之为谐波），如准两年周期振荡（quasi-biennial oscillations，QBO）、异常周期信号等（He et al.，2015），即传统的基于正、余弦函数的周期性信号（常量周年、半周年振幅）拟合模型呈现出一定的局限性。此外，Yuan 等（2008）对提取的 CME 序列进行频谱分析，结果表明 CME 呈现出明显的周年、半周年趋势变化，即在滤波分离共模误差之前，在进行 GPS 坐标序列去周期新信号过程中，可能将 CME 分量也包含进去了，进而使得 CME 分离不彻底；Klos 等（2016）的研究指出 CME 存在明显的周期性变化。基于此，在综合考虑了 CME 的潜在起源及影响因素、GPS 时间序列模型的局限性以及 CME 的周期性特性基础上，提出了广义共模误差分离方法，以实现 CME 的准确分离，提高坐标序列的可靠性及其精度。

根据共模误差的潜在起源，采用单变量、多变量模式进行分析，将测站外部环境因素（主要通过负载效应进行评价）、经纬度及站点距离、本地效应（Offest 与 WRMS 进行评价）等地理环境因素作为评价因子，提出了适合大尺度下的广义共模误差（或称分块区域滤波法）的分离方法，为进一步提高 GPS 坐标序列模型的精度提供依据，广义共模误差分离方法的基本流程见图 5.43。

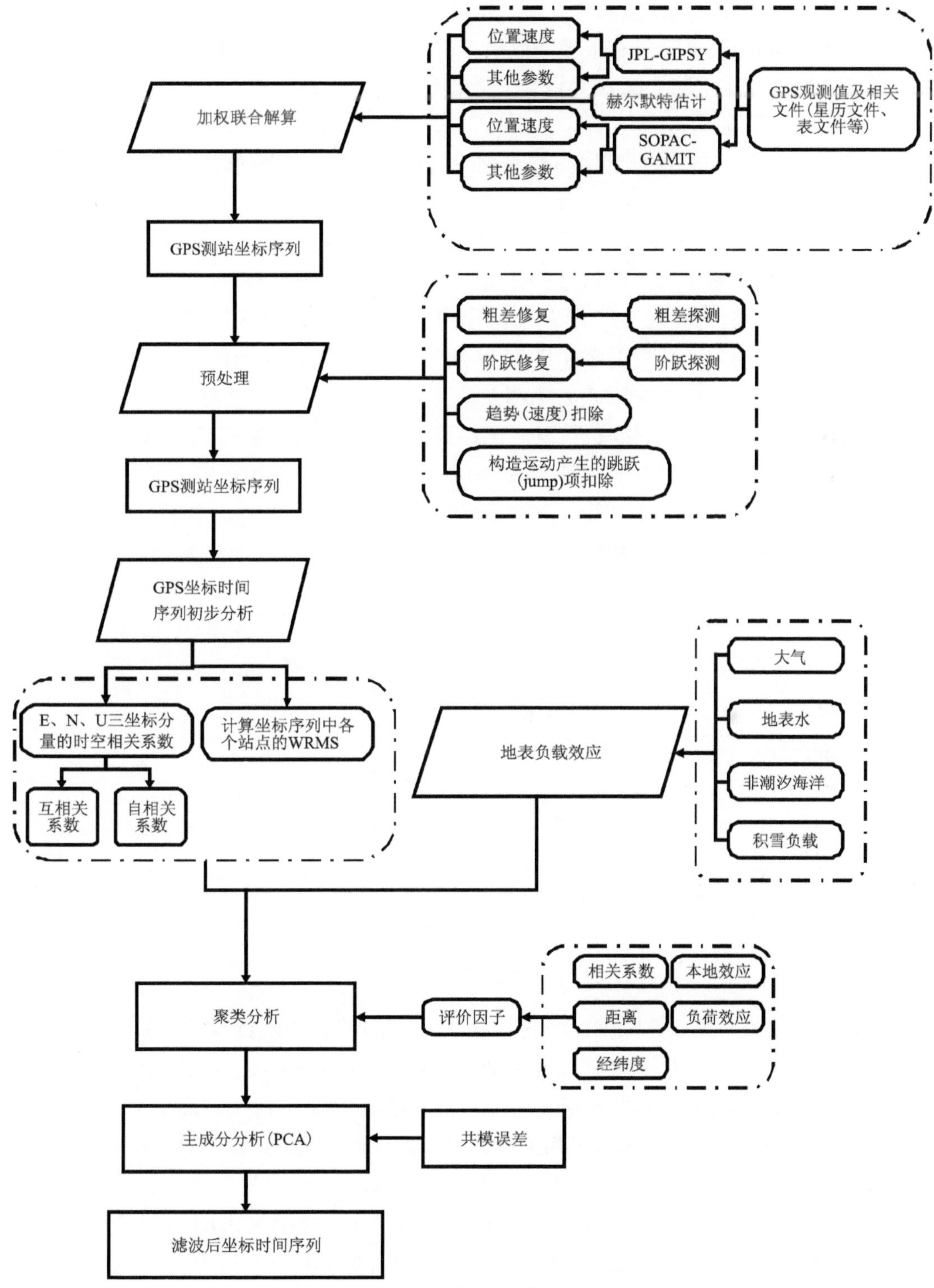

图 5.43　GPS 坐标时间序列广义共模误差提取方法基本流程

广义共模误差分离方法的分析策略及步骤具体如下。

步骤1:GPS单日解坐标序列解算(获取)。根据本书第3章的讨论与分析,联合解能有效地提高GPS时间序列的精度,减弱不同数据处理软件算法及模型的不完善、模型系统偏差等引入的解算误差,通过联合解有效地降低模型偏差引起的CME分量。具体的GPS单日解解算步骤及流程详见本书第3章相关内容,在此不做累述。最终获得GPS单日解站坐标序列(E、N、U三坐标分量)。

步骤2:对获取的GPS单日解站坐标序列进行模型化,对GPS单站、单分量位置间序列采用式(5.30)所述模型进行描述。

步骤3:一般在进行时间序列分析之前,需要对时间序列中包含的粗差、趋势速度项、均值、构造运动等产生的阶跃项予以扣除。另外,与传统方法不同的是,考虑到共模误差可能混叠在周年、半周年项里面,在对GPS坐标时间序列进行共模误差分离时,若事先扣除周年、半周年项,会导致共模误差的分量混叠在周年、半周年项中,而不能准确地剔除。因此在残差序列中保留了周年、半周年项。对阶跃的探测及改正是数据处理中比较复杂的一个问题,已有的研究表明仪器更换天线或者接收机,或者测站周边环境突变、强震的影响都会引起GPS测站产生阶跃(Offset)。如果发生了阶跃,会影响参考框架的稳定性和解算精度,产生系统偏差(扭曲),影响CME的准确分离。图5.44为发生Offset的站点序列示意图,从图5.44可知Offset的特点,即对发生突变的时刻后的数据产生影响,直至下一个跳变发生。

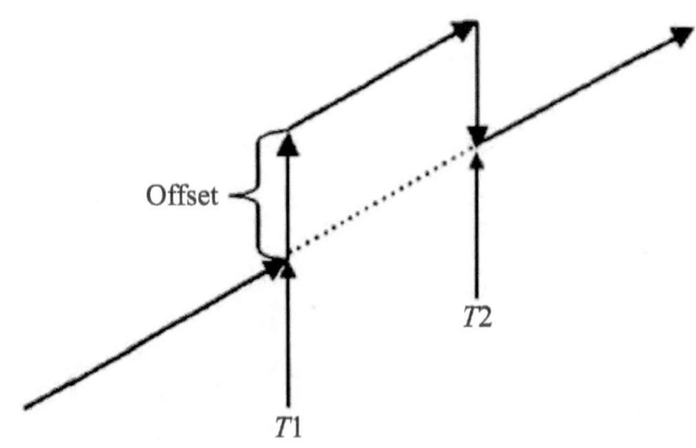

图5.44 Offset示意图

为了保证共模误差提取、分离的准确性,在进行共模误差处理之前,需要对时间序列中潜在的Offset进行改正。本书采用以下方法进行Offset探测及改正:对已知的Offset,根据IGS发布的相关测站阶跃资料,即阶跃发生的时刻及影响(见ftp://sopac-ftp.ucsd.edu/pub/gamit/setup/siteOffsets.txt),编写了相关改正程序进行改正(包含在GTAS软件中),改正前后结果坐标序列见图5.45和图5.46(以MASW站为例)。

上述方法的缺陷主要为只是针对IGS站进行改正,只能对过去的数据进行改正。对SOPAC未公布的Offset(如自己观测的GPS数据),建议采用STARS(Sequential t test Analysis of Regime Shifts)方法进行改正(Bruni et al.,2014)。

```
Form1.cs ×  Form1.cs [设计]
heshixiong.Form1                                   butt
                sr.ReadLine();
            for (; i < en; i++)
            {
                string str = sr.ReadLine();
                da.time = Convert.ToDouble(str.Substring(0, 14));
                da.E = Convert.ToDouble(str.Substring(16, 8)) -0.355;
                da.N = Convert.ToDouble(str.Substring(25, 8)) +7.026;
                da.Se = Convert.ToDouble(str.Substring(35, 8));
                da.Sn = Convert.ToDouble(str.Substring(44, 6));
                da.Ren = Convert.ToDouble(str.Substring(51, 7));
                da.U = Convert.ToDouble(str.Substring(59, 8)) +15.638;
                da.Su = Convert.ToDouble(str.Substring(70, 6));
                da.Reu = Convert.ToDouble(str.Substring(77, 7));
                da.Rnu = Convert.ToDouble(str.Substring(85, 7));
                da.Site = str.Substring(92, 10);
                da.lg = Convert.ToDouble(str.Substring(102, 10));
                da.lati = Convert.ToDouble(str.Substring(112, 9));
                list.Add(da);
```

图 5.45　Offset 改正程序部分代码

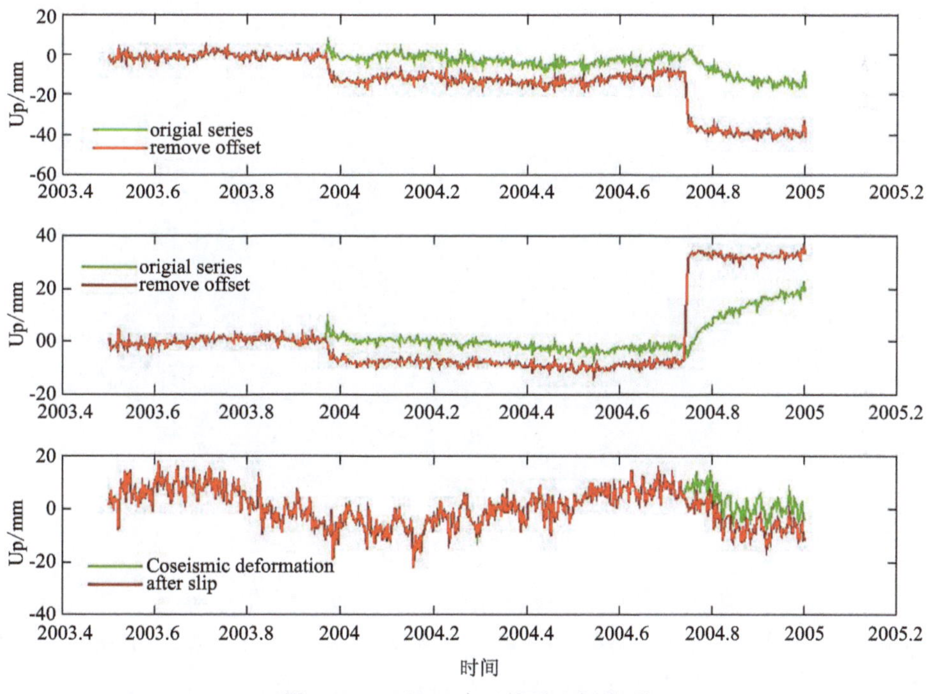

图 5.46　Offset 改正前后坐标序列

步骤 4：计算 GPS 测站坐标时间序列（E、N、U 三坐标分量）之间的相关系数及其加权均方根（WRMS）大小。其中 WRMS 的计算主要是为了检验站点是否包含明显的本地效应。一般将加权均方根最大的点或者其值超过 GPS 网中所有点的加权均方根的中误差的 2 倍的点，认为是包含强烈的本地效应即噪声在进行滤波处理之前去除，防止将本地效应混叠到共模误差中，去除的这类点称为本地效应点。

测站坐标序列之间的相关性分析是指对两个或多个具备相关性的变量元素进行分析，从而衡量两个变量因素的相关密切程度，为共模误差提供相应的依据。相关性系数的公式如下：

$$\rho = \frac{\sum XY - \frac{\sum X \sum Y}{N}}{\sqrt{\left[\sum X^2 - \frac{\left(\sum X\right)^2}{N}\right]\left[\sum Y^2 - \frac{\left(\sum Y\right)^2}{N}\right]}} \tag{5.31}$$

式中：X_i、Y_i 为时刻 t 对应的 GPS 测站坐标时间序列 E、N、U 三坐标分量的位移序列。

步骤 5：站点空间分析，当区域较大时，由于共模误差的空间不均匀(一致)性，需要对站点的空间分布进行分析，划分若干子网。子网的划分需要有一定的依据，不同的子网划分，可能对结果产生一定的影响。对 GPS 子网的划分我们提供以下几个划分因素：根据站点的经纬度、站点距离、站点坐标序列之间的相关性、WRMS 等分析结果进行聚类分析，综合考虑上述因子，保证子网站点的共性。为了直观地反映站点之间的空间关系，便于对站点进行区域划分，采用本书前述的“GMT 交互式地学绘图工具”对测站进行空间分布绘制，根据站点的经纬度信息自动计算出站点之间的距离，并在图形中以中心圆(选定某测站为中心点)方式进行站点图绘制，绘制得到的站点空间分布图以及距离信息(图 5.47)作为共模误差区域划分的评价因子之一。

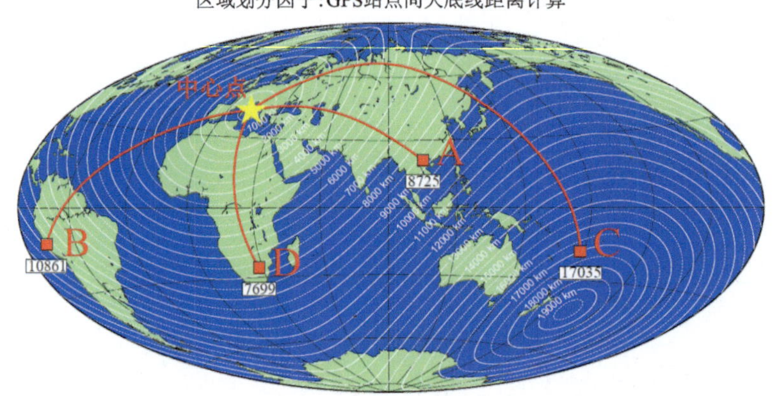

图 5.47　站点空间分布图以及距离信息

步骤 6：计算地表负荷对 GPS 测站位移影响。采用 mload 程序分别计算大气压、非潮汐海洋、积雪和土壤水负荷引起的测站位移(具体计算方法详见第 5.1.2 节中所述)。通过负载改正，一方面可以提高坐标序列的精度，另一方面也可以减弱测站外部环境因素引起的共模分量；同时通过分析地表负载的空间响应，为空间滤波的区域划分提供评价因子，判定子区域划分是否合理。

步骤 7：通过前述步骤 1～6，极大地消除了软件模型、解算策略、本地效应及构造运动的影响，同时顾及了共模误差的周期性，有助于真实反映共模误差的空间变化及周期性变化，为进一步提高 GPS 坐标序列模型的精度提供了依据。然后对步骤 6 中获得的残差序列采用主成分分析法对其进行共模误差分离时，取前 k 个主分量计算得到的共模误差的值 $\varepsilon_i(t_i)$ ：

$$\varepsilon_i(t_i) = \sum_{k=1}^{p} a_k(t_i) \upsilon_k(x_j) \tag{5.32}$$

步骤 8：对步骤 7 中获得的主分量分析结果进行分析，如主分量的空间响应及其贡献率，

若前 $k(k \leqslant 4)$个主分量的累积贡献率达 80%以上且其空间响应较好，则接受；否则认为该方法不准确，重新对步骤 4～6 中得到的各站点的时空相关系数、本地效应点、经纬度、距离、地表负荷效应、评价因子进行聚类分析及后续步骤，直至满足要求，以保证提取出共模误差的可靠性。

5.3.3.2　广义共模误差分离实验分析

1. GPS 数据处理及预分析

为了保证数据分析结果的可靠性、普遍性及可移植性，首先对 GPS 测站(观测数据)进行预分析，尽可能地减少测站相关的误差。本书选取的测站根据以下几个因素进行考虑：

第一，从 GPS 坐标时间序列估计出准确的长期趋势、估计准确的速度估值，一般要 GPS 坐标时间序列的长度超过 2.5 年，另外为了获得可靠的噪声模型，一般要求时间序列跨度为 5～7a，甚至更长(Blewitt and Lavallee，2002)。

第二，GPS 观测值的缺失会使得估计结果产生偏差，因此在站点选取中，保证站点数据缺失率较低(建议小于 5%)。

第三，大多数 IGS 站建立在基岩上，其测站观测墩稳定，且数据等间隔采样，部分测站配有扼流圈天线，能有效地减弱多路径效应、站点随机游走等站点相关误差(本地效应)的影响。

根据上述 3 个原则对图 5.38 中所分析的 39 个站进行筛选，最终选择了其中的 22 个测站进行处理，其站点分布见图 5.48。

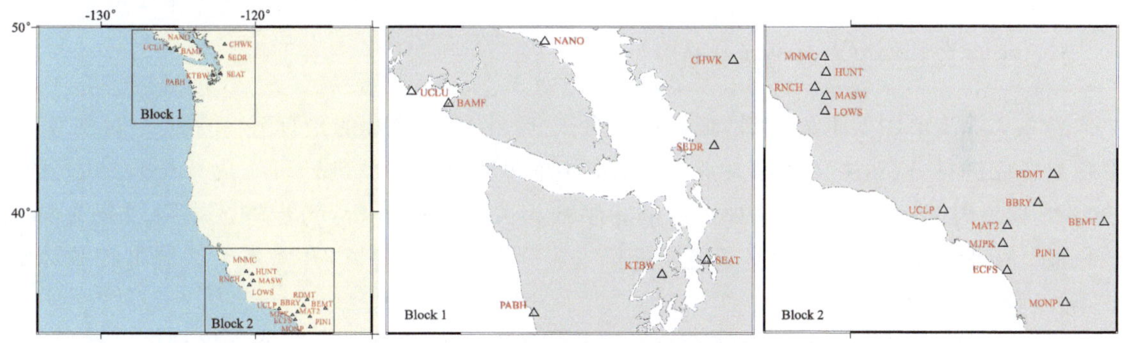

图 5.48　本章节处理的 IGS 站点及其空间分布

GPS 坐标单日解序列获取采用 5.3.3.1 节中“步骤 1”所述的处理策略，解算得到站点坐标原始序列及相关参数[图 5.49(a)，以 BAMF 站为例]。

从图 5.49(a)，我们可以看出 BAMF 站呈现出长期趋势变化，即站点朝西南移动，站点垂向呈现出周期性波动。对 GPS 坐标时间序列进行分析(如空间滤波、相关地球物理现象分析)之前往往需要对原始坐标序列进行去趋势、去均值、阶跃改正等处理。结合前文所述方法进行去趋势、阶跃等改正后仅包含周年、半周年的残差序列见图 5.49(b)。从图 5.49(b)中站点残差序列可以看出 N、E、U 三坐标分量的波动较大，残差序列中存在明显的周期性信号；N、E、U 三坐标分量的加权均方根误差分别为 1.985mm、2.072mm、5.864mm。所选站点中 MASW、MNMC、RNCH、HUNT 和 LOWS 站由于位于地震活跃地带，查阅记录的相关地震资料及SOPAC记录的阶跃信息可知，上述5个站点受帕克菲尔德 $M_W6.0$ 地震影响，诱发了阶跃(Langbein and Bock，2004)。为了保证后续共模误差提取的准确性，对地震引起的阶跃根据SOPAC的改正数结合编写的程序，进行人工改正。

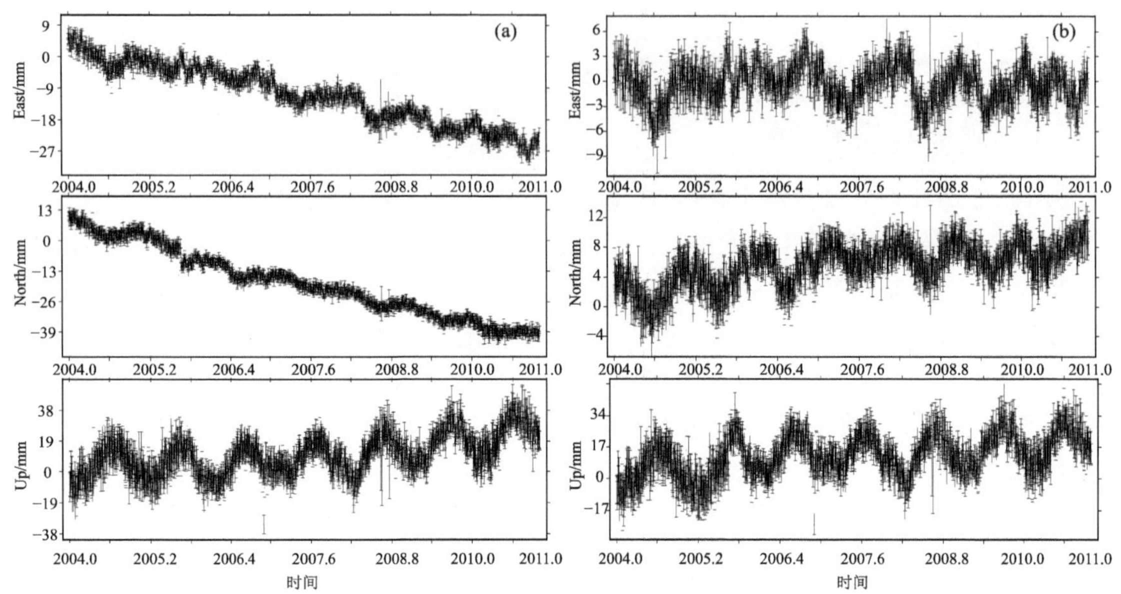

图 5.49　滤波前后坐标时间序列

(a)原始坐标序列；(b)残差序列

2. GPS子网划分及负载效应分析

经5.3.3.1节中数据处理后，获得仅包含周年、半周年信号的坐标残差序列。对图5.48中站点特性进行分析，主要考虑站点分布(通过经纬度及站点图进行可视化分析)，结合开发的GPS坐标时间序列分析软件对站点坐标序列相关性进行分析，初步将区域网划分为两个子区域(Block1、Block2)，分别对子区域进行主成分分析空间滤波，并对整个区域进行整体滤波，对二者进行比较。

为了验证子网区域的划分是否合理，采用QOCA软件分别计算了两个区域的负载效应，计算的负载包括大气、非潮汐海洋、积雪、地表水负载。图5.50为负载效应位移序列的绝对均值比较结果(绝对均值能真实地反映负载效应的响应及长期规律)。

从图5.50可以看出，不同的环境负载的影响在区域1、区域2中具有较好的一致性，其中大气负载位移、地表水引起的位移较大；另外，不同负载均在垂直方向上具有最大位移变化。除了一致性，区域1与区域2之间还存在差异性。例如，区域一中8个站点的大气、地表水、积雪和非潮汐海洋引起的垂向位移的均值分别为1.8mm，1.46mm，0.34mm和0.16mm，而在区域二中14个站点，它们分别达到了0.89mm，1.05mm，0.05mm和0.22mm。这种差异表明负载效应在两个区域存在差异，但子区域内，不同站点的效应保持一定的规律，即表现出区域性变化。因此，采用上述子区域的划分，分别对其残差序列进行共模误差分离。此外，残差序列经负载改正后，区域1中站点的WRMS周年项振幅均值从7.87mm减小到5.77mm，区域 2 中站点的 WRMS 周年项振幅均值从 5.56mm 减小到 4.35mm，即负载改正后，区域 1、区域 2 中 GPS 测站的垂向振幅均值下降分别为 12.70%，21.78%，即负载效应是引起 GPS 测站呈现出周期性变化的重要因素之一。

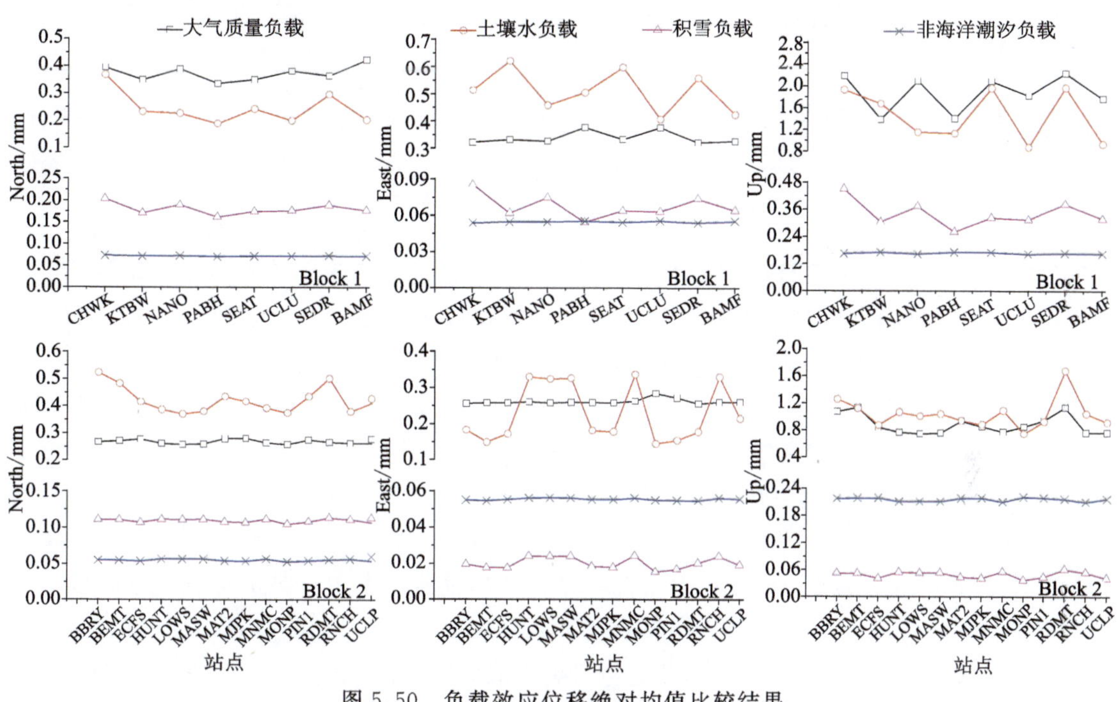

图 5.50　负载效应位移绝对均值比较结果

3. 广义共模误差分离结果分析

经过负载改正后，残差序列中 12.27%～21.78%季节性信号被去除了(改正)，对负载修正后的残差序列进行滤波处理。在进行滤波处理过程中，分别对区域 1、区域 2 以及整个区域进行 PCA 滤波以分离残差序列中的共模误差。

Ray 等(2008)，Davis 等(2012)，Griffiths 和 Ray(2013)，Amiri-Simkooei(2013)的研究表明 GPS 坐标时间序列不仅存在周年、半周年项，一些高阶谐波项证实，如倍频 1.04cpy 的异常周期项等，使得高阶谐波项混叠在季节性项中。另外已有的研究指出共模误差也呈现出周期性变化特性，因此，对残差序列进行去周期过程中，可能将共模误差分量当成周期性信号，从而分离出错误的共模分量。此外，GPS 坐标时间序列中的周年、半周年项的振幅并不是常量，因此假定常量振幅的进行最小二乘拟合周期项，也存在一定的误差。基于此本书与已有方法不同之处在于，采用 Dong 等(2006)所提出的 PCA 进行共模误差分离时，本书保留了周年、半周年项，即季节性信号。

分别对子区域 1、2 进行共模误差，然后对整个大区域进行整体滤波，对其结果进行分析。表 5.13 给出了经主成分分析后获得的前 4 个主分量的累计贡献率。

表 5.13 前 4 个主分量的累积贡献率 单位：%

主分量	区域 1			区域 2			整 体		
	N	E	U	N	E	U	N	E	U
PC1	55.6	48.6	61.2	45.7	62.2	58.9	37.9	30.4	53.1
PC2	12.7	18.0	14.7	26.3	11.3	14.1	21.7	20.1	17.1
PC3	10.9	10.6	9.1	11.2	9.2	6.8	10.1	15.7	5.1
PC4	6.7	7.6	5.1	5.9	7.3	3.6	7.5	10.2	4.6
Total	85.9	84.8	90.1	89.1	90.0	83.4	77.2	76.4	79.9

从表 5.13 可以看出，对于区域 1，经主成分分析后 N、E、U 三个方向上前 4 个主成分量的累计方差贡献率分别为 85.9%、84.8%、90.1%；对于区域 2，N、E、U 三个方向上前 4 个主成分量的累计方差贡献率分别为 89.1%、90.0%和 83.4%。此外，区域 1、2 整体主成分滤波后，三坐标方向前 4 个主分量的累计贡献率分别为 77.2%、76.4%和 79.9%，相比子区域，其累计贡献率降低了约 9.38%(E、N、U 三分量均值)。

通过前 4 个主分量的贡献率，可以看出，子区域的前几个主分量综合了原始信号绝大部分的信息，而整体滤波方法，效果不是特别理想。另外对前 4 个主分量的空间响应分析结果表明，区域 1 中 N、E、U 方向的平均空间响应值为 0.70、0.6、0.62，对区域 2，其值分别为 −0.16、−0.23、0.83，即区域 1 中 E 方向空间响应值最大，而区域 2 中垂向空间响应值最大，区域 1 和区域 2 之间的空间响应存在明显差异，这也说明共模误差在空间尺度上存在空间差异及分块区域滤波的必要性。

采用分块区域滤波和整体滤波分别对 22 个 IGS 站进行共模误差分离，取前 4 个主分量作为其共模误差进行分析。图 5.51 为滤波后残差序列(以 BAMF 站为例)。从图 5.51 可知，经分块滤波后的残差序列不确定性明显小于整体滤波结果，残差序列中的季节性信号得到了大幅度的分离，即相比整体滤波方法，分块滤波的方法能更加有效地分离出残差序列中的共模误差。

通过滤波后结果可知，在临近的两个大区域内，共模误差的空间表现存在较大差异。经过分块滤波后，区域 1 中站点 E、N、U 方向 WRMS 的均值分别减少了约 55.77%、46.96%、37.26%区域 2 中站点 E、N、U 方向 WRMSS 的均值分别减少了约 21.14%、47.63%、38.26%，滤波后残差序列的信噪比得到了提高。对大区域进行整体滤波，结果表明由于共模误差的差异，不能准确地分离出测站残差序列中的共模误差，甚至分离出错误的共模分量。分块区域滤波的方法根据站点之间的相关性，能较好地分离出对应区域内的共模误差，提高 GPS 坐标序列的可靠性。图 5.52 为对分离出的共模误差进行频谱分析的结果，从图 5.52 可知共模误差序列频谱中呈现出明显的周年(1.0cpy)的信号，即共模误差也呈现出季节性变化，共模误差是 GPS 残差序列呈现季节性周期变化的因素之一。

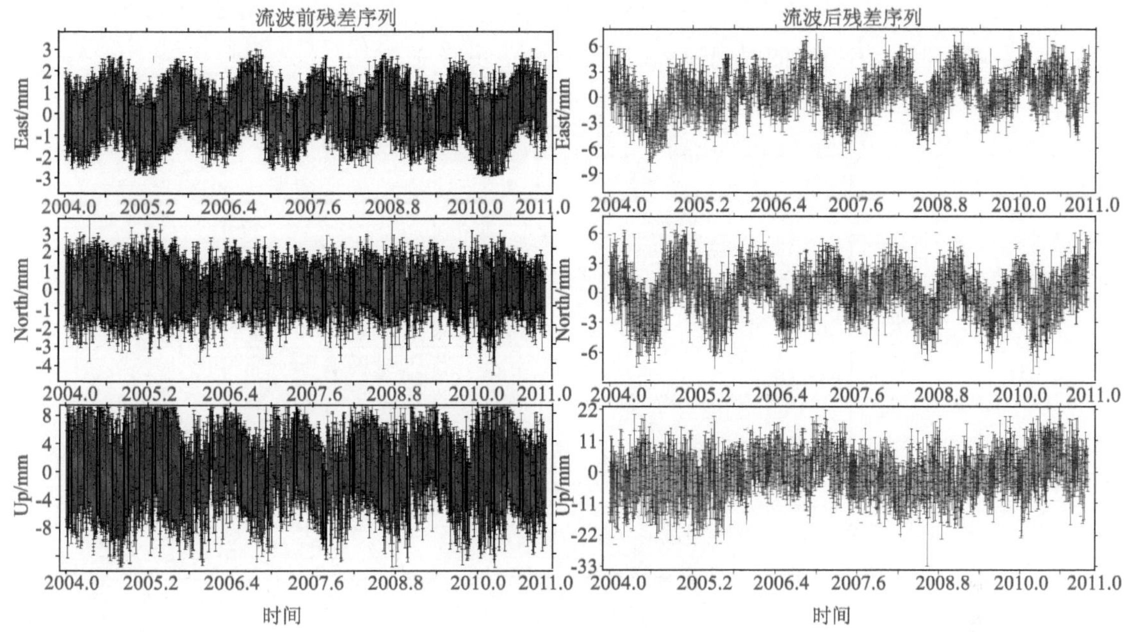

图 5.51　滤波后残差序列

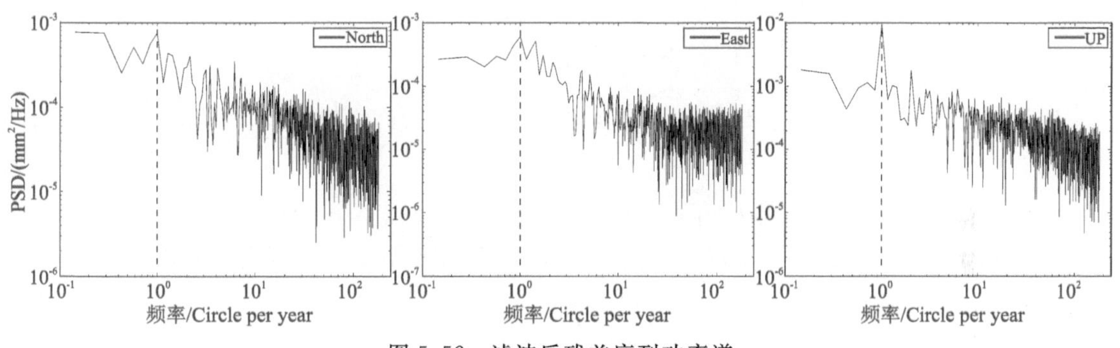

图 5.52　滤波后残差序列功率谱

经分块滤波后，残差序列垂向分量的周年项振幅均值分别为 2.49mm、1.49mm，即经负载改正及分块区域滤波后垂向周年项振幅分别减少了 68.34%、73.20%。这表明 GPS 坐标时间序列中的周期性信号（部分学者也称之为季节性信号）主要由地表负载效应以及共模误差引起，经相应的负载模型改正及空间滤波后，能有效地分离其影响。对负载改正及滤波后的残差序列进行频谱分析，并与原始坐标序列的频谱进行比较，经频谱分析后其结果见图 5.53。

从图 5.53 可知 GPS 坐标时间序列中存在 1.04cpy 的周期性信号，且存在对应的高阶谐波信号。经过负载改正及滤波后，该异常周期信号的振幅（能量谱值）明显减弱了，即基于主成分分析的空间滤波方法能有效去除残差序列中绝大部分的异常周期信号。滤波后残差序列中仍存在部分异常周期信号（国外学者称之为 GPS 交点年），该部分可能由未模型化的轨道误差、大气潮效应等引起（Segall and Mathews，1988）。Ray 等（2008），Davis 等（2012），

Griffiths 和 Ray(2013),Amiri-Simkooei(2013)的研究指出,为了完整地分离出 1.04cpy 的周期信号,至少需要 30 年长度的时间序列,这有待进一步研究。

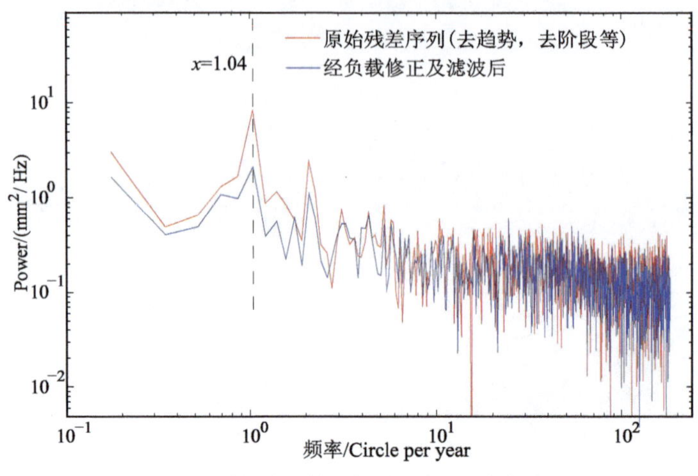

图 5.53 坐标序列频谱分析结果(滤波前后)

5.4 基于 EMD 的 GNSS 基准站坐标序列降噪分析

5.4.1 EMD 算法的基本原理

EMD 方法能够将任何信号 $x(t)$ 分解为若干有限的 IMF 分量,每一个 IMF 分量通过以下步骤获取:

首先,找到原信号 $x(t)$ 的所有极大值、极小值点,通过三次样条函数分别拟合出极大值构成的包络线 $e_+(t)$ 与极小值构成的包络线 $e_-(t)$。计算上下包络线的均值包络 $m_1(t)$,计算公式可以表示为:

$$m_1(t) = \frac{e_+(t) + e_-(t)}{2} \tag{5.33}$$

用原信号序列 $x(t)$ 减去均值包络 $m_1(t)$,得到一个新信号 $h_1^1(t)$,表达式为:

$$h_1^1(t) = x(t) - m_1(t) \tag{5.34}$$

一般 $h_1^1(t)$ 与 $x(t)$ 一样,是非平稳信号,无法满足 IMF 定义的两个条件,需要重复上述操作,若经过 i 次之后(i 一般小于 10),$h_1^i(t)$ 符合 IMF 的定义,则原信号 $x(t)$ 的第一个 IMF 分量可表示为:

$$c_1(t) = \text{IMF}_1(t) = h_1^i(t) \tag{5.35}$$

从原信号 $x(t)$ 中减去第一个 IMF 分量 $c_1(t)$,将得到一个去掉高频成分的新信号 $r_1(t)$,即:

$$r_1(t) = x(t) - c_1(t) \tag{5.36}$$

将 $r_1(t)$ 重复上述获取第一个 IMF 分量 $c_1(t)$ 的操作,得到第二个 IMF 分量 $c_2(t)$。如此反复进行,信号 $x(t)$ 将分解为 m 阶 IMF 分量 $c_m(t)$ 与残余项 $r_m(t)$;当残余分量 $r_m(t)$ 是单调函数或常量时，EMD 分解过程停止。

因此，原始序列 $x(t)$ 经 EMD 分解后可表示为：

$$x(t) = \sum_{k=1}^{m} c_k(t) + r_m(t) \tag{5.37}$$

式中：$r_m(t)$ 为趋势项，表征信号 $x(t)$ 的均值或平均趋势。原始序列 $x(t)$ 经 EMD 分解后可获得 m 个频率依次降低的 IMF 分量。需要注意的是，这并不意味着前一个 $c_k(t)$ 的频率总是比后一个 $c_{k+1}(t)$ 的频率高，而是说明在某个局部区间内，前一个 IMF 分量的频率值大于后一个 IMF 分量的频率值，这很好地体现了 EMD 局部性强的特征。

然而，在实际信号分解过程中，上下包络的均值无法严格为零，通常要求其满足一定的阈值，则认定上下包络的均值符合 IMF 分量均值为零的条件：

$$\frac{\sum \left[h_1^{i-1}(t) - h_1^{i}(t)\right]^2}{\sum \left[h_1^{i-1}(t)\right]^2} \leqslant \varepsilon \tag{5.38}$$

式中：ε 为筛分阈值，通常情况下取值为 0.2～0.3。

综合上述的步骤，EMD 的分解算法实现为：

(1)初始化，令 $r_0(t) = x(t)$，$k = 1$，$i = 0$。

(2)获取第 m 阶的 IMF：①初始化，令 $h_0(t) = r_0(t)$；②找出 $h_i(t)$ 的所有极大值和极小值点；③利用三次样条插值函数分别将极大值点和极小值点拟合为上下包络线，$e_+(t)$ 和 $e_-(t)$；④计算上下包络均值 $m_i(t)$；⑤ $h_{i+1}(t) = h_i(t) - m_i(t)$；⑥判断 $\mathrm{SD} = \frac{\sum \left[h_{i+1}(t) - h_i(t)\right]^2}{\sum \left[h_i(t)\right]^2}$ 是否大于给定的阈值，这里取 0.3，若不大于，则 $c_k(t) = h_i(t)$；否则，令 $i = i + 1$ 转到步骤(2)。

(3) $r_k(t) = r_{k-1}(t) - c_k(t)$，判断余量是否为单调函数或常量，如果是，则整个 EMD 分解过程结束。

根据上述对 EMD 算法的描述，可以得到该算法的流程如图 5.54 所示。

5.4.2　EMD 算法的优越性

EMD 算法，能够将非线性、非平稳的复杂信号分解为一系列 IMF 分量，得到具有物理意义的瞬时频率。EMD 算法从信号自身特征出发，无须事先设定基函数，不用凭借信号的先验知识，其自身具有良好的自适应性。此外，EMD 算法还具有完备性、近似正交性、局部性；并且在较好保留原信号内部特征的同时，IMF 分量还具备幅度及频率的调制特性(钱荣荣，2016；鲁铁定等，2020a，2020b，2024)。

5.4.2.1　完备性

EMD 算法将复杂信号分解为若干 IMF 分量与一个残余分量，通过式(5.37)将这些 IMF 分量与残余分量 $r_m(t)$ 累加重构，能够将原信号完全恢复，这就是所谓的 EMD 算法的完备性。尽管 EMD 算法具有完备性，但所有算法普遍存在的计算机精度误差问题不容忽视，计算机精度误差将导致重构信号和原信号之间存在一定的误差。为了更直观地体现 EMD 分解的完备性，将残余分量 $r_m(t)$ 和所有的 IMF 分量累加，重构原信号，所得结果如图 5.55 所示。

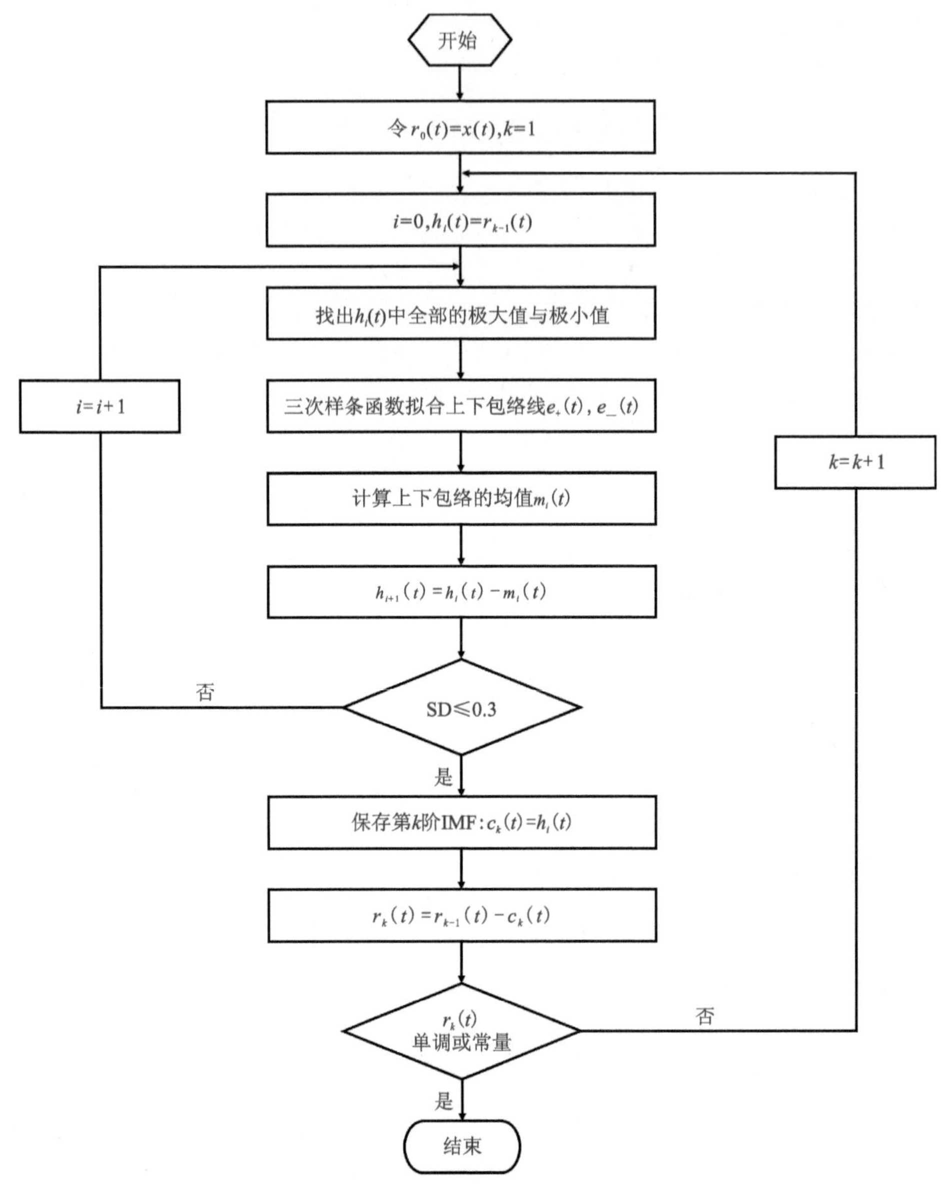

图 5.54　EMD 算法流程图

最后，图 5.56 给出了原信号和重构信号之间存在的误差，从图 5.56 中能够直观看出重构误差幅值处于 10^{-15} 附近。这种误差主要是由计算机的系统误差造成的，在实际信号分析处理过程中，该误差并不会对信号的处理结果造成影响，所以通常情况下不考虑该误差的影响。

5.4.2.2　近似正交性

对复杂信号进行 EMD 分解，可以获得一系列 IMF 函数分量，各 IMF 分量具有近似正交性，且正交性在实际意义上是满足的。但截至目前，该理论尚且无法给出严格的数学推导证明其正确性，只能通过后验的方法进行验证。从筛选过程来看，各 IMF 分量是由原信号与极

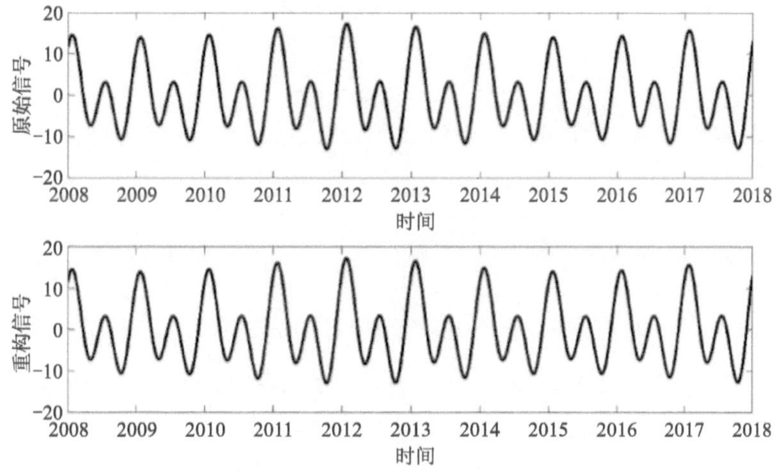

图 5.55　原始信号与重构信号

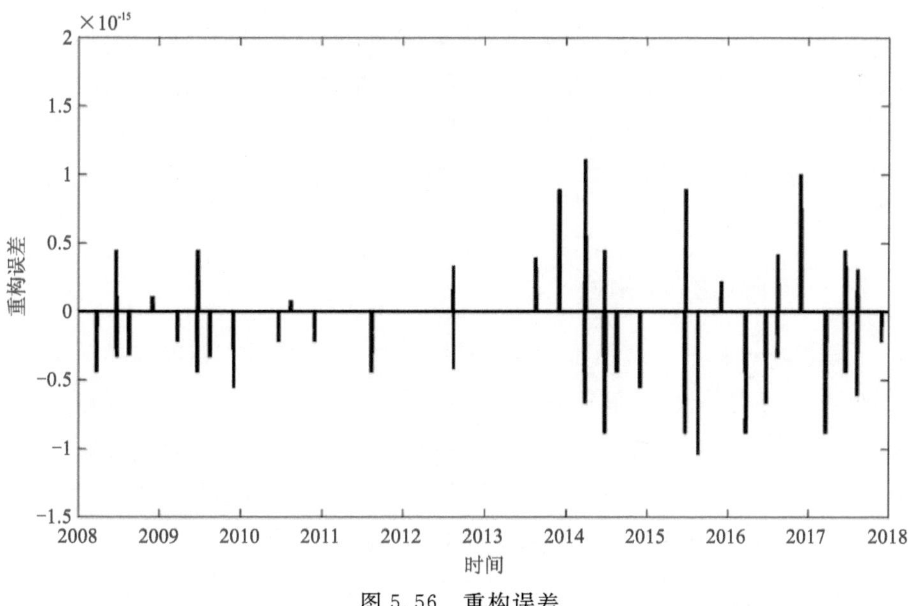

图 5.56　重构误差

大值、极小值包络的局部均值之差逐步获取的，故每个 IMF 分量在局部上是相互正交的。所以就有：

$$\overline{(x(t)-\overline{x(t)})\ \overline{x(t)}}=0 \tag{5.39}$$

式中：$\overline{x(t)}$ 为 $x(t)$ 的均值。从严格意义上讲，式(5.39)在理论上并不严格成立，由于包络均值是经由三次样条拟合信号的极大值和极小值点获取的，所以得到的包络均值只是真实均值的近似，在理论上存在一定的误差。虽然该误差是不可避免的，但是对信号分析结果的影响很小，因此可以不列入考虑范围。

通过后验的方法证明 IMF 的正交性，式(5.37)可以表示为：

$$x(t)=\sum_{k=1}^{m+1}c_k(t) \tag{5.40}$$

式中：$r_m(t)=c_{m+1}(t)$，即将 $r_m(t)$ 视为第 $m+1$ 个 IMF 分量，然后对上式两边进行平方得：

$$x^2(t)=\sum_{k=1}^{m+1}c_k^2(t)+2\sum_{k=1}^{m+1}\sum_{j=1}^{m+1}c_k(t)c_j(t) \tag{5.41}$$

所以，原信号 $x(t)$ 的正交性指标(Index of Orthogonality)的定义可以表示为：

$$\mathrm{IO}=\sum_{t=0}^{T}\left(\sum_{k=1}^{m+1}\sum_{j=1}^{m+1}c_k(t)c_j(t)/x^2(t)\right) \tag{5.42}$$

式中：T 为信号的总长度。假若分解得到的 IMF 分量是正交的，那么式(5.41)中的交叉项应为 0，即 $\sum_{k=1}^{m+1}\sum_{j=1}^{m+1}c_k(t)c_j(t)$ 的值为 0。Huang(2001)、郭翔(2016)等进行了大量的试验，结果表明一般信号的正交性指标往往不会超过 1%，而长度范围较短的信号在特殊的情况下正交性指标可能达到 5%，则说明 EMD 分解得到的各 IMF 分量是近似正交的。

5.4.2.3 局部性

EMD 在分解时，局部性是其重要的一个性质，它贯穿了 EMD 分解的整个过程，如局部极大值、局部极小值、局部包络均值、局部时间尺度等。各 IMF 分量是经由原始信号与局部包络均值之差获取的，且各 IMF 分量的瞬时频率皆具有物理意义，各个子带信号之间相互正交。最后，通过将分解得到的各 IMF 分量累加来重构原信号，以保证信号的能量不被泄漏(高静，2014)。

5.4.2.4 IMF 分量的调制性

信号经由 EMD 分解，产生若干阶 IMF 分量，这些 IMF 分量在幅度与频率上都是可以调制的。EMD 算法具有完备性，能够很好地保留原始信号非线性、非平稳的特征属性。同时，信号的分解效率取决于可变的瞬时频率及瞬时幅值，各 IMF 分量内部可以进行波内调制，在同一个本征模态函数中包含着不同 Fourier 频率表征的同一分量信息。因此，EMD 方法比传统的基于谐波的时频分析方法物理解释更全面、应用范围更广。

5.4.2.5 自适应性

自适应性作为 EMD 分解方法最大的特征，主要包括 3 个方面的内容：①EMD 分解时，生成的基函数具有自适应性；②EMD 分解生成的各 IMF 的频率分辨率具有自适应性特征；③进行 EMD 时，具有自适应的滤波特性(张丹，2014；鲁铁定等，2022)。

(1)自适应性的基函数：在对信号进行时频分析时，用 EMD 方法将原信号分解为多个分解量，这些分解量都内含自适应性的广义基，并且各 IMF 分量在频率与幅度上皆是可以调制的。因此，这些 IMF 分量皆是在信号分解过程中完全自适应获取的。

(2)IMF 频率分辨率的自适应性：原信号经由 EMD 分解得到的 IMF 分量拥有不同的特征时间尺度，则第 k 个 IMF 函数的瞬时频率分辨率可以表示为(盖强等，2005)：

$$\Delta f_k=\frac{f_{k,\max}}{N} \tag{5.43}$$

式中：$f_{k,\max}$ 为第 k 个 IMF 分量所含的最高频率；N 为信号采样的总数目。

从式(5.43)能够得出，各本征模态函数的频率分辨率都是不一样的，前几个高频 IMF 分量的频率分辨率低，而后面几个低频 IMF 分量的频率分辨率相对较高。此外，EMD 分解获得的所有 IMF 分量对应的频率分辨率都是自适应得到的，且与时间分辨率的选取无关。就这一特性而言，与小波分析中时间和频率分辨率相互制约在本质上并不相同，IMF 分量中的频率分辨率不受 Heisenberg 测不准原理的影响。

(3)自适应滤波特性：原信号经由 EMD 分解，可以获取多个分量，各 IMF 分量的频率及带宽皆不一样。并且，针对不同的原信号，分解将得到不同的频率成分及带宽。信号通过 EMD 分解，将得到频率依次降低的 IMF 分量，最先分解出来的 IMF 分量属于频率最高的分量。因此，在统计意义上，可以将 EMD 分解视为一组具有自适应特征的带通滤波器，截止频率与带宽也是随着信号的差异而自适应改变。与 EMD 自适应分析方法不同，信号在小波分析过程中，小波的分解尺度需要预先设定，而一旦确定分解尺度，信号分解获得的时域波形频率段也因此而固定，且频率段只与分析的信号频率有关，与信号本身并无任何关系，并不具备自适应性。

5.4.3　EMD 方法存在的主要问题

上一节，阐述了 EMD 算法在非平稳、非线性信号分析处理中的一些优越性质。虽然 EMD 算法相比其他的时频分析方法应用更广泛，但仍然存在着一定的缺陷。Huang(2001)首次提出 EMD 方法时，也指出了其存在的问题，随后，各国研究人员针对这些问题提出了各种改进办法。截至目前，EMD 算法存在的主要问题及研究热点包括以下几个内容(Chu et al.,2012)。

5.4.3.1　缺少理论支撑

任何成熟的信号分析方法都需要严格的理论依据作为基础，只有这样才更具说服力。而 EMD 算法是经验式的，虽然经过大量的实验证明了该算法的可行性，但是至今还没有找到一个与之相匹配的数学模型来对其进行描述，缺少数学理论支撑。钟佑明从 IMF 的定义着手，引入了 Hilbert 变换的局部乘积定理，并尝试将理论推导和物理意义分析相结合来证明该定理，但缺乏数学形式的表达(钟佑明和秦树人,2006)。若没有统一的理论基础，上节中介绍的 EMD 算法的各种性质也无法进行严格的数学推导证明，故而无法解释何种信号需要进行 EMD 分解。而对于 IMF 分量而言，也缺少严谨的数学定义，它只是根据信号的极点与零值点的关系，综合局部包络均值的特点进行定义。大量的例证表明了 EMD 算法的合理性，但其理论框架仍亟需进一步的改进及完善。

5.4.3.2　IMF 筛分准则

在 EMD 的分解过程中，IMF 分量的确定需要选取合适的迭代停止准则。迭代停止准则与分解结果的准确性密切相关，选取时既要考虑计算时的运算效率，又得兼顾信号本身的内在属性，这样得到的 IMF 分量才具有真实的物理意义。因此，选择合适的 IMF 迭代停止标准十分重要。Huang 把标准偏差系数(Standard Deviation,SD)作为 IMF 分量筛选停止的依据。SD 定义表达式为:

$$\mathrm{SD}=\sum_{i=0}^{T}\frac{[h_{i-1}(t)-h_i(t)]^2}{[h_{i-1}(t)]^2}<\varepsilon \tag{5.44}$$

式中:T 为信号的总时间长度;t 为时间;$h_{i-1}(t)$ 与 $h_i(t)$ 分别为两个相邻的 IMF 分量,若 ε 的取值范围在 0.2~0.3 之间,则认为 EMD 分解获得的 IMF 分量具有实际物理意义。通常情况下,SD 的值越小说明 IMF 分量越稳定。

由于 SD 用于 IMF 筛分停止准则存在争议,法国学者 Rilling 于 2003 年定义了一种新的 IMF 的判断准则,其表达式为:

$$\sigma(t)=\frac{|e_{\max}+e_{\min}|}{|e_{\max}-e_{\min}|} \tag{5.45}$$

式中:$e_{\max}$、$e_{\min}$ 分别为上、下包络线。通常情况下,假设 θ_1、θ_2、α 三个阈值(θ_1、θ_2、α 的值默认为 $\theta_1=0.05$,$\theta_2=0.5$,$\alpha=0.95$)。EMD 分解获得的各 IMF 分量,需要满足以下两个条件:

(1)在式(5.46)中,D 是信号持续的时间长度,$\# A$ 表示集合 A 中元素的总个数,$\sigma(t)$ 中小于阈值 θ_1 的元素个数占总元素个数的比值不小于 $1-\alpha$,即:

$$\frac{\#\{t\in D\,|\,\sigma(t)<\theta_1\}}{\#\{t\in D\}}\geqslant 1-\alpha \tag{5.46}$$

(2)在信号的整个时间跨度内的时刻 t 需要满足:

$$\sigma(t)<\theta_2 \tag{5.47}$$

通过大量的例证,结果表明相比于 Huang 提出的 IMF 筛分准则,该判据可以更好地对 IMF 分量的均值特性进行描述。

随着研究的进展,IMF 分量还有其他类型的筛分准则,下面简单阐述几种其他的判定方法,例如下式:

$$\mathrm{SD}=\max\{Mh_i(t)\}<\varepsilon \tag{5.48}$$

此种方式的 IMF 筛分准则,相比于其他筛分准则,具备更好的精度,但是运算起来更加复杂,求最大值时增加了很多的迭代次数,导致运算效率较低。

另一种定义 IMF 筛分准则的表达式为:

$$\mathrm{SD}=\sqrt{\sum_{t=0}^{T}|h(t)-h(t)|}<\varepsilon \tag{5.49}$$

该筛分准则不受信号长度带来的影响,具有较快的收敛速度。

总之,选择不同的 IMF 筛分准则,信号进行 EMD 分解后,产生的 IMF 分量个数及振幅大小将不一样。若想得到更多理想的 IMF 分量,应选择合适的 SD 值。IMF 筛分准则的选取,与 EMD 分解得到 IMF 的特征(线性及稳定性)密切相关,并且决定了各 IMF 分量所包含的物理意义。

5.4.3.3 EMD 分解停止准则

截至目前,最常用的判定整个 EMD 算法停止的方法主要有两种:①当残余分量 $r_m(t)$ 的幅值或最后一个 IMF 分量小于预设值时，EMD 分解过程停止；②当残余分量 $r_m(t)$ 为单调函数或常数时，无法继续分解出 IMF 分量，此时终止 EMD 分解过程。假若停止准则条件放宽，将丢失很多信号内部的有用分量；若条件过于严格，将花费更多的时间用于分解过程，且获得的 IMF 分量没有物理意义，因此，信号在进行 EMD 分解时，选择一个合适的停止标准至关重要。

5.4.3.4　曲线拟合

利用 EMD 算法对信号进行处理时，首先需要找出信号的所有极大值点与极小值点，然后通过曲线拟合的方法将极大值点与极小值点分别拟合为上、下包络线，才能计算出包络均值曲线。最后，才能通过筛分准则，获得若干 IMF 分量。因此，曲线拟合方法的选择与 EMD 分解结果的好坏息息相关，在 EMD 分解方法中起着至关重要的作用。Huang(2001)首次提出 EMD 分解方法，算法中所采用的曲线拟合方法为三次样条差值法，该拟合方法的基本思想是：

假设原信号的极大值点与极小值点所在的位置为 $x_i(i=0,1,\cdots,n)$，这些点所对应的幅值为 $y_i(i=0,1,\cdots,n)$，然后对其进行一阶求导，即：$s'(x_0)=y'_0$，$s'(x_1)=y'_1$，…，$s'(x_n)=y'_n$。二阶导数 $M_i=s'(x_i)(i=0,1,\cdots,n)$，若 $s'(x_i)$ 在 x_i 上是连续的，则可得：

$$\mu_i M_{i-1}+2M_i+\lambda_i M_{i+1}=g_i,(i=0,1,\cdots,n) \tag{5.50}$$

式中：

$$\mu_i=\frac{h_i}{h_i+h_{i+1}} \tag{5.51}$$

$$\lambda_i=1-\mu_i=\frac{h_{i+1}}{h_i+h_{i+1}} \tag{5.52}$$

$$\begin{aligned} g_i&=\frac{6}{h_i+h_{i+1}}\left(\frac{y_{i+1}-y_i}{h_{i+1}}-\frac{y_i-y_{i-1}}{h_i}\right)\\ &=\frac{6}{h_i+h_{i+1}}(f[x_i,x_{i+1}]-f[x_{i-1},x_i])\\ &=6f[x_{i+1},x_i,x_{i-1}] \end{aligned} \tag{5.53}$$

则由边界条件 $s'(x_0)=y'_0$，$s'(x_n)=y'_n$ 可以得到如下表达式：

$$2M_0+M_1=\frac{6}{h_1}\left(\frac{y_1-y_0}{h_1}-y'_0\right) \tag{5.54}$$

$$M_{n-1}+2M_n=\frac{6}{h_{n-1}}\left(y'_n-\frac{y_n-y_{n-1}}{h_n}\right) \tag{5.55}$$

由式(5.50)、式(5.54)、式(5.55)则可以确定 $M_i(i=0,1,\cdots,n)$ 的线性方程组：

$$\begin{bmatrix} 2 & 1 & & \\ \mu_1 & 2 & \lambda_1 & \\ \ddots & \ddots & \ddots & \\ & \mu_{n-1} & 2 & \lambda_{n-1} \\ & & 1 & 2 \end{bmatrix}\begin{bmatrix} M_0 \\ M_1 \\ \vdots \\ M_{n-1} \\ M_n \end{bmatrix}=\begin{bmatrix} g_0 \\ g_1 \\ \vdots \\ g_{n-1} \\ g_n \end{bmatrix} \tag{5.56}$$

式中：

$$g_0 = \frac{6}{h_{n-1}}(\frac{y_1 - y_0}{h_n} - y'_0) = \frac{6}{h_1}(f[x_0, x_1] - y'_0) \tag{5.57}$$

$$g_n = \frac{6}{h_{n-1}}(y'_n - \frac{y_n - y_{n-1}}{h_n}) = \frac{6}{h_{n-1}}(y'_n - f[x_{n-1}, x_n]) \tag{5.58}$$

最后，将得到的 $M_i(i = 0,1,\cdots,n)$ 代入下面的公式，就可以获得由 M_i 表示的上包络函数：

$$\begin{aligned} s(x) = & M_{i-1}\frac{(x_i - x)^3}{6h_i} + M_i\frac{(x - x_{i-1})^3}{6h_i} + \\ & (y_{i-1} - \frac{M_{i-1}}{6}h_i^2)\frac{x_i - x}{h_i} + (y_i - \frac{M_i}{6}h_i^2)\frac{x - x_{i-1}}{h_i} \end{aligned} \tag{5.59}$$

式中：$x \in [x_{i-1}, x_i], i = 1,2,\cdots,n$。

Huang 在 EMD 算法中，采用三次样条函数拟合极大值点与极小值点分别构成上下包络线，具备良好的二阶光滑性，但是该方法容易造成过冲和欠冲的问题。而采用高次样条函数时，曲线拟合所需的运算时间将变长，存储空间将变大，运算效率较低；此外，当样条函数的阶数达到某个范围之后，拟合精度也将无法改善。

针对上述问题，Chen 于 2006 年基于极值点滑动平均的线性组合，提出了 B 样条函数插值方法，并用其替代三次样条函数，该算法可表示为(Chen and Huang，2006)

$$m(t) = \sum_{j\in Z}\frac{1}{2^{k-2}}\left[\sum_{l=1}^{k-1}\begin{pmatrix}k-2\\l-1\end{pmatrix}x(\tau_{j+l})\right]B_{j,k}(t) \tag{5.60}$$

式中：$\{\tau_j : j \in Z\}$ 为原信号 $x(t)$ 中的所有极值点；$B_{j,k}(t)$ 为第 j 个 k 阶 B 样条函数，其节点为 $\{\tau_j : j \in Z\}$。在 Chen 的观点中，EMD 分解得到的所有 IMF 分量，除第一个之外，剩下的都是三次样条函数，皆可以使用 B 样条函数来组成样条空间的基，此种利用 $B_{j,k}(t)$ 来表示均值曲线的方法是可行的。其中的系数为：

$$m(t) = \sum_{j\in Z}\frac{1}{2^{k-2}}\left[\sum_{l=1}^{k-1}\begin{pmatrix}k-2\\l-1\end{pmatrix}x(\tau_j)\right] \tag{5.61}$$

式(5.61)中的系数是通过对所有极值点序列进行低通滤波获得的，表征了原信号 $x(t)$ 的低频信息。通过此种方法，利用极值点就能够求出均值曲线，而不用借助样条拟合方法先拟合出上下包络线，然后再求取其均值，操作步骤简单。另外，世界各地还有众多学者对曲线拟合进行了研究，并进行了相应的改进，这些改进算法包括高次样条插值法(杨世锡等，2004；Chen and Huang，2006)、分段幂函数法(刘霖雯等，2007；胡爱军，2008)、约束三次样条插值法(Irvine et al.，1986)等。

综上所述，一种好的曲线拟合方法需要将原信号的所有内部信息包络在拟合的上下包络之中，而且拟合方法需要根据信号自身的特征属性自适应拟合曲线，拟合出的曲线需要具备良好的光滑性。另外，信号在进行曲线拟合时，要能够很好地压制过冲与欠冲现象。

5.4.3.5 端点效应

原信号在进行 EMD 分解时，需要找出信号所有的极值点，故容易产生端点效应。EMD

算法利用三次样条曲线来拟合上下包络线，进而计算局部均值。然而，三次样条拟合上下包络的前提是找出信号的所有极值点，而通常情况下无法判断端点是否为信号的极值点，利用三次样条进行插值拟合极易造成误差。而且，随着每次三次样条拟合误差的不断累加，将导致获取的第一个 IMF 分量就存在极大的误差，而原信号减去第一个 IMF 分量得到的新信号是获取第二个 IMF 分量的初始信号，故存在的误差更大。经过若干次筛分过程，误差将向后逐渐传播，导致后续得到的 IMF 分量严重失真，最终得到的分解结果将失去意义。下面通过模拟信号来说明端点效应的问题，模拟信号的表达式为(邓拥军等，2001)：

$$x(t)=\cos\left(\frac{2\pi}{50}t\right)+0.6\cos\left(\frac{2\pi}{25}t\right)+0.5\sin\left(\frac{2\pi}{200}t\right),t\in[5,95] \tag{5.62}$$

在图 5.57 中，绘制了原信号 $x(t)$ 与利用三次样条插值进行拟合所获得的上下包络线波形图。从图 5.57 中可以看到，分解信号 $x(t)$ 共有 3 个极大值点与 4 个极小值点，而在端点处无法判定其是否为极值点。若采用三次样条拟合上下包络线，包络曲线将无法包含信号内部的全部数据，尤其是在拟合上包络线的时候，在两端点处产生了很大的误差，出现了端点“飞翼”现象。将该信号 $x(t)$ 进行 EMD 分解，端点处将发生信号失真现象，随着分解的继续进行，拟合误差将逐渐扩大，最终这种误差将对信号内部特征造成影响，从而导致 EMD 分解结果错误。

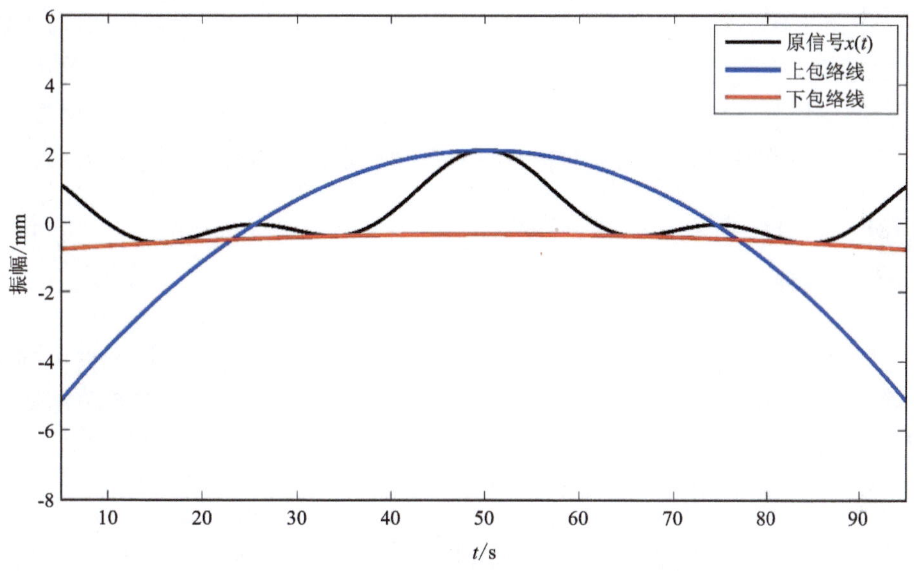

图 5.57　三次样条函数拟合上下包络线

对于序列长度较大的信号，进行 EMD 分解时，可以不断地截掉端点数据，从而较为有效地削弱端点效应的影响，甚至能够有效地处理端点问题。而对于时间尺度较小的短信号，能够将原信号的端点数据进行简单的延拓，从而抑制端点效应的影响。Huang(2001)在提出 EMD 算法的同时，还给出了一种基于特征波的数据延拓方法，并通过该方法来消除端点效应的影响，对 EMD 分解算法在端点处数据失真的问题进行了改善。针对如何处理端点效应问题，世界各国学者也提出了很多改进方法，例如镜像延拓(Zhao and Huang，2001)、线性预测

(张郁山等,2003)、神经网络预测(胡劲松和杨世锡,2007)和 AR 模型预测(程军圣等,2005)等。

5.4.3.6 模态混叠

在很多情况下,信号进行 EMD 分解,都能够得到理想结果。但是,当信号内部具有间歇信号时,将使得 EMD 分解发生模态混叠现象。所谓的模态混叠是指信号具有若干频率相近的成分,分解信号时,不同的模态无法根据时间特征尺度有效区分,造成不同的模态在同一个模态中共存或相同的模态分成了多个频率相近的模态。模态混叠现象的出现,将严重影响信号经由 EMD 分解的准确性,最终导致分解得到的 IMF 分量失去本身具有的物理意义(刘陈希,2007)。因此,EMD 算法中,模态混叠是一个不容忽视的问题,本书在第 3 章中给出了一种削弱混叠现象的改进 EMD 算法。

5.4.4 基于 EMD 的改进算法

通过前两节的介绍可知,EMD 方法自 1998 年提出开始,至今已有 20 多年。在此期间,该方法发展十分迅速,在各领域得到了广泛的应用。然而,无论何种成熟的算法,都离不开缜密的理论推导以及大量可靠的实验结果作为支撑,从而证明该方法的合理性与适应性。EMD 算法的提出,辅以大量的仿真数据与应用实例加以验证,结果证明该方法的可靠性。本章首先阐述了 EMD 降噪原理及其降噪评价指标,然后以两组模拟数据进行 EMD 降噪处理,呈现直观图像,说明该方法的实效性。此外,本章还给出了两种改进的 EMD 算法,利用仿真数据进行实验,通过直观图像与降噪评价指标对比分析,说明两种改进 EMD 算法的可行性。

5.4.4.1 信号去噪原理及其评价指标

1. 信号去噪原理

原始数据序列 $x(t)$ 经 EMD 分解后,得到若干 IMF 分量,其中噪声通常都出现在靠前的高频 IMF 分量中,因此需要确定噪声与真实信号的分界 IMF 函数。通过相关系数准则选取分界 IMF 函数,相关系数第一次取得极小值时所对应的 IMF 为分界 IMF 函数。各 IMF 分量与原始序列的相关系数可由下式计算:

$$\rho_k = \frac{\sum_{t=0}^{N-1} \mathrm{IMF}_k(t)x(t)}{\left[\sum_{t=0}^{N-1} \mathrm{IMF}_k^2(t) \sum_{t=0}^{N-1} x^2(t)\right]^{\frac{1}{2}}} \tag{5.63}$$

EMD 方法将分界 IMF 并入噪声部分,分界之后的低频 IMF 分量及残差项进行重构,即可得到降噪信号。降噪后的信号可表示为:

$$\hat{x}(t) = \sum_{k=K+1}^{m} \mathrm{IMF}_k + r_m(t) \tag{5.64}$$

式中:$\hat{x}(t)$ 为降噪之后的信号;IMF_k 为信号与噪声的分界 IMF 函数;K 及 K 之前的 IMF 分

量均为纯噪声 IMF 分量。

2. 去噪评价指标

利用 EMD 方法对信号进行去噪处理，是指从含噪声序列 $x(t)$ 中消除噪声，进而获得真实信号的粗略估计。然而，去噪结果的好坏需要一些评价指标来对其进行定量描述，本书采用相关系数、均方根误差及信噪比等传统评价指标来衡量去噪的效果（郭翔，2016）。

（1）重构信号与真实未加噪声信号相关系数 ρ，计算公式为：

$$\rho = \frac{\mathrm{Cov}(s(t),\hat{x}(t))}{\sqrt{D(s(t))}\sqrt{D(\hat{x}(t))}} \tag{5.65}$$

（2）均方根误差（root mean squared error，RMSE），可定义为：

$$\mathrm{RMSE} = \sqrt{\frac{1}{N}\sum_{t=0}^{N-1}(\hat{x}(t) - s(t))^2} \tag{5.66}$$

（3）信噪比（signal-noise ratio，SNR），计算公式为：

$$\mathrm{SNR} = 10 \times \lg\left[\frac{\sum_{t=0}^{N-1} s^2(t)}{\sum_{t=0}^{N-1}[\hat{x}(t) - s(t)]^2}\right] \tag{5.67}$$

式中：$\hat{x}(t)$ 为降噪之后的重构信号；$s(t)$ 为真实未加噪声信号（纯净信号）；N 为数据长度；$\mathrm{Cov}(s(t),\hat{x}(t))$ 为 $s(t)$ 与 $\hat{x}(t)$ 的协方差；$D(s(t))$ 与 $D(\hat{x}(t))$ 分别为 $s(t)$ 与 $\hat{x}(t)$ 的方差。

ρ 值越接近 1，表明降噪信号与原始数据序列的相似度越高，拟合效果越好，降噪效果也就越好；RMSE 体现了降噪信号与原始信号之间的偏差程度，值越小，降噪效果越好；SNR 主要体现噪声信号在整体信号中的比重，其值越大，降噪效果越好。

5.4.4.2　经验模态分解算例

上 3 节对 EMD 的基本原理、性质及存在的主要问题作出了详细的描述。EMD 算法本质是一种自适应的时频分析方法，主要针对信号内部特有属性，将原信号分解为若干频率由高到低的信号（IMF）分量。其核心思想是使用原信号 $x(t)$ 的峰值信息，通过筛选算法获取所有 IMF 分量的振动模式，从而映射出信号 $x(t)$ 的内部特征。本节利用两组仿真数据进行降噪分析，并绘出分解后的图像，呈现出该算法分解的直观效果。

1. 仿真算例 I

设有仿真数据 I，其主要由真实信号及噪声（ε）构成，具体表达式为：

$$x_1 = 2\sin(2\pi t) + 3\cos(2\pi t) + 4\sin(4\pi t) + 5\cos(4\pi t) + \varepsilon \tag{5.68}$$

式中；x_1 为模拟的含噪声信号；ε 为加入的噪声（$\varepsilon = 6\mathrm{dB}$）；$t$ 为 GPS 年积日（模拟的是 2008—2018 年总计 10 年的数据）。图 5.58(a)绘制了未加入噪声 ε 的真实信号波形，图 5.58(b)绘制了含噪声信号 x_1 的波形。

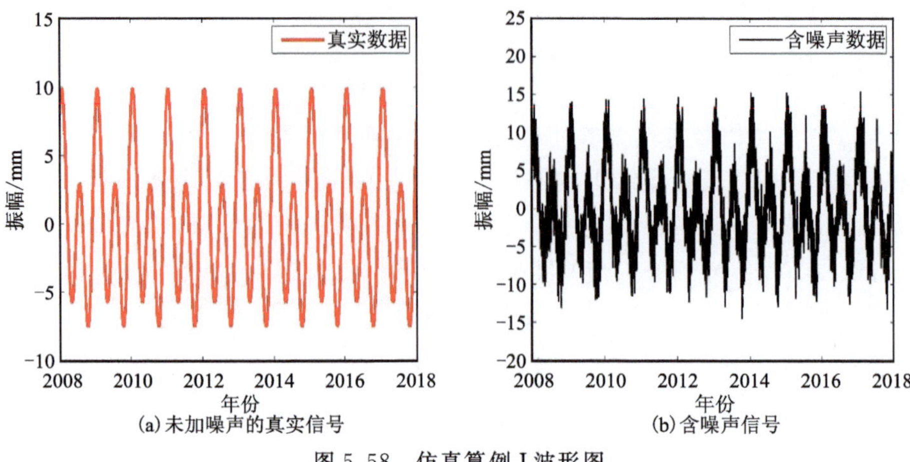

(a)未加噪声的真实信号　　(b)含噪声信号

图 5.58　仿真算例Ⅰ波形图

从图 5.58 中可知，随着时间的变化，仿真信号 x_1 的峰值大小恒定，信号的统计特性并没有发生变化，从而可以判定信号 x_1 是一个平稳信号。将该平稳信号 x_1 进行 EMD 分解，得到若干 IMF 分量及一个残余项(将残余项视为最后一个 IMF 分量)，其波形图如图 5.59 所示。从图 5.59 中可以明显发现，前几个 IMF 分量振动波形非常符合噪声的分布特性，因此将后几个 IMF 分量重构，可以获得降噪后的真实数据。

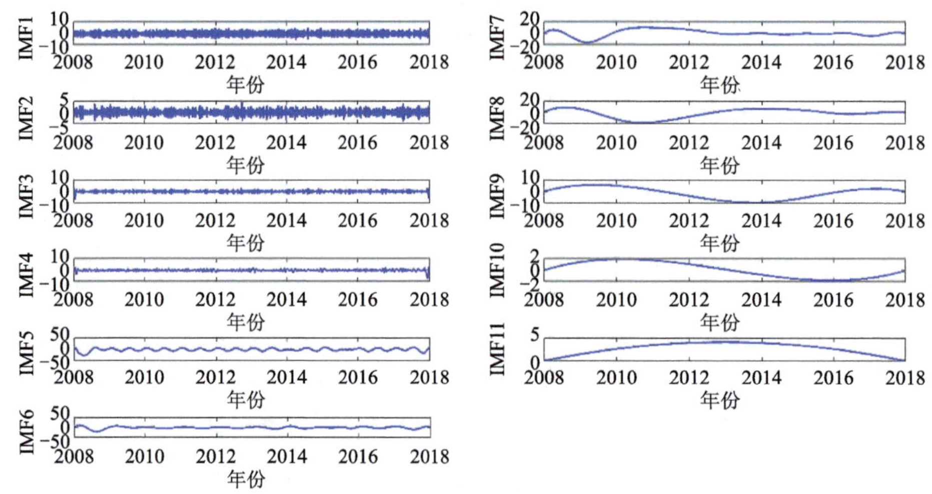

图 5.59　仿真算例Ⅰ本征模态函数分量图

图 5.60 中，绘制了经 EMD 分解重构后降噪信号与真实信号的波形对比图。从图 5.60 中可以看出，EMD 重构信号与真实无噪声信号波形基本吻合，只有在端点与峰值处有较小的差异。该实验结果表明，通过信号局部极大值、极小值构成的平均包络信号，内部具有真实信号的固有基本振荡模式，而该特点在 GPS 坐标时间序列降噪方面具有很大的用途。

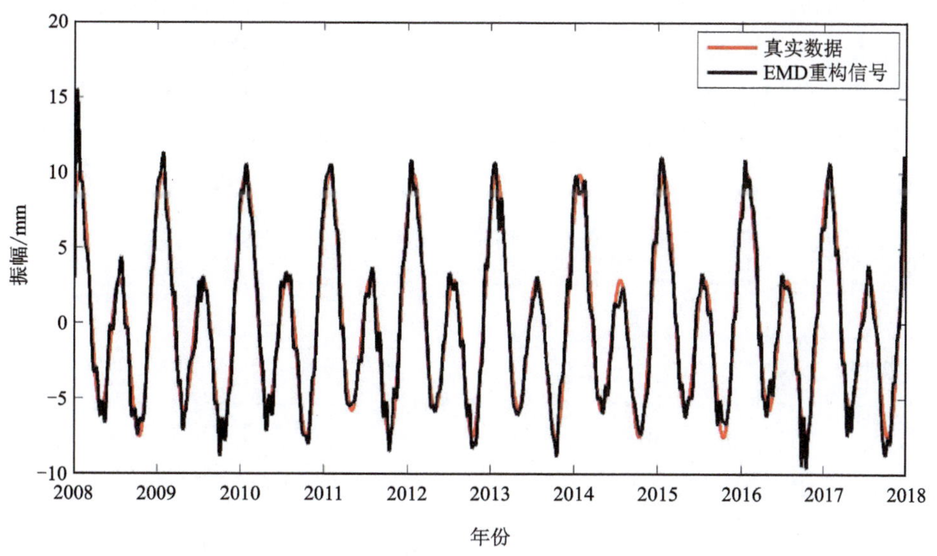

图 5.60 仿真算例 I 重构信号对比图

2. 仿真算例 Ⅱ

设有仿真数据Ⅱ，其在仿真数据Ⅰ的前提下，加入了振幅变化因子（卢辰龙等，2014）。通过下式模拟了 10 年的时变季节性信号数据，其具体表达式为：

$$x_2 = 2\sin(2\pi t) + 3\cos(2\pi t) + c(t)\sin(2\pi t) + c(t)\cos(2\pi t) + 4\sin(4\pi t) + 5\cos(4\pi t) + c(t)\sin(4\pi t) + c(t)\cos(4\pi t) + \varepsilon \quad (5.69)$$

式中：x_2 为模拟的时变季节性信号数据；ε 为加入的噪声（$\varepsilon = 6\text{dB}$）；t 为 GPS 年积日（模拟的是 2008—2018 年），$c(t) = 2e^{0.3\sin(t)}$，是振幅变化因子。图 5.61(a)绘制了模拟的真实数据，图 5.61(b)中绘制了加入噪声 ε 的含噪声数据。

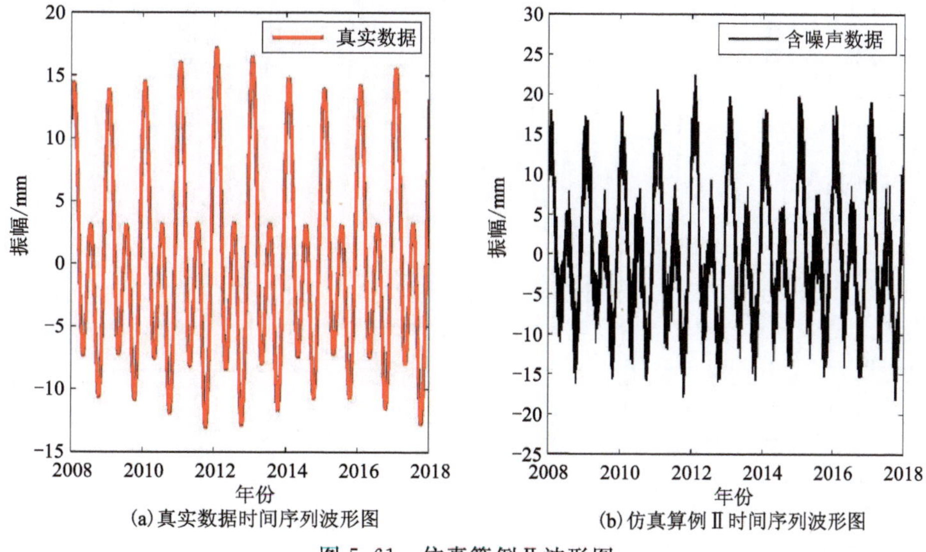

(a) 真实数据时间序列波形图　(b) 仿真算例Ⅱ时间序列波形图

图 5.61 仿真算例Ⅱ波形图

由图 5.61 可以看出，仿真信号 x_2 的峰值并不固定，并且随着时间的变化，其方差也随之变化，即仿真信号 x_2 为非平稳信号。将该非平稳信号 x_2 同样进行 EMD 分解，得到 12 个 IMF 分量（将残余项视为最后一个 IMF 分量），其波形图如图 5.62 所示。从图 5.62 中可以看出，前几个 IMF 分量为噪声分量，后几个 IMF 分量为真实信号，将低频 IMF 分量重构即可达到降噪目的。

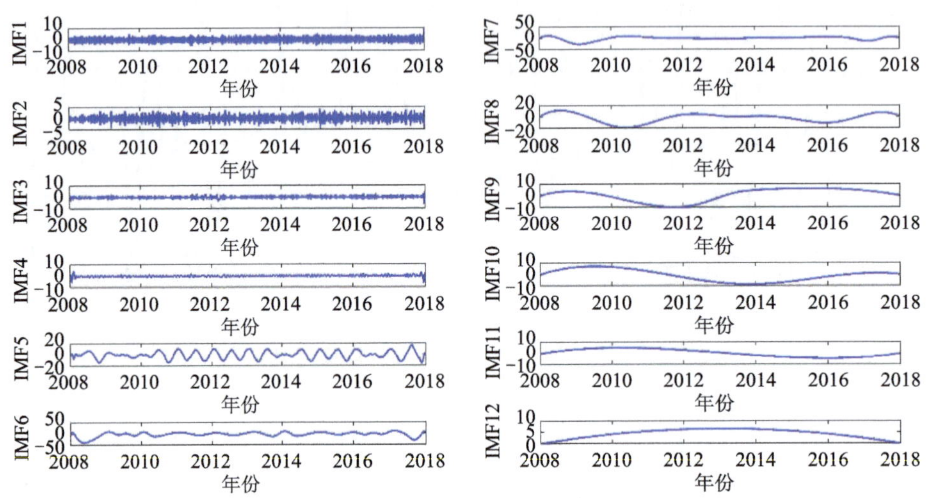

图 5.62　仿真算例Ⅱ本征模态函数分量图

图 5.63 中，绘制了非平稳信号 x_2 经 EMD 分解重构后降噪信号与真实信号的波形对比图。从图 5.63 中可以看出，EMD 重构信号与真实无噪声信号波形基本吻合，达到了良好的信号分解及降噪目的，但是该实验结果与真实信号在端点和峰值处存在略微的不同。

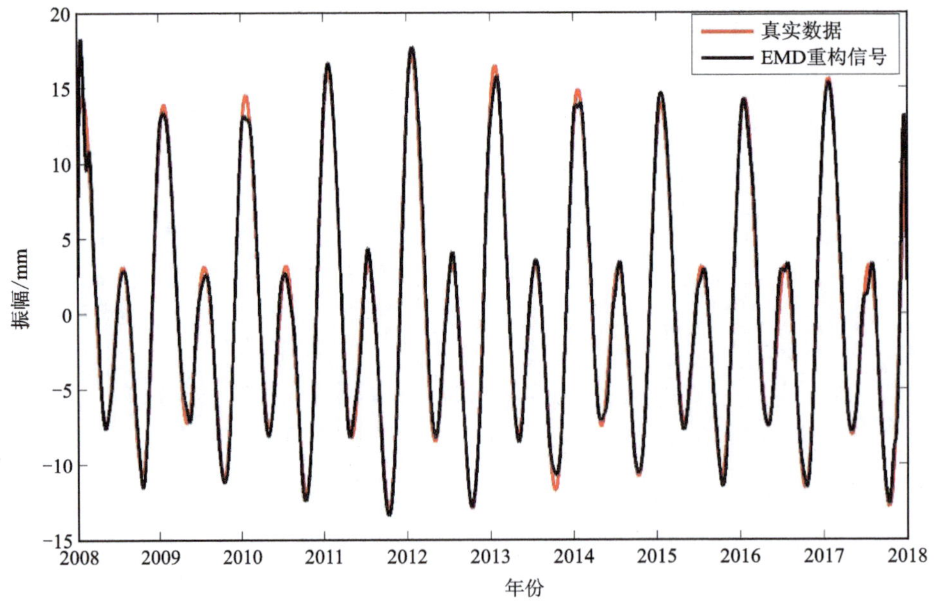

图 5.63　仿真算例Ⅱ重构信号对比图

综合分析仿真信号 x_1 与 x_2 的分解结果，可以发现 EMD 分解过程中，分解的第一个 IMF 分量是所有分量中频率最高的，而最后分解出的 IMF 分量频率是最低的。不难发现，EMD 分解所获得的 IMF 分量频率依次递减，即无论是平稳信号还是非平稳信号，EMD 分解是一个自适应的高通滤波过程。根据其自适应性特点，EMD 分解能够体现出信号原本的固有特征，为实际生活中 GPS 坐标时间按序列降噪提供了便利。然而，综合以上的结果可以看出，EMD 分解在端点及峰值处仍存在一些问题，因此需要进一步对该算法进行完善与改进。

5.4.4.3 削弱模态混叠的改进 EMD 算法

从以上介绍可知，EMD 算法在降噪过程中，存在信号与噪声模态混叠，以及直接将分界本征模态函数分量归入高频噪声，造成真实信号被“淹没”等问题，该节针对这一问题，提出一种改进的 EMD 降噪方法。本节通过 3 组模拟数据进行实验，模拟数据结果表明，改进的 EMD 方法较传统 EMD 方法降噪效果更佳，从而验证了该方法的可靠性。

1. 削弱模态混叠 EMD 算法基本原理

利用 EMD 方法，将原始数据序列 x_{11} 分解为一系列频率由高到低的本征模态函数分量 IMF_{1m_1} 及一个残差项 $r_1(t)$；将第 2 个 IMF_{12} 分量至分界本征模态函数 IMF_{1K_1} 进行重构，获得一个新的原始数据序列 x_{12}，再次利用 EMD 方法对 x_2 进行分解，得到若干频率由高到低的本征模态分量 IMF_{2m_2} 及一个残差项 $r_2(t)$；将此次分界本征模态函数 IMF_{1K_2} 到第 2 个 IMF_{22} 分量进行重构，再次得到一个新的原始数据序列 x_{13}，重复上述操作，能够得到新的数据序列 x_{1i}，进行 EMD 分解得到若干 IMF_{im_i} 分量及残差项 $r_i(t)$。最终将所有低频 IMF 分量及残差项进行重构，得到降噪后的数据序列，可表示为：

$$\hat{x}_1 = \sum_{m_1=K_1+1}^{M_1} \text{IMF}_{1m_1} + \sum_{m_2=K_2+1}^{M_2} \text{IMF}_{2m_2} + \cdots + \sum_{m_i=K_i+1}^{M_i} \text{IMF}_{im_i} + \sum_{j=1}^{i} r_j(t) \tag{5.70}$$

式中：K_i 为第 i 个原始数据序列噪声共存的阶次；M_i 为第 i 个原始数据序列总的 IMF 分量的个数；IMF_{im_i} 为第 i 个原始数据序列的第 m_i 个 IMF 分量；$r_j(t)$ 为第 j 次 EMD 分解的残余项。本节中只进行 3 次 EMD 分解，即 $i = 3$。

2. 模拟数据降噪分析

1)模拟数据 I 进行降噪分析

GPS 坐标时间序列一般由季节项、趋势项与噪声 3 部分组成，模拟数据 I 先剔除了其站点位置、趋势项与阶跃式偏移，主要考虑 3 个恒定振幅的周期项和高斯白噪声。模拟数据 I 设置采样频率为 1Hz，采样点数为 1024 个，并加入信噪比为 4dB 的高斯白噪声，其构成分量信号波形图如图 5.64 所示。模拟数据 I 表达式为：

$$\begin{cases} y_1 = 4\sin(\frac{2\pi t}{800})\sin(\frac{2\pi t}{250}) \\ y_2 = 2\sin(\frac{2\pi t}{600}) \\ y_3 = \sin(\frac{2\pi t}{50}) \\ \varepsilon = \text{Noise} \\ x = y_1 + y_2 + y_3 + \varepsilon \end{cases} \tag{5.71}$$

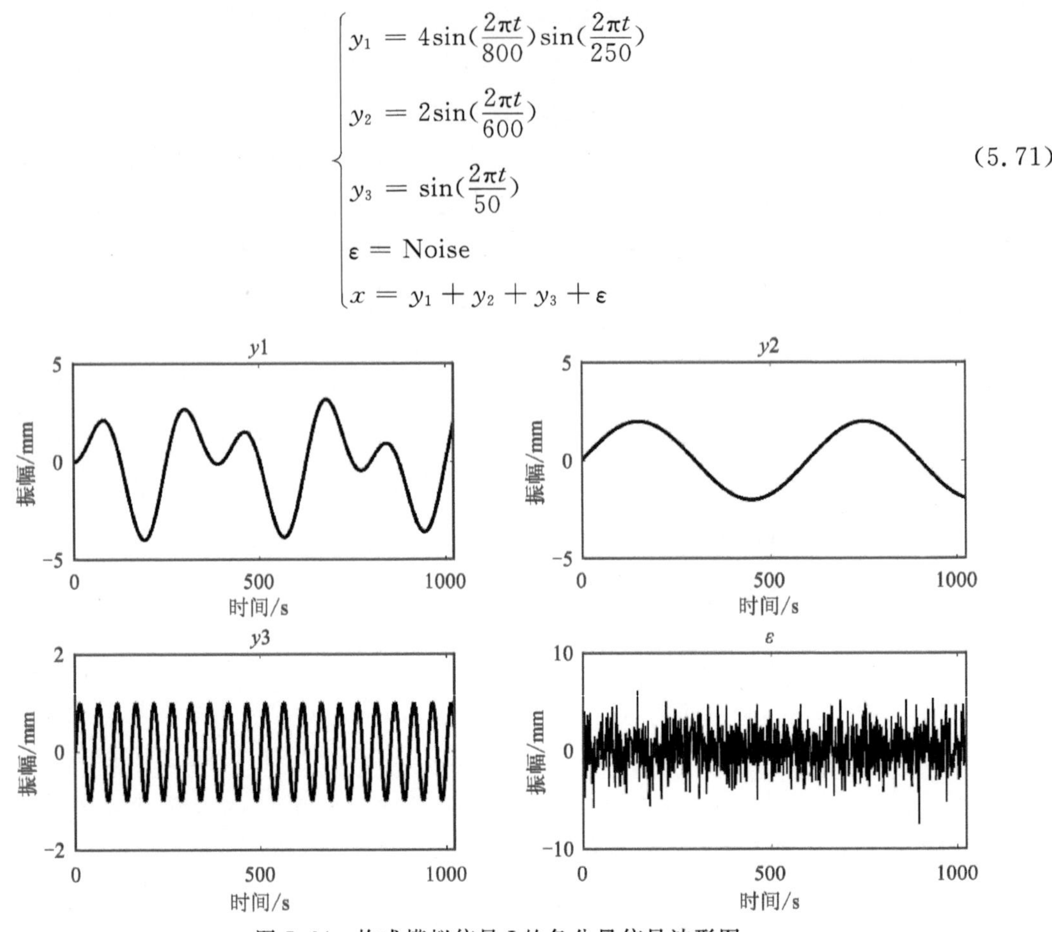

图 5.64　构成模拟信号 I 的各分量信号波形图

采用改进的 EMD 方法，对模拟数据 I 进行分解，得到 3 次 EMD 分解的含噪声原始信号的波形图如图 5.65 所示。从图 5.65 中可以看出，第 2 次 EMD 分解的原始信号振幅在某些点位较大，所去掉的高频噪声中含有“真实”信号，第 3 次 EMD 分解的原始信号波形图几乎符合白噪声的分布规律。图 5.66 为每次 EMD 分解的各 IMF 分量与原始信号的相关系数图，取每次分解中相关系数取得第一次局部极小值点作为分界 IMF 函数分量。从图 5.66 中可以看出，第 1 次 EMD 分解，第 3 个 IMF 为分界 IMF 函数分量；第 2、3 次 EMD 分解，第 4 个 IMF 为分界 IMF 函数分量。

为了验证本节方法的优势，用传统 EMD 分解方法与改进的 EMD 方法进行对比分析。传统 EMD 方法中，将第 1 次 EMD 分解的 IMF1、IMF2、IMF3 分量直接视为高频噪声，剩余的 IMF 分量进行重构，得到降噪后的信号。而本节改进的 EMD 方法，从前 1 次 EMD 分解的高频噪声中再次获取“真实”信号，避免了“真实”信号被“淹没”。两种方法所得降噪信号波形图如图 5.67 所示。从图 5.67 中可以看出，与模拟数据 I 相比，EMD 算法与本节方法所得的降噪信号的波形图明显更加光滑，说明两种方法都达到了降噪的效果；相比于传统 EMD 方法，本节改进的 EMD 方法所得的降噪信号波形图在波峰波谷处的幅值与真实信号的幅值更

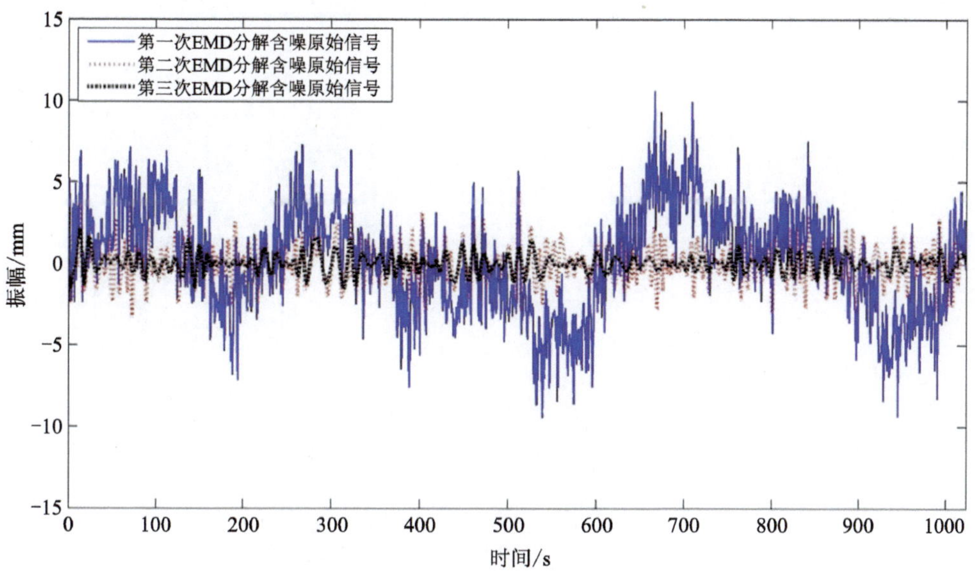

图 5.65　每次 EMD 分解含噪声原始信号

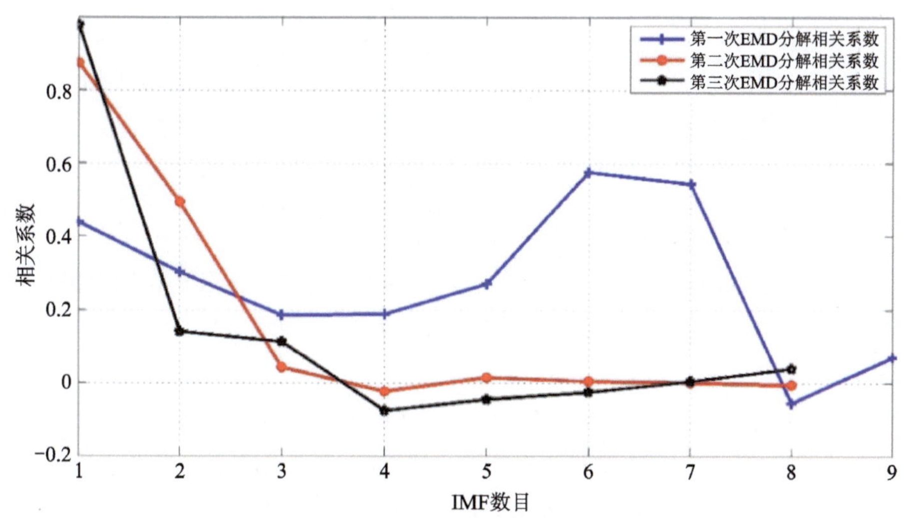

图 5.66　每次 EMD 分解的互相关系数

加接近，证明了本节方法能够提取出 EMD 方法中被“淹没”的纯净信号，降噪精度更高。

为了定量说明改进的 EMD 方法与传统 EMD 算法的去噪效果，引入相关系数、均方根误差及信噪比等评价指标，计算所得结果如表 5.14 所示。由表 5.14 可知，进行两次 EMD 分解的去噪效果比进行三次 EMD 分解的去噪效果更好，但降噪效果都优于传统的 EMD 方法。进行三次 EMD 分解所获得的降噪信号较传统的 EMD 分解获得的降噪信号，RMSE 的值减小了 0.7%，相关系数提高了 0.000 7，SNR 值提高了 0.28dB，表明本节中改进的方法确实能够提取高频 IMF 分量中的“真实”信号。

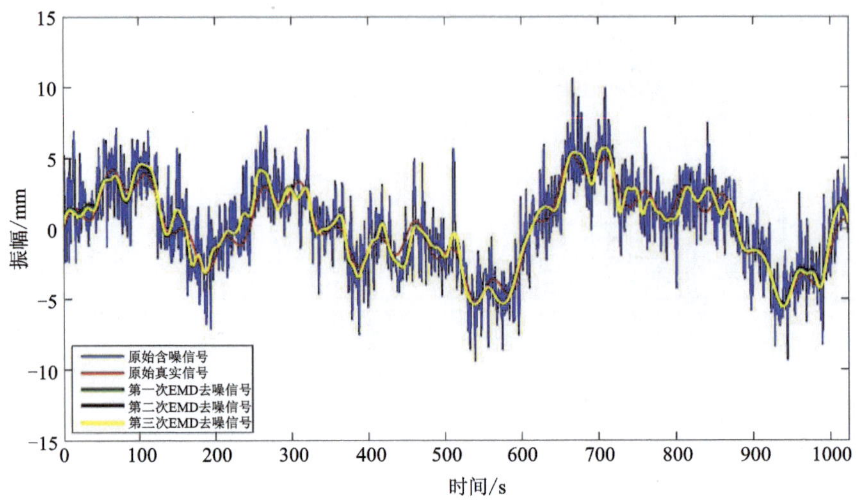

图 5.67 原始时间序列与降噪时间序列

表 5.14 重构信号与真实信号的评价指标值

指标	RMSE	p	SNR
第 1 次 EMD 分解	0.710 4	0.965 9	26.808 2
第 2 次 EMD 分解	0.704 1	0.966 6	27.109 0
第 3 次 EMD 分解	0.705 4	0.966 6	27.094 3

2)模拟数据Ⅱ进行降噪分析

由于连续 GPS 坐标序列中含有振幅时变季节性信号,模拟数据Ⅱ在剔除站点位置、趋势项及阶跃式偏移的前提下,加入了振幅变化因子。通过下式模拟了 10 年的坐标序列时变季节性信号模拟数据:

$$\begin{aligned} s(t_i) = {} & a\sin(2\pi t_i) + b\cos(2\pi t_i) + c(t_i)\sin(2\pi t_i) + c(t_i)\cos(2\pi t_i) + \\ & d\sin(4\pi t_i) + e\cos(4\pi t_i) + c(t_i)\sin(4\pi t_i) + c(t_i)\cos(4\pi t_i) + \varepsilon(t_i) \end{aligned} \tag{5.72}$$

式中:$s(t_i)$ 为模拟的时变季节性信号数据;a,b,d,e 为常数(本书取 $a=2\text{mm},b=3\text{mm},d=4,e=5\text{mm}$);$t_i$ 为 GPS 年积日,$c(t_i)=2\,\mathrm{e}^{0.3\sin(t_i)}$,是振幅变化因子;$\varepsilon(t_i)$ 为噪声(模拟数据Ⅱ中加入信噪比为 6dB 的高斯白噪声)。图 5.68 所示为依据上式仿真的数据,其中图 5.68(a)、(b)分别为年周期信号与半周年信号,图 5.68(c)是时变年周期与时变半周年信号叠加构成的真实季节性信号,图 5.68(d)是模拟的含噪声季节性信号。

模拟数据Ⅱ共进行了 3 次 EMD 分解,每次 EMD 分解计算的互相关系数如表 5.15 所示,本节中所有表格中“NaN”表示空值,$p1$、$p2$、$p3$ 分别表示第 1、2、3 次 EMD 分解各 IMF 分量与原始模拟数据的互相关系数。由表 5.15 可知,第 1 次 EMD 分解,IMF3 与原始模拟数据的互相关系数取得第一次局部极小值,即 IMF3 为分界 IMF 函数分量;第 2 次 EMD 分解,IMF4 为分界 IMF 函数分量;第 3 次 EMD 分解,IMF8 为分界 IMF 函数分量。

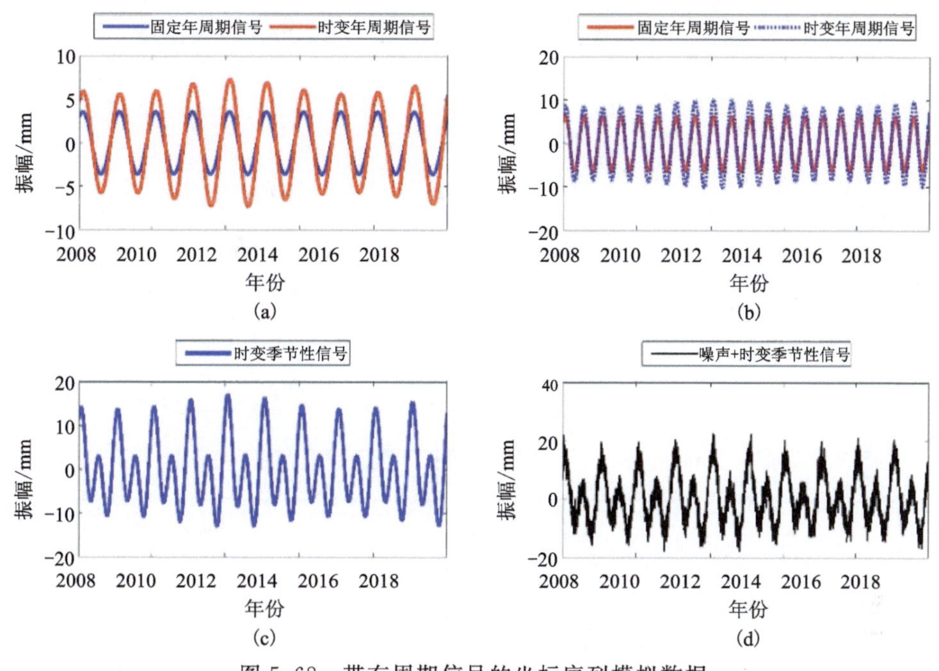

图 5.68　带有周期信号的坐标序列模拟数据

表 5.15　每次 EMD 分解的互相关系数

指标	$p1$	$p2$	$p3$	指标	$p1$	$p2$	$p3$
IMF1	0.215 3	0.823 2	0.994 5	IMF7	−0.021 8	−0.006 6	0.000 2
IMF2	0.153 2	0.572 3	0.137 4	IMF8	−0.012 6	−0.003 3	−0.006 0
IMF3	0.082 1	0.056 4	0.063 6	IMF9	−0.011 7	−0.006 9	−0.005 4
IMF4	0.301 8	0.006 3	0.007 2	IMF10	−0.000 2	−0.001 4	0.000 8
IMF5	0.592 3	0.023 0	0.006 4	IMF11	NaN	0.001 6	0.002 5
IMF6	0.256 8	−0.000 4	0.004 9				

将真实信号与每次 EMD 分解获得的降噪信号进行对比来验证本节方法的可靠性，结果如图 5.69 所示。将图 5.69 中标有数字的 4 处红色椭圆区域内图形放大可以发现，与第 1 次 EMD 分解降噪信号相比，第 2、3 次 EMD 分解降噪信号的振幅与真实信号振幅明显更接近，峰值拟合效果更好，在其他区域差别不大。表明本节改进的 EMD 方法比传统 EMD 方法降噪效果更好，能够获取传统 EMD 分解中被“淹没”的真实信号。

模拟数据Ⅱ分别计算了降噪信号与真实信号的互相关系数、均方根误差及信噪比，定量说明本节方法与 EMD 方法的降噪效果，评价指标如表 5.16 所示。由表 5.16 可知，进行两次 EMD 分解的降噪效果比进行 3 次 EMD 分解的降噪效果更好，但是都比传统的 EMD 方法的降噪效果要好。进行 3 次 EMD 分解所获得的降噪信号较传统的 EMD 分解获得的降噪信号，RMSE 的值减小了 0.12%，相关系数提高了 0.000 02，SNR 值提高了 0.025dB，说明本节方法降噪效果更佳，验证了本节方法对时变季节性信号降噪的可靠性。

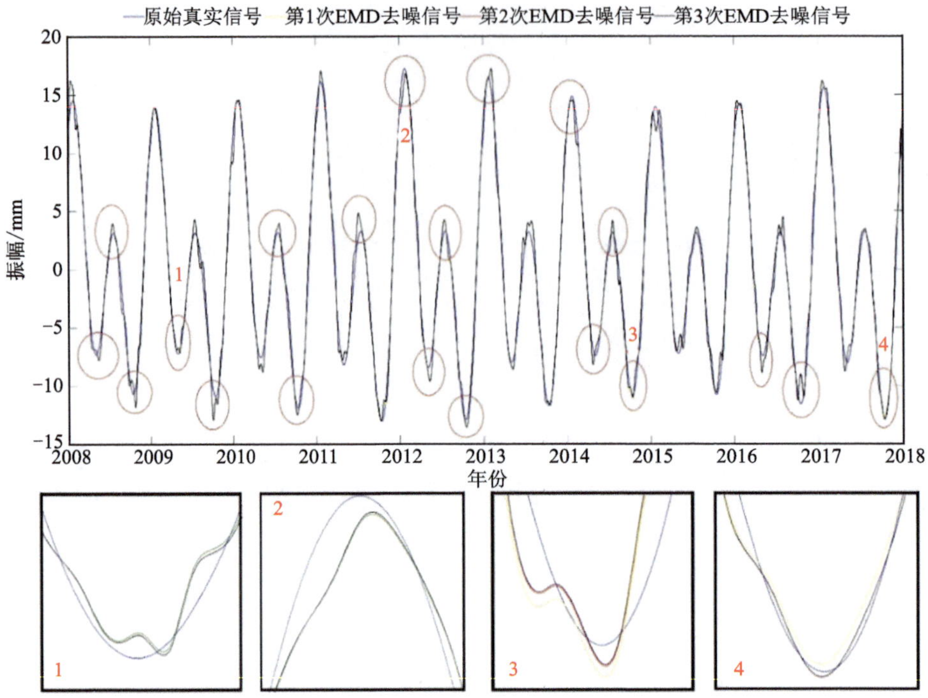

图 5.69 真实模拟信号与每次 EMD 方法降噪信号

表 5.16 重构信号与真实信号的评价指标值

指标	RMSE	p	SNR
第 1 次 EMD 分解	0.852 71	0.994 23	44.624 88
第 2 次 EMD 分解	0.850 67	0.994 26	44.672 36
第 3 次 EMD 分解	0.851 62	0.994 25	44.650 20

3)模拟数据Ⅲ进行降噪分析

模拟数据Ⅲ在模拟数据Ⅱ的基础上，将模拟的高斯白噪声改为白噪声与幂律噪声的组合，更加符合连续 GPS 高程时间序列时变季节性信号的特点。组合噪声中，白噪声振幅为 5mm，有色噪声振幅为 0.02mm，幂律噪声的谱指数为－1.2。图 5.70 所示为依据上式仿真的数据，图 5.70(a)为所模拟的组合噪声信号，图 5.70(b)为将生成的时变季节性信号加入模拟的组合噪声信号。

表 5.17 为模拟数据Ⅲ进行 3 次 EMD 分解，每次 EMD 分解的互相关系数，表中 $p1$、$p2$、$p3$ 与表 5.15 中的含义相同。由表 5.17 可知，0.063 3 为第 1 次 EMD 分解相关系数第 1 次取得的极小值，对应的 IMF4 分量为第 1 次 EMD 分解的分界 IMF 函数分量；第 2 次 EMD 分解，相关系数第 1 次取得局部极小值为 0.001 0，对应的 IMF5 为分界 IMF 函数分量；第 3 次 EMD 分解，相关系数首次取得局部极小值为－0.010 7，对应的 IMF5 为分界 IMF 函数分量。

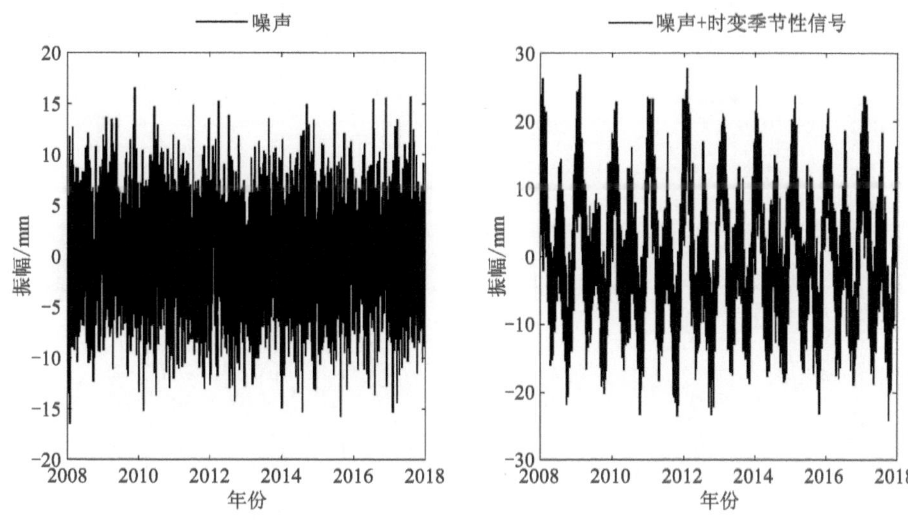

图 5.70　组合噪声与原始季节性信号

表 5.17　每次 EMD 分解的互相关系数

指标	$p1$	$p2$	$p3$	指标	$p1$	$p2$	$p3$
IMF1	0.388 7	0.760 3	0.748 4	IMF7	0.204 1	−0.000 8	0.002 8
IMF2	0.233 9	0.512 1	0.670 3	IMF8	−0.013 9	0.000 8	0.002 2
IMF3	0.150 5	0.418 4	0.066 6	IMF9	−0.007 3	0.003 2	−0.003 7
IMF4	0.063 3	0.049 1	0.007 7	IMF10	−0.000 9	0.017 2	0.036 8
IMF5	0.460 0	0.001 0	−0.010 7	IMF11	0.001 4	NaN	NaN
IMF6	0.484 6	0.001 7	−0.010 2				

图 5.71 绘制了真实信号与每次 EMD 分解获得的降噪信号。从图 5.71 中左上角放大区域可以看出，每次 EMD 降噪后的信号与真实信号的波形都非常接近，说明传统 EMD 方法与改进的 EMD 方法都达到了去噪的目的。在红色椭圆区域内，与第 1 次 EMD 分解降噪信号相比，第 2、3 次 EMD 分解降噪信号曲线的幅值和波形与真实信号明显更接近，在其他区域差别不大，表明本节改进的 EMD 方法比传统 EMD 方法提取真实信号的效果更佳，去噪结果更加准确。

为了定量说明每次 EMD 分解的降噪精度，采用 RMSE、p、SNR 等 3 个指标对降噪结果进行评价，计算结果如表 5.18 所示。分析表 5.18 可知，进行两次 EMD 分解的降噪效果比进行三次 EMD 分解的降噪效果更好，但是都比传统的 EMD 方法的降噪效果要好。进行三次 EMD 分解所获得的降噪信号较传统的 EMD 分解获得的降噪信号，RMSE 的值减小了 0.66%，相关系数提高了 0.000 3，SNR 值提高了 0.17dB，说明改进的 EMD 方法可以改善降噪效果。综合以上分析可知，应用本节改进的 EMD 方法比传统 EMD 方法降噪的精度更高，是一种更为可靠的降噪方法。

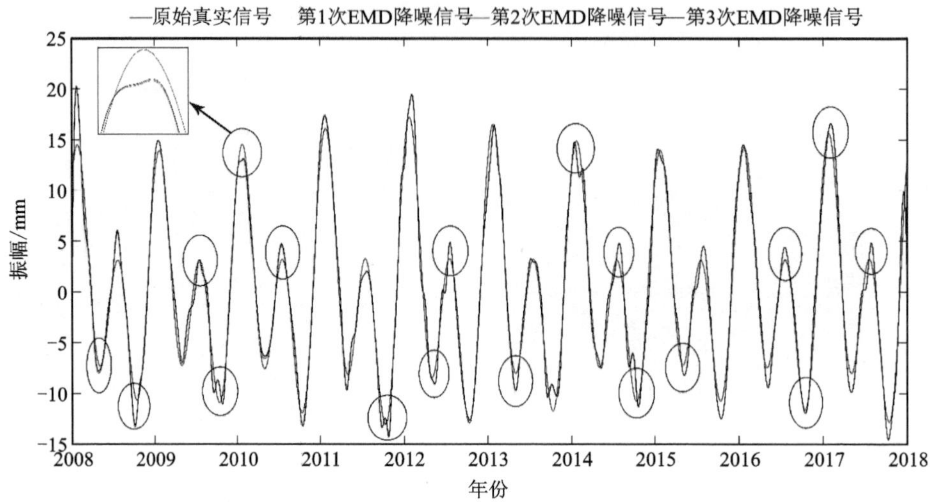

图 5.71 真实时变季节性信号与每次 EMD 降噪信号

表 5.18 重构信号与真实信号的评价指标值

指标	RMSE	p	SNR
第 1 次 EMD 分解	1.337 49	0.986 58	36.136 36
第 2 次 EMD 分解	1.327 65	0.986 90	36.331 07
第 3 次 EMD 分解	1.328 72	0.986 87	36.307 95

5.4.4.4 基于噪声统计特性的改进 EMD 算法

本节充分考虑随机噪声的特性，提出一种基于噪声统计特性的改进 EMD 算法。首先将信号进行 EMD 分解，得到低频信号与高频噪声两个部分；然后将高频噪声部分随机打乱两次，并与原始高频噪声累加，求取平均值；最后，与低频信号累加，构成一个新的信号再次进行 EMD 分解，提取出有用信号。利用模拟数据实验，结果表明当信噪比较高时，本节方法所得到的降噪效果更佳。

1. 噪声统计特性的改进 EMD 算法基本原理

1)随机噪声的统计特性

首先，给出功率的一般计算公式。若信号 $x(t)$ 为连续的，其功率计算公式可表示为：

$$P_x = \frac{1}{2T}\int_{-T}^{T} x^2(t)\,\mathrm{d}t \tag{5.73}$$

若信号 $x(t)$ 为离散的，即信号为 $x(n)$，则功率可由信号平方和的均值来表示，其功率计算公式为：

$$P_x = \frac{1}{N}\sum_{i=1}^{N} x^2(n_i) \tag{5.74}$$

现将信号 $x(t)$ 随机打乱排序，该信号的最大波峰与波谷无法改变，将得到一个新的信号

$x'(t)$，由式(5.73)与式(5.74)可知，$P_x = P_{x'}$，即信号经随机打乱后，其功率大小依然不变。因此，对于噪声 $n(t)$，经过同样的打乱操作，功率大小恒定不变。若将噪声 $n(t)$ 打乱 j 次，将第 j 次随机排序的噪声 $n_j(t)$ 与前 $j-1$ 次随机打乱后得到的噪声 $n_s(t)$ 叠加，求取平均值后能够得到新的噪声分量，其表达式为：

$$n'_j(t) = \frac{n_j(t) + \sum_{s=0}^{j-1} n_s(t)}{j+1} \tag{5.75}$$

综合式(5.74)、式(5.75)可知，当噪声 $n(t)$ 经随机排序—累加—平均后，噪声功率将发生变化，变化之后的噪声 $n'_j(t)$ 的功率与原噪声 $n(t)$ 的功率存在一定的关系，其表达式为：

$$P_{n'} = \frac{P_n}{j+1} \tag{5.76}$$

下面研究变化之后的噪声 $n'_j(t)$ 的功率与打乱次数 j 的关系。设噪声 $n(t)$ 的采样点数为 2048 个，采样频率为 1Hz，随机噪声 $n(t)$ 的表达式为：

$$n(t) = 2 \times \mathrm{rand}(1, N) - 1 \tag{5.77}$$

若打乱次数为 100 次，根据式(5.74)、式(5.76)、式(5.77)，可以计算出原噪声 $n(t)$ 的功率，并且计算出打乱之后噪声 $n'_j(t)$ 的功率。图 5.72(a)中，给出了模拟的噪声 $n(t)$ 的波形图，图 5.72(b)中，绘出了功率随机打乱次数的变化情况。

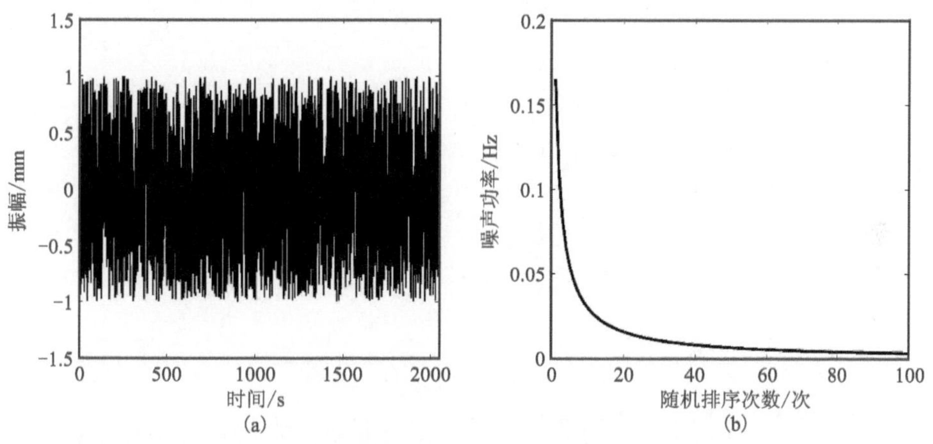

图 5.72　噪声及噪声功率变化曲线

从图 5.72(b)中可以看出，随着随机排序次数 j 的递增，噪声 $n'_j(t)$ 的功率将递减，当 j 接近 $+\infty$ 时，$n'_j(t)$ 的功率逐渐趋于零(席旭刚等，2014)。

2)基于噪声统计特性的 EMD 算法原理

该方法的基本思想是将上述的噪声特性应用于 EMD 方法当中，削弱原始信号中的噪声。原始含噪声信号 $x(t)$ 经第一次 EMD 分解后，得到高频 IMF 噪声分量与低频 IMF 真实信号分量；将所有的高频噪声 IMF 分量累加，构成全新的噪声，然后将这一噪声进行随机排序并与原始高频噪声累加，求取平均值；最后，与低频信号重构为新的信号，并将该信号再次进行 EMD 分解，提取出有用信号，其具体实现步骤如下。

步骤 1：对含噪声信号 $x(t)$ 进行 EMD 分解，获得 $(m+1)$ 个 IMF 分量[将残余项视为第

$(m+1)$个 IMF]。

步骤 2：令 $y_1(t)=\sum_{k=1}^{K}\mathrm{IMF}_k$，$y_2(t)=\sum_{k=K+1}^{m+1}\mathrm{IMF}_k$，$y_{\mathrm{Cumulate}}(t)=y(t)$。

步骤 3：将 $y_1(t)$ 打乱一次得到 $z_1(t)$，并与 $y_2(t)$ 进行重构后得到新信号 $y'_k(t)$，进行累加，即 $y_{\mathrm{Cumulate}}(t)=y_{\mathrm{Cumulate}}(t)+y'_k(t)=\dfrac{y_1(t)+z_1(t)}{2}+y_2(t)$。

步骤 4：将 $y_1(t)$ 随机排序 P 次得到 $z_i(t)$（经过大量实验得出 P 的取值范围为[1,3]，本书取 $P=2$），计算其累积量的平均值，改善的新的含噪声信号：$\hat{y}_a(t)=\dfrac{y_1(t)+z_1(t)+z_2(t)}{3}+y_2(t)$。

步骤 5：对该新的含噪声信号 $\hat{y}_a(t)$ 再次进行 EMD 分解重构，提取内部的“纯净信号”。

2. 模拟数据降噪分析

1)模拟数据Ⅳ进行降噪分析

本节中，模拟数据 y_1、y_2、y_3 的值由式(5.71)给出，唯一不同的是分别加入了不同信噪比(6dB、12dB、18dB、24dB)的高斯白噪声 ε，其模拟信号构成分量波形图如图 5.73 所示(图 5.73 中 $\varepsilon=6$dB)。模拟数据Ⅳ表达式为：

$$x=y_1+y_2+y_3+\varepsilon \tag{5.78}$$

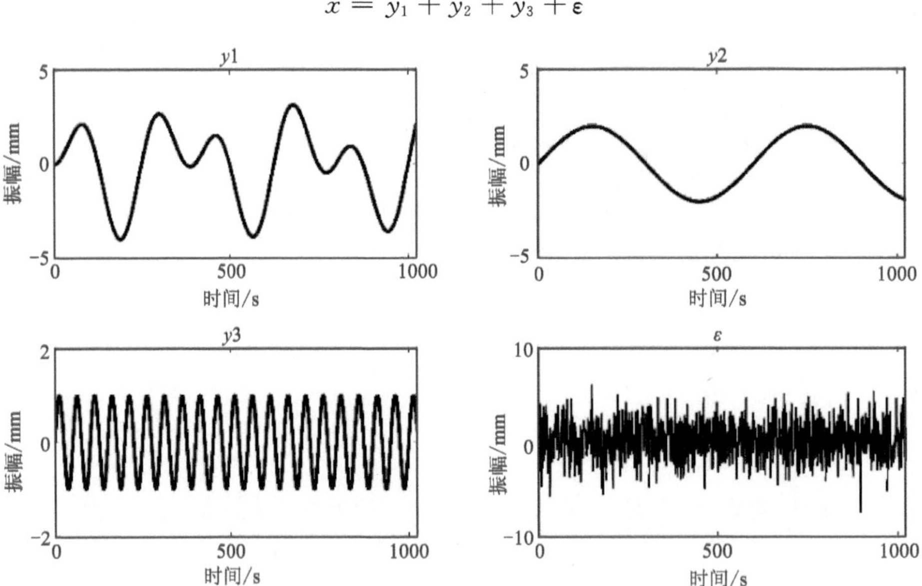

图 5.73　构成模拟信号Ⅳ的各分量信号波形图

为了验证本节方法的可靠性，采用相关系数(p)、均方根误差(RMSE)、信噪比(SNR)等传统评价指标来定量说明去噪的效果。p 值越接近 1，RMSE 值越小；SNR 值越大，去噪效果越好。表 5.19 中记录了加入不同信噪比时，传统 EMD 方法与本节方法所计算得到的评价指标值。由表 5.19 可知，加入 6dB 噪声，p 值增大了 0.005 2，SNR 值增大了 4.355 4，RMSE 值减小了 0.237 1；加入 12dB 噪声，p 值增大了 0.001 4，SNR 值增大了 0.619 1，RMSE 值减小了0.032 6;加入18dB噪声,p值增大了0.002 3,SNR值增大了1.467 3,RMSE值减小了0.094 1;加入24dB噪声,p值增大了0.005 7,SNR值增大了2.095 5,RMSE值减小了0.158。综上所述,加入不同信噪比噪声,本节方法较之传统的EMD方法得到的评价指标值,RMSE值更小,p值与SNR值较大,说明降噪效果更优。

表5.19　模拟数据Ⅳ加入不同SNR值重构信号与真实信号的评价指标值

指标	SNR	RMSE	p
6dB	32.147 3	1.211 7	0.982 3
	36.502 7	0.974 6	0.987 5
12dB	34.639 8	1.069 7	0.985 4
	35.258 9	1.037 1	0.986 8
18dB	30.262 1	1.331 4	0.978 0
	31.729 4	1.237 3	0.980 3
24dB	26.732 7	1.588 4	0.966 2
	28.828 2	1.430 4	0.971 9

2)模拟数据Ⅴ进行降噪分析

由于连续GPS坐标序列中含有振幅时变季节性信号,模拟数据Ⅴ在模拟数据Ⅱ的前提下,加入了振幅变化因子,分别加入不同信噪比(6dB、12dB、18dB、21dB、24dB、30dB)的高斯噪声,通过式(5.72)模拟了10年的时变季节性信号数据。

与模拟数据Ⅳ的去噪评价指标一样,模拟数据Ⅴ同样采用p值,RMSE值与SNR值来验证本节方法的适用性。表5.20中给出了模拟数据Ⅴ在不同信噪比情况下,传统EMD方法与本节改进方法所计算得到的p值、RMSE值、SNR值。分析表5.20可知,当模拟的噪声信噪比低于21dB时,该方法的性能并不是十分稳定。可能是因为在噪声污染严重的低信噪比情况下,有用信号的能量很低,经EMD分解后得到的若干IMF的能量相差不大,此时无法判别出噪声起主导作用的分量就是能量达到局部最小值时的IMF分量。当加入信噪比大于21dB的噪声时,本节方法得到的评价指标值,RMSE值更小,p值与SNR值较大,说明本节改进的EMD方法显著有效,降噪效果更优。

表5.20　模拟数据Ⅴ加入不同SNR值重构信号与真实信号的评价指标值

指标	R_{sn}	RMSE	p
6dB	45.765 4	0.801 4	0.995 0
	42.324 3	0.951 9	0.993 0
12dB	42.033 9	0.965 8	0.992 7
	38.798 5	1.135 4	0.989 8

续表 5.20

指标	R_{sn}	RMSE	p
18dB	36.410 4	1.279 4	0.987 7
	35.166 6	1.361 5	0.986 3
21dB	35.620 7	1.331 0	0.985 8
	34.61 3	1.399 7	0.984 5
24dB	31.713 8	1.618 1	0.980 6
	33.576 5	1.474 2	0.983 7
30dB	20.913 2	2.776 7	0.943 1
	25.481 8	2.209 7	0.961 9

5.4.4.5 小结

EMD 算法能够将复杂信号分解为若干频率依次降低的 IMF 分量，本章根据这一特性，将其应用于信号去噪领域。本节首先详细阐述了信号去噪的基本原理，并且根据重构信号与纯净信号之间的相关系数(p)、均方根误差(RMSE)与信噪比(SNR)等传统评价指标来定量评价信号降噪的效果。其次，本节给出了两个仿真算例，将它们进行 EMD 分解，绘制出降噪前后的直观对比图，可以很明显地看出 EMD 降噪的效果。再次，针对 EMD 分解中出现的模态混叠现象，提出了一种削弱模态混叠现象的改进 EMD 方法，通过对 3 组模拟数据进行实验，验证了该方法的可靠性。最后，基于噪声统计特性，结合 EMD 分解得到的前几个 IMF 分量为噪声的特点，提出一种基于噪声统计特性的改进 EMD 算法。通过两组模拟数据(分别加入不同信噪比的高斯白噪声)来验证本书方法的适用性，实验结果表明，该方法可以获得更优的降噪效果。

5.4.5 分界本征模态函数的辨别

对信号进行 EMD 分解时，可以得到一系列的本征模态函数分量。在大多数情况下，信号降噪过程中需要首先确定高频噪声与低频信号的分界 IMF 分量，然后将所有低频 IMF 分量重构，以达到降噪的目的。然而，在分解过程中，有时可能对分界 IMF 分量造成误判，通过人为主观判断产生的虚假分量是导致误判的原因之一。本节针对如何识别非平稳、非线性信号经 EMD 分解得到的 IMF 分量虚假性问题，引入了 3 种客观的、定量的方法来确定分界 IMF 分量。

5.4.5.1 基于相关系数的分界 IMF 分量辨别

相关关系是一种非确定性的相互依存关系，相关表与相关图是直观反映两个变量之间相互关系的简单途径，但都不能具体体现变量之间的相关程度。相关系数作为研究两个变量之间线性相关程度的指标，最早由英国数学家 Karl Pearson 提出。由于实际情况不同，相关系数分为几种不同的类型，主要包括复相关系数（多重相关系数）、典型相关系数以及简单相关系数（线性相关系数）。本书中的相关系数指的是简单相关系数，主要是通过积差方法来计算两个变量之间的线性相关程度，一般由字母 ρ 表示，其计算公式为：

$$\rho(X,Y)=\frac{\operatorname{cov}(X,Y)}{\sqrt{\operatorname{var}(X)\operatorname{var}(Y)}} \tag{5.79}$$

式中：X 和 Y 为两个随机变量；$\operatorname{cov}(X,Y)$ 为两个变量 X、Y 之间的协方差；$\operatorname{var}(X)$ 和 $\operatorname{var}(Y)$ 分别为变量 X、Y 的方差。

相关系数 $\rho(X,Y)$ 的值不固定，但其绝对值不能大于 1，即 $|\rho(X,Y)|\leqslant 1$。且 $\rho(X,Y)$ 的绝对值越接近 1，表明两个变量之间的线性相关程度越高；而 $\rho(X,Y)$ 的绝对值越接近于 0，则说明两个变量之间的线性相关程度越低。由式(5.79)可知，若 $\rho(X,Y)$ 的值为负数，表明两个变量之间呈负相关关系，即一个变量增大（减小），另一个变量随之减小（增大）；若 $\rho(X,Y)$ 的值为正数，表明两个变量呈正相关关系，即一个变量随着另一个变量增大而增大，减小而减小；若 $\rho(X,Y)$ 的值等于 0，表明两个变量不存在线性相关。需要指出的是，$|\rho(X,Y)|=1$ 的充分必要条件是，存在常数 a,b，使得 $P\{Y=a+bX\}=1$。

值得一提的是，用相关系数来衡量其相关程度具有一定的局限性。与前面所提及的一样，$\rho(X,Y)=0$，只能说明变量 X、Y 之间没有线性相关性，而无法说明变量之间是否存在非线性关系。此外，$\rho(X,Y)$ 接近 1 的程度与数据的维度大小 n 相关联。n 值越小，相关系数的波动越大；而 n 值较小时，相关系数容易在零值附近波动。当 $n=2$ 时，相关系数的绝对值总为 1。因此，当样本容量 n 很小时，无法根据相关系数的大小判定变量 X 与 Y 之间的线性相关程度。

本书中主要利用相关系数来判定原始数据序列 $x(t)$ 经 EMD 分解后，噪声与真实信号的分界 IMF 函数。通过相关系数准则选取分界 IMF 函数，相关系数第一次取得极小值时所对应的 IMF 为分界 IMF 函数。各 IMF 分量与原始序列的相关系数可由下式计算：

$$\rho_k=\frac{\sum\limits_{t=0}^{N-1}\mathrm{IMF}_k(t)x(t)}{\left[\sum\limits_{t=0}^{N-1}\mathrm{IMF}_k^2(t)\sum\limits_{t=0}^{N-1}x^2(t)\right]^{\frac{1}{2}}} \tag{5.80}$$

式中：N 为各个模态的数据长度；$\mathrm{IMF}_k(t)$ 为第 k 个 IMF 分量；$x(t)$ 为降噪前的原始数据序列。

5.4.5.2　基于平均周期与能量密度的分界 IMF 分量辨别

1. 平均周期与能量密度辨别基本理论

考虑到利用相关系数准则确定分界 IMF 的复杂性，以及不能直接给出分界 IMF 函数的 K 值。本书在张恒璟等的基础上，利用平均周期与能量密度的乘积作为指标，给出一种自动确定分界 IMF 的算法，能够直接完成分界 IMF 函数 K 值的确定（张恒璟和程鹏飞，2014）。

平均周期为：

$$\bar{T}_k = \frac{N \times 2}{\mathrm{nem}_k} \tag{5.81}$$

能量密度为：

$$E_k = \frac{1}{N}\sum_{t=0}^{N-1}[\mathrm{IMF}_k(t)]^2 \tag{5.82}$$

平均周期与能量密度的乘积为：

$$\mathrm{ET}_k = E_k \times \bar{T}_k \tag{5.83}$$

式中：nem_k 为第 k 个模态的极值点总数；N 为各个模态的数据长度。

信号与噪声分界确定的阈值表达式为：

$$R_{k-1} = \left| \frac{\mathrm{ET}_k}{\left(\frac{1}{k-1}\right)\sum_{i=1}^{k-1}\mathrm{ET}_i} \right| \tag{5.84}$$

式中：$k \geqslant 2$，当 $R_{k-1} \geqslant C$（本书中 C 取 2）时，则判定 k 为分界点，将前 $k-1$ 个噪声主导的模态分量进行重构，用原始数据序列减去重构的噪声，得到降噪后的信号。

此外，根据 EMD 的基本理论可知，将低频 IMF 分量进行重构，能够达到降噪的目的。然而，当分界 IMF 之下的模态分量个数多于高频 IMF 噪声分量的个数时，直接重构会增加计算量，甚至会带入少量的系统误差。针对该问题，本节提出了一种新的思路来获得降噪后的“干净”信号，可以减少计算量。原始数据经 EMD 分解后，从原始数据序列减去重构后的高频噪声分量，得到“干净”信号。降噪信号的表达式为：

$$\hat{x}(t) = x(t) - \sum_{k=1}^{K}\mathrm{IMF}_k \tag{5.85}$$

2. 仿真计算对比分析

本节中利用模拟信号 I 进行实验，采样频率为 1Hz，采样点数为 1024 个，信噪比为 4dB 的高斯白噪声。模拟数据 I 可用式(5.72)进行表示，加噪后所得的模拟原始信号及其频谱图如图 5.74 所示。

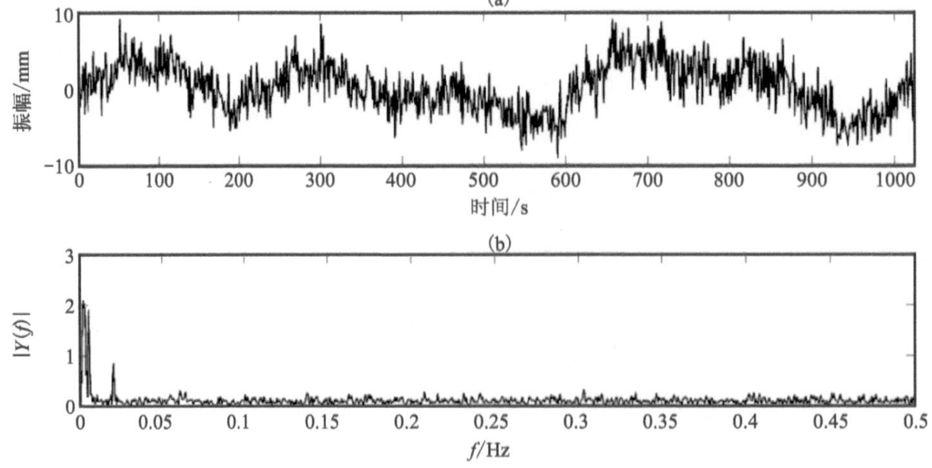

图 5.74 加噪声模拟原始信号及对应频谱图

利用相关系数准则确定模拟信号的噪声与信号的分界 IMF，计算的各 IMF 分量与模拟加噪数据序列之间的互相关系数如图 5.75 所示。由图 5.75 可知，第 4 个 IMF 分量第一次取得局部极小值，所以将前 4 个分量视为高频噪声，从原始加噪数据序列中剔除高频噪声，获得降噪后的纯净数据序列。

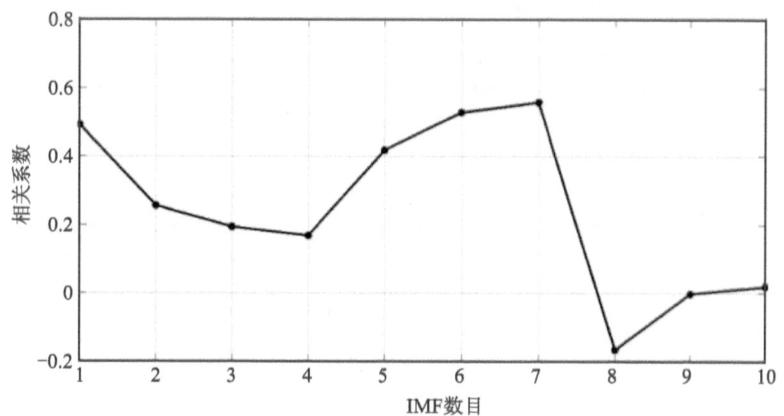

图 5.75　各分量与原始信号所求得的相关系数图

采用平均周期与能量密度的乘积指标（ET_k）确定分界 IMF，所得到的平均周期与能量密度，以及 ET_k 如表 5.21 所示。由表 5.21 可知，IMF1—IMF3 三个分量平均周期与能量密度的乘积指标的均值为 5.817，而 IMF4 的指标为 19.159，明显大于均值的两倍，将前 3 个分量视为高频噪声分量。本节方法确定分界 IMF 的 K 值时，所计算的 R 值分别为 0.600，0.728，3.293，此时的 K 值为 4，即前 3 个 IMF 分量为高频噪声，剩余的分量为低频真实信号。本节给出部分 IMF 分量的波形图及其对应的频谱，如图 5.76 所示。图 5.77(a)为利用本节方法所得的重构去噪信号与原始不加噪的模拟信号对比图，图 5.77(b)为重构噪声与真实噪声的对比图。从图 5.77(a)中可看出，本书方法去噪后信号波形图与真实未加噪信号波形图拟合效果较好，图 5.77(b)中重构噪声与真实模拟噪声图基本吻合，验证了本书方法用于降噪的可靠性。

表 5.21　IMF 分量平均周期与能量密度

指标	$\bar{T}_k$	E_k	ET_k	指标	$\bar{T}_k$	E_k	ET_k
IMF1	2.95	2.715	7.995	IMF6	186.36	2.017	375.820
IMF2	7.04	0.681	4.799	IMF7	410.00	3.035	1 244.464
IMF3	14.14	0.329	4.658	IMF8	683.33	0.084	57.281
IMF4	34.17	0.561	19.159	IMF9	1 025.00	0.016	16.230
IMF5	68.33	0.500	34.195	IMF10	2 050.00	0.096	196.611

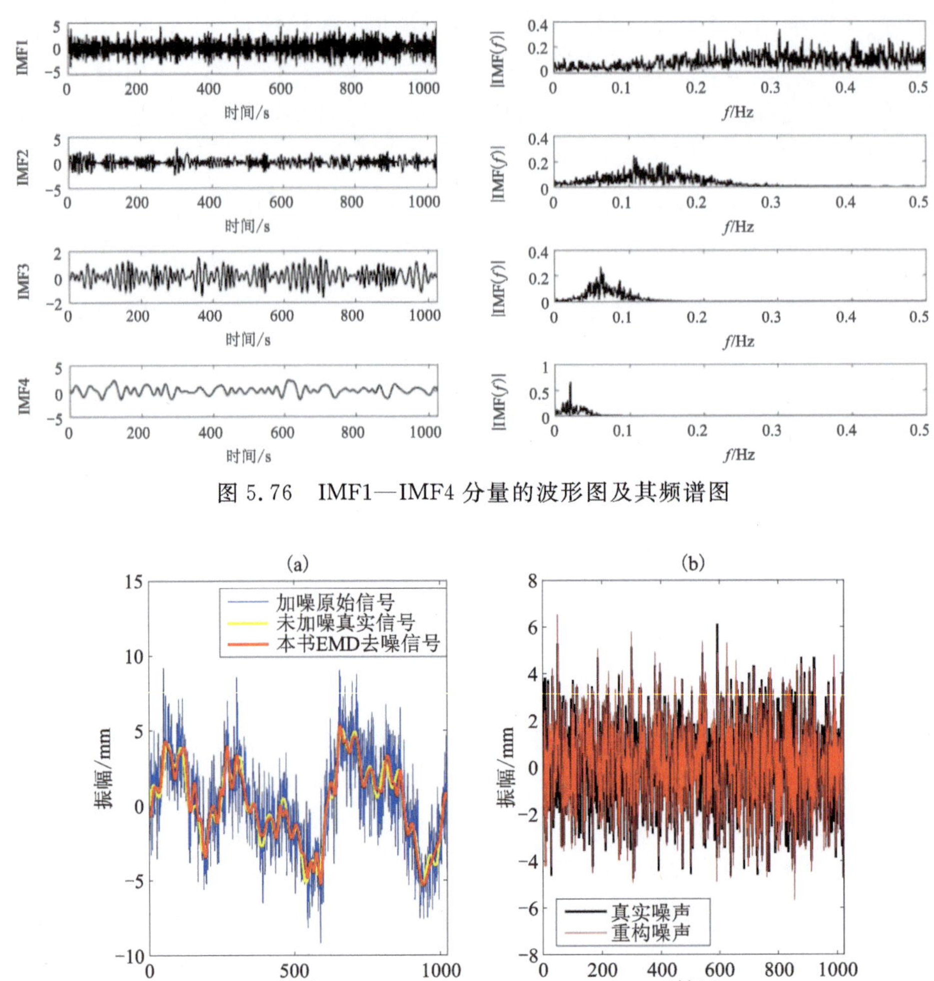

图 5.76　IMF1—IMF4 分量的波形图及其频谱图

图 5.77　信号及噪声对比图

由于本节方法确定分界 IMF 函数的 K 值与相关系数准则所得结果不同，分别计算两种方法所得“干净”信号与真实未加噪信号的互相关系数、均方根误差及信噪比，所得结果如表 5.22 所示。表 5.22 中，RPN 表示真实信号与原始信号的各评价指标，DPN1 表示降噪信号与原始信号的各评价指标，DPR1 表示本节方法所得降噪信号与真实信号的各评价指标，DPR2 表示采用相关系数准则所得降噪信号与真实信号的各评价指标。由表 5.22 可知，相较于 DPN 的各评价指标值，DPN1 中 ρ 值与 SNR 值更大，而 RMSE 值更小，说明本节方法降噪效果较优；与 DPR2 中的各指标值相比，DPR1 中 ρ 值与 SNR 值更大，而 RMSE 值更小，表明本节方法确定的分界 IMF 函数降噪效果优于相关系数准则。综合表 5.22 中的各项指标值，验证了本节方法降噪效果的可靠性。

根据本节方法所确定的分界 IMF 函数的 K 值可知，本节所模拟的加噪声原始数据序列的低频真实信号分量的个数明显大于高频噪声分量的个数，采用传统方法直接利用低频信号进行去噪信号重构得累加 $6N$ 次。通过本节的方法，只需将前 3 个高频噪声分量进行累加，需 $2N$ 次运算，加上 N 次减法运算，总共只需 $3N$ 次运算，明显较之直接重构得到“干净”信号计算量要少。综上所述，在模拟数据 I 降噪分析中，本节方法能够自动确定分界 IMF 函数的 K 值，较之相关系数准则法降噪效果更精确，且能够减少计算量。

表 5.22　各评价参数值

指标	p	RMSE	SNR
RPN1	0.794 5	1.954 5	5.758 7
DPN1	0.805 5	1.905 8	6.152 4
DPR1	0.972 9	0.608 5	28.986 6
DPR2	0.956 0	0.764 5	23.845 1

5.4.5.3　基于复合评价指标的分界 IMF 分量辨别

1. 复合评价指标辨别基本理论

考虑到利用相关系数准则确定分界 IMF 的复杂性，以及利用该单一指标确定分界 IMF 的不准确性。本书采用复合评价指标 TD(朱建军等，2015)，同时考虑信号的细节信息和逼近信息，计算曲线的 RMSE 值与 r 值，给出一种自动确定分界 IMF 的算法，直接完成分界 IMF 函数 K 值的确定。为了方便公式表达，将残余项视为最后一个 IMF 分量。

均方根误差的计算公式为：

$$\mathrm{RMSE}=\sqrt{\frac{1}{N}\sum_{t=0}^{N-1}(\mathrm{IMF}_k(t)-x(t))^2} \tag{5.86}$$

平滑度的计算公式为：

$$r=\frac{\sum\limits_{t=0}^{N-2}(\mathrm{IMF}_k(t+1)-\mathrm{IMF}_k(t))^2}{\sum\limits_{t=0}^{N-2}(x(t+1)-x(t))^2} \tag{5.87}$$

式中：$\mathrm{IMF}_k(t)$ 为第 k 个 IMF 分量，k 的取值为 $1,2,\cdots,m+1$；$x(t)$ 为带噪声的原始数据序列。

将 RMSE 与 r 两个指标进行归一化处理，计算公式为：

$$\mathrm{PRMSE}=\frac{\mathrm{RMSE}}{\sum\mathrm{RMSE}} \tag{5.88}$$

$$\mathrm{Pr}=\frac{r}{\sum r} \tag{5.89}$$

采用变异系数定权法对归一化后的两个指标进行赋权操作，定权过程如下：

$$\mathrm{CV}_{\mathrm{PRMSE}}=\frac{\sigma_{\mathrm{PRMSE}}}{\mu_{\mathrm{PRMSE}}} \tag{5.90}$$

$$\mathrm{CV}_{\mathrm{Pr}}=\frac{\sigma_{\mathrm{Pr}}}{\mu_{\mathrm{Pr}}} \tag{5.91}$$

$$W_{\mathrm{PRMSE}}=\frac{\mathrm{CV}_{\mathrm{PRMSE}}}{\mathrm{CV}_{\mathrm{PRMSE}}+\mathrm{CV}_{\mathrm{Pr}}} \tag{5.92}$$

$$W_{\mathrm{Pr}}=\frac{\mathrm{CV}_{\mathrm{Pr}}}{\mathrm{CV}_{\mathrm{PRMSE}}+\mathrm{CV}_{\mathrm{Pr}}} \tag{5.93}$$

式中：σ、μ 分别为标准差及均值；CV 为变异系数；W 为基于变异系数定权的权值。

复合评价指标 TD，表达式为：

$$\mathrm{TD}=W_{\mathrm{PRMSE}}\times\mathrm{PRMSE}+W_{\mathrm{Pr}}\times\mathrm{Pr} \tag{5.94}$$

信号与噪声分界确定的阈值表达式为：

$$R_{k-1}=\left|\frac{\mathrm{TD}_{k-1}}{\mathrm{TD}_{k}}\right| \tag{5.95}$$

式中：$k\geqslant 2$，当阈值首次取得 $1\leqslant R_{k-1}\leqslant 3$ 时，则判定 $k-1$ 为分界点，即分界 IMF 函数的 K 值为 $k-1$，将前 K 个 IMF 分量视为噪声，K 之后的 IMF 分量视为信号，将信号主导的 IMF 分量进行重构，得到降噪后的序列。同样，利用 p、RMSE 及 SNR 等传统评价指标来衡量降噪的效果。

2. 仿真计算对比分析

GPS 坐标时间序列一般由季节项、趋势项与噪声 3 部分组成。模拟数据Ⅵ、Ⅶ、Ⅷ先剔除了其站点位置、趋势项及阶跃式偏移，主要考虑 3 个恒定振幅的周期项和噪声，设置采样频率为 1Hz，采样点数为 1024 个，表达式如下：

$$\begin{cases}y_1=5\sin\left(\dfrac{2\pi t}{600}\right)\sin\left(\dfrac{2\pi t}{350}\right)\\ y_2=7\sin\left(\dfrac{2\pi t}{500}\right)\\ y_3=2\sin\left(\dfrac{2\pi t}{50}\right)\\ \varepsilon=\mathrm{Noise}\\ x=y_1+y_2+y_3+\varepsilon\end{cases} \tag{5.96}$$

模拟数据Ⅵ、Ⅶ中分别加入信噪比为 4dB、6dB 的高斯白噪声，模拟数据Ⅷ中加入的噪声为白噪声与幂律噪声的组合，白噪声振幅为 5mm，有色噪声振幅为 0.02mm，幂律噪声的谱指数为－1.2。

由于连续 GPS 坐标序列中含有振幅时变季节性信号，剩下的 6 个模拟数据在剔除站点位置、趋势项及阶跃式偏移的前提下，加入了振幅变化因子，通过式(5.72)分别模拟了 10 a 的坐标序列时变季节性信号数据。模拟数据Ⅸ、Ⅹ、Ⅺ中，a、b、d、e 的取值均分别为 2mm、3mm、4mm、5mm。模拟数据Ⅸ、Ⅹ中加入的噪声分别是信噪比为 4dB、6dB 的高斯白噪声，模拟数据Ⅺ中加入的噪声为白噪声与幂律噪声的组合，白噪声振幅为 5mm，有色噪声振幅为 0.02mm，幂律噪声的谱指数为－1.2。

为了验证本节方法与所取振幅的大小无关，模拟数据Ⅻ、XIII、XIV中，a、b、d、e 的取值均分别为 6mm、7mm、8mm、9mm。模拟数据Ⅻ，XIII中加入的噪声分别是信噪比为 4dB、6dB 的高斯白噪声，模拟数据XIV中加入的噪声为白噪声与幂律噪声的组合，白噪声振幅为 5mm，有色噪声振幅为 0.02mm，幂律噪声的谱指数为－1.2。

表 5.23、表 5.24 中列出了 9 个模拟数据所计算得到的各 IMF 分量与原始信号之间的相关系数值(p)，以及利用本节方法所计算得到的复合评价指标值(TD)，本节所有表格中的"NaN"表示空值。由表 5.23 及表 5.24 计算结果可知，9 个模拟数据中，除了模拟数据Ⅷ与模拟数据Ⅹ之外，其他模拟数据计算的相关系数值与复合评价指标值所确定的分界 IMF 函数相同，即所确定的 K 值相同，信号与噪声的分界点一致。模拟数据Ⅷ中，相关系数准则确定的 IMF 函数 K 值为 4，复合评价指标值确定的 IMF 函数 K 值为 3；模拟数据Ⅹ中，相关系数准则确定的 IMF 函数 K 值为 4，复合评价指标值确定的 IMF 函数 K 值为 3。

表 5.23　模拟数据Ⅵ—Ⅹ的相关系数与复合评价指标值

指标值	模拟数据Ⅵ		模拟数据Ⅶ		模拟数据Ⅷ		模拟数据Ⅸ		模拟数据Ⅹ	
	p	TD	p	TD	p	TD	p	TD	p	TD
IMF1	0.241 7	0.850 2	0.281 8	0.860 6	0.487 4	0.890 8	0.064 8	0.598 3	0.215 1	0.815 2
IMF2	0.125 7	0.089 8	0.179 7	0.094 3	0.254 7	0.071 7	0.036 0	0.078 6	0.145 9	0.103 4
IMF3	0.074 3	0.013 9	0.086 0	0.013 4	0.173 9	0.011 2	0.161 3	0.035 0	0.075 8	0.017 6
IMF4	0.167 5	0.011 1	0.155 1	0.008 4	0.103 5	0.005 9	0.537 4	0.034 1	0.035 0	0.009 2
IMF5	0.488 9	0.008 6	0.334 9	0.005 9	0.300 4	0.004 9	0.240 6	0.084 4	0.712 7	0.010 6
IMF6	0.707 2	0.006 7	0.661 5	0.004 1	0.579 2	0.004 5	−0.000 1	0.044 0	0.372 9	0.007 6
IMF7	0.065 7	0.009 1	−0.449 7	0.004 4	0.095 7	0.005 3	−0.007 1	0.041 0	−0.015 2	0.009 8
IMF8	−0.258 1	0.010 7	−0.014 4	0.004 8	−0.206 9	0.005 7	−0.008 5	0.045 5	−0.017 0	0.010 5
IMF9	NaN	NaN	−0.283 0	0.004 1	NaN	NaN	−0.000 3	0.017 4	−0.001 0	0.008 6
IMF10	NaN	NaN	NaN	NaN	NaN	NaN	−0.000 6	0.021 6	0.000 2	0.007 3

表 5.24　模拟数据Ⅺ—XIV的相关系数与复合评价指标值

指标值	模拟数据Ⅺ		模拟数据Ⅻ		模拟数据XIII		模拟数据XIV	
	p	TD	p	TD	p	TD	p	TD
IMF1	0.388 7	0.868 2	0.051 4	0.254 4	0.125 4	0.757 8	0.254 0	0.866 9
IMF2	0.233 9	0.097 8	0.014 7	0.044 0	0.055 0	0.085 9	0.146 7	0.094 5
IMF3	0.150 5	0.013 5	0.167 8	0.039 1	0.016 2	0.022 1	0.090 1	0.012 4
IMF4	0.063 3	0.003 7	0.725 7	0.079 6	0.205 5	0.019 2	0.127 9	0.004 2
IMF5	0.460 0	0.003 0	0.212 5	0.113 4	0.526 9	0.026 6	0.530 8	0.004 7
IMF6	0.484 6	0.002 5	−0.007 0	0.176 3	0.385 7	0.020 7	0.312 0	0.004 8
IMF7	0.204 1	0.002 1	−0.007 9	0.205 1	−0.020 5	0.023 1	0.255 6	0.003 0

续表 5.24

指标值	模拟数据Ⅺ		模拟数据Ⅻ		模拟数据ⅩⅢ		模拟数据ⅩⅣ	
	p	TD	p	TD	p	TD	p	TD
IMF8	−0.013 9	0.002 3	0.000 1	0.062 9	−0.006 0	0.022 0	−0.002 9	0.002 0
IMF9	−0.007 3	0.002 4	−0.003 1	0.025 3	−0.009 7	0.012 2	−0.012 2	0.001 9
IMF10	−0.000 9	0.002 2	NaN	NaN	−0.001 6	0.010 4	−0.003 2	0.001 9
IMF11	0.001 4	0.002 2	NaN	NaN	NaN	NaN	0.002 6	0.001 9
IMF12	NaN	NaN	NaN	NaN	NaN	NaN	−0.002 7	0.001 9

图 5.78 绘制了模拟数据Ⅷ与模拟数据Ⅹ的加噪信号波形图。图 5.79 基于模拟数据Ⅷ，分别绘制了采用相关系数与复合评价指标准则所确定的重构信号与真实信号波形图。从图 5.79 中可以明显看出，复合评价指标准则确定的重构信号与真实信号的波形非常接近，而相关系数准则确定的重构信号与真实信号的波形存在一定的差异。图 5.80 基于模拟数据Ⅹ，分别绘制了采用相关系数与复合评价指标准则所确定的重构信号与真实信号波形图。从图 5.80 中可以看出，在历元端点处，相较于相关系数准则确定的重构信号，复合评价指标所确定的重构信号与真实信号波形更为接近。在其他历元，复合评价指标与相关系数准则所确定的重构信号与真实信号的波形无明显差异。因此，说明复合评价指标准则比相关系数准则所确定的 K 值更加准确，表明本节改进的 EMD 方法比传统 EMD 方法提取真实信号的效果更佳，降噪更优。

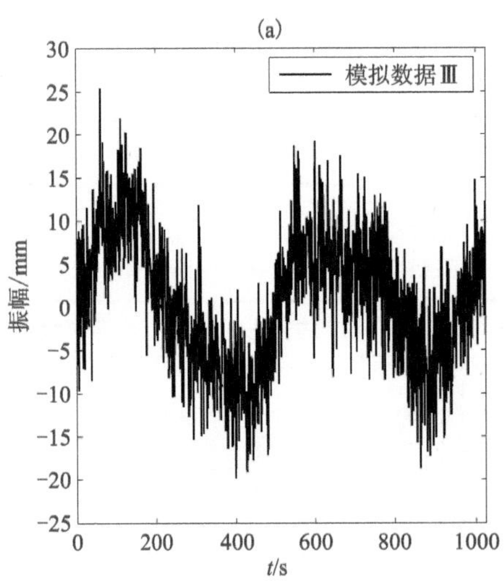

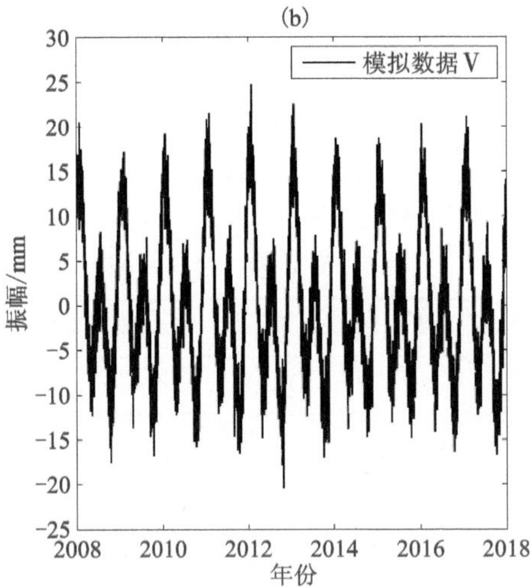

图 5.78　模拟数据Ⅷ与模拟数据Ⅹ加噪信号

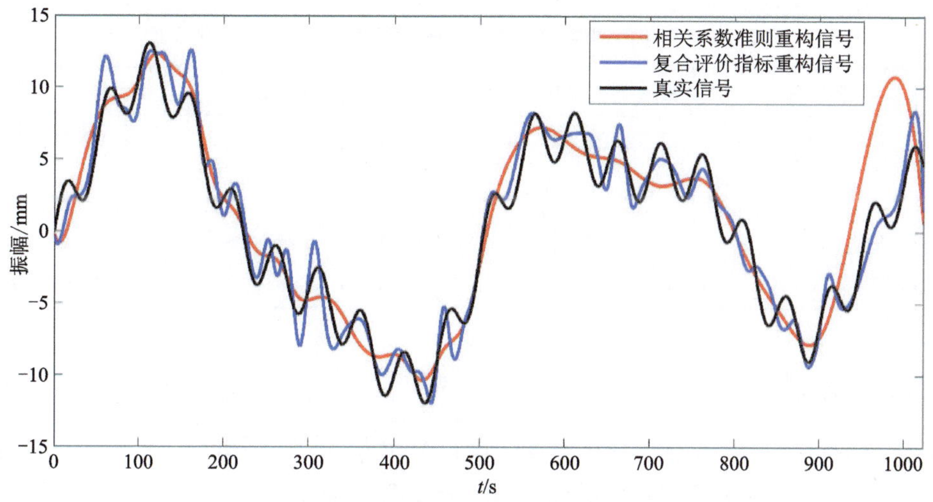

图 5.79 模拟数据Ⅷ两种准则重构信号与真实信号

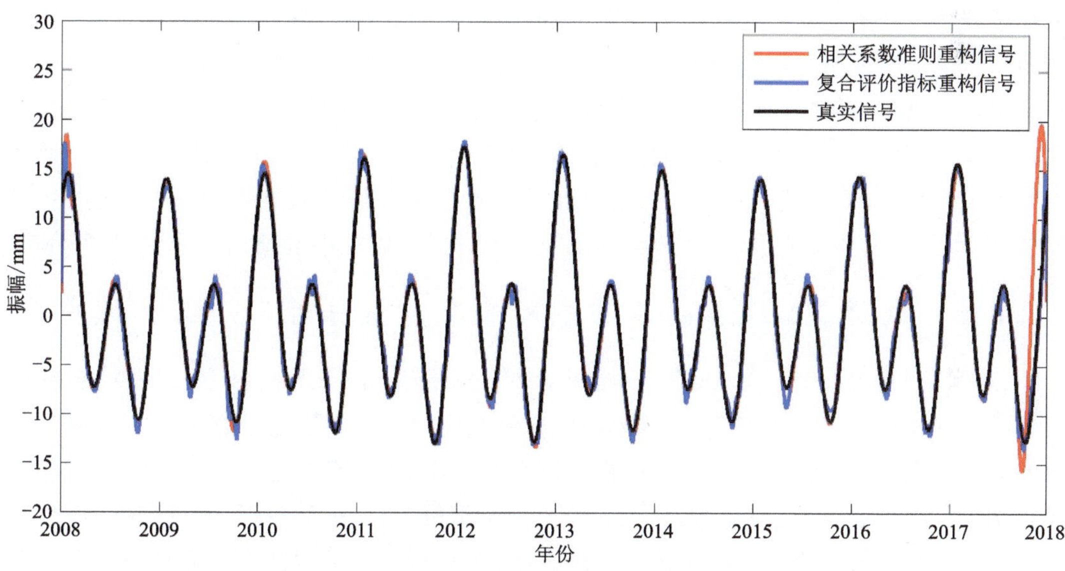

图 5.80 模拟数据Ⅹ两种准则重构信号与真实信号

为了定量说明这两种准则的降噪精度，表 5.25 中列出了模拟数据Ⅷ与模拟数据Ⅹ利用这两种准则得到的重构信号与真实信号的 p、SNR、RMSE 等 3 种降噪效果评价指标值。由表 5.25 计算结果可知，模拟数据Ⅷ中，与互相关系数准则得到的各项评价指标值相比，复合评价指标得到的重构序列与真实信号的 p 值提高了 0.048 4，SNR 值提高了 11.554 8dB，RMSE 值降低了 1.091 1。模拟数据Ⅹ中，与互相关系数准则得到的各项评价指标值相比，复合评价指标得到的重构序列与真实信号的 p 值提高了 0.024 5，SNR 值提高了 8.719dB，RMSE 值降低了 1.127 4。综上所述，9 个模拟数据中，模拟数据Ⅷ与模拟数据Ⅹ采用本书复合评价指标准则确定的 K 值相较于相关系数准则确定的 K 值更准确，其余 7 个模拟数据中，两种指标准则所确定的 K 值相同，表明了本节方法确定分界 IMF 函数的可靠性。

表 5.25 两种不同指标的重构序列与真实信号的评价指标值

指标值	两种不同准则	p	SNR	RMSE
模拟数据Ⅲ	互相关系数	0.927 5	17.770 5	2.486 4
	复合评价指标	0.975 9	29.325 3	1.395 3
模拟数据Ⅴ	互相关系数	0.969 6	35.522 7	1.992 2
	复合评价指标	0.994 1	44.241 7	0.864 9

5.4.5.4 小结

本节针对如何判断噪声与信号的分界点进行了研究，主要介绍了 3 种方法来辨别分界本征模态函数分量。本章首先阐述了传统 EMD 算法中辨别分界 IMF 分量的方法，当 IMF 分量与原始信号之间的相关系数第一次取得极小值时，则断定其为分界 IMF 分量。然后，针对相关系数准则辨别分界 IMF 函数时，计算过程复杂，且存在不准的问题，本节引入了基于平均周期与能量密度乘积的辨别分界 IMF 分量的方法，通过模拟信号Ⅰ验证了该方法的可行性。最后，针对相关系数准则辨别分界 IMF 函数时只计算了各 IMF 分量与原始信号的相关系数，指标比较单一，存在辨别不准的问题，本节综合考虑各 IMF 分量与原始信号的平滑度及均方根误差指标，提出了一种基于复合评价指标的分界 IMF 分量的辨别方法，通过对模拟数据Ⅵ—ⅩⅣ共 9 个模拟信号进行实验，结果表明本方法可以更准确地识别分界 IMF 分量。

5.4.6 改进 EMD 算法在陆态网基准站坐标时间降噪中的应用

“陆态网”中涵盖了 260 个 GNSS 基准站，为科学研究、应用研究、教育发展、社会减灾和经济建设等方面提供多采样率、高分辨率的坐标时间序列数据。这些数据可用于监测我国及周边地区大陆岩石圈、近海、近地空间的构造环境的变化，认知现今地壳运动和动力学的总体态势，能够服务于地震预测预报、大地测量以及气象预报等。然而，GNSS 坐标时间序列中含有“噪声”，EMD 分解作为自适应的信号处理方法，在 GNSS 坐标时间序列降噪中具有广泛的应用。

5.4.6.1 陆态网基准站坐标时间序列相关原理

1. 陆态网基准站简介

“陆态网”是中国大陆构造环境监测网络(crustal movement observation network of China，CMONOC)的简称，其融合了 GNSS 定位系统、甚长基线干涉测量(very long baseline interferometry，VLBI)、卫星激光测距(satellite laser ranging，SLR)等空间观测技术，并且辅以精密重力和水准测量等多种技术手段，构建了由 260 个连续观测基准站和 2000 个不定期观测站点组成的、涵盖整个中国大陆的高精度、高时空分辨率和自主研发数据处理系统的观测网络。

260 个 GNSS 连续观测基准站构成了涵盖整个中国大陆及其周边一定区域的 GNSS 基准网，主要生成 30s、1s 和 0.02s 采样率的不同类型的观测数据。其中 30s 与 1s 的观测数据都经由国家数据中心掌控，前者是由国家数据中心每天定时以 FTP 的方式获取，后者实时传输到国家数据中心；而 0.02s 的观测数据，同样以 FTP 或现场方式获取，但前提是在大地震发生之后才能获得。

"陆态网"作为对中国大陆及周边地区岩石圈、水圈以及大气圈等构造环境的变化情况进行实时监测的综合观测网络。各个观测系统产生的主要观测数据包括：

(1)260 个连续 GNSS 基准站观测数据。30s 采样 1h 以及 24h 记录文件；1s 以及 0.02s 的采样 15min 记录文件。

(2)30 个连续相对重力观测数据。1s 采样 24h 记录文件。

(3)2000 不定期观测 GNSS 站点联测观测数据。每两年连续 4 天 30s 采样 24h 记录文件。

(4)国内 VLBI 及 SLR 观测数据。

(5)100 个绝对重力观测数据。

这些不同类型的观测数据，主要用于监测中国大陆及周边地区的地壳运动情况、重力场形态及变化、大气圈对流层水汽含量变化及电离层离子浓度的变化，为研究地壳运动的时空变化规律、构造变形的三维精细特征、现代大地测量基准系统的建立和维持、汛期暴雨的大尺度水汽输送模型等科学问题提供基础资料和产品。

2. GNSS 坐标时间序列及信号特点

中国大陆构造环境监测网络自 2010 年 8 月运行以来，已经生成了 9 年多的 GNSS 连续观测数据。地壳工程中心联合中国地震局地质研究所、中国地震局地震研究所，采用 GAMIT、GIPSY、BERNESE 等软件及时对近 260 个站点数据进行解算与平差处理，生成 GNSS 基准站位移时间序列数据及位移时间序列图。

GNSS 坐标时间序列通常被描述为信号与噪声之和，因此为了尽可能地去除 GNSS 坐标时间序列中的噪声，需要对其建立一定的数学模型，经典的 GNSS 坐标时间序列数学模型可表示为(贺小星等，2018)：

$$\begin{aligned} y(t_i) = {} & a + bt_i + c\sin(2\pi t_i) + d\cos(2\pi t_i) + e\sin(4\pi t_i) + \\ & f\cos(4\pi t_i) + \sum_{j=1}^{n_j} g_i H(t_i - T_{gj}) + \sum_{j=1}^{n_h} h_i H(t_i - T_{hj}) t_i + \\ & \sum_{j=1}^{n_k} k_j \exp\left[\frac{-(t_i - T_{hj}) t_i}{\tau_j}\right] H(t_i - T_{kj}) + v_i \end{aligned} \tag{5.97}$$

式中：$y(t_i)$ 表示 t_i 历元时刻所对应的 GNSS 测站坐标观测值，主要是指 E、N、U 三个坐标分量；t_i 为单天坐标解历元，通常以年(a)为单位；a 表示测站位置(为序列的平均值)；b 表示线性速度；c 、d 分别为测站的年周期项系数；e 、f 分别为测站半年周期项系数；g_i 表示发生在历元 T_g 由天线或设备等各种原因引起的阶跃式偏移量；H 表示海维西特阶梯函数

(Heaviside step function)；h_i 为 T_h 历元发生的同震形变；$k_j\exp[-(t_i-T_{hj})t_i/\tau_j]$ 表示 T_k 发生振幅为 k，衰减常数为 τ_j 的震后形变。

同时，值得注意的是，GNSS 获得的测站坐标时间序列(X、Y、Z)是以空间直角坐标系(WGS-84 坐标系下的 XYZ)的形式体现的。然而，对 GNSS 坐标时间序列进行处理分析时，往往采用地方空间直角坐标系(如常用的地方测站坐标系 NEU、ENU)进行运算分析。由于 WGS-84 和 ENU 坐标系都是空间直角坐标系，因此两种坐标系之间的转换较为简单，WGS-84 和 ENU 坐标系之间的转换可以表示为(许家琪，2019)：

$$\begin{bmatrix} e \\ n \\ u \end{bmatrix} = \begin{bmatrix} m_{11} & m_{12} & m_{13} \\ m_{21} & m_{22} & m_{23} \\ m_{31} & m_{32} & m_{33} \end{bmatrix} \begin{bmatrix} x-x_0 \\ y-y_0 \\ z-z_0 \end{bmatrix} = \boldsymbol{M} \begin{bmatrix} x-x_0 \\ y-y_0 \\ z-z_0 \end{bmatrix} \tag{5.98}$$

式中：x_0 、y_0 、z_0 为地方测站空间直角坐标系 NEU 的坐标原点所对应的在 WGS-84 坐标系中的坐标；此外，矩阵 $\boldsymbol{M}$ 的具体表达式为：

$$\begin{cases} m_{11}=-\sin\lambda_0,m_{21}=-\sin\varphi_0\cos\lambda_0,m_{31}=\cos\varphi_0\cos\lambda_0 \\ m_{12}=\cos\lambda_0,m_{22}=-\sin\varphi_0\sin\lambda_0,m_{32}=\cos\varphi_0\sin\lambda_0 \\ m_{13}=0,m_{23}=\cos\varphi_0,m_{33}=\sin\varphi_0 \end{cases} \tag{5.99}$$

式中：λ_0 、φ_0 为地方 NEU 坐标系原点的大地经纬度，式(5.98)的逆变换形式为：

$$\begin{bmatrix} x \\ y \\ z \end{bmatrix} = \boldsymbol{M}^{-1} \begin{bmatrix} e \\ n \\ u \end{bmatrix} + \begin{bmatrix} x_0 \\ y_0 \\ z_0 \end{bmatrix} \tag{5.100}$$

5.4.6.2 削弱模态混叠的 EMD 算法在坐标时间序列中的降噪分析

本节使用武汉(WUHN)站的实测高程(U)时间序列来进行降噪研究与分析。数据来源于中国地震局 GNSS 数据产品服务平台(http://www.cgps.ac.cn/)，所取数据为该站点 2006—2016 年跨度为 10 年的高程时间序列数据，采样间隔为 1/365.25 年，最大采样频率为 365.25Hz。由于实测数据中含有一些粗差，进行分析之前利用 Hector 软件对序列中较大的粗差进行剔除时间序列作为本节降噪分析的原始数据序列，所得结果如图 5.81 所示。从图 5.81 中可以看出，在一些时刻，剔除粗差后的时间序列图的波动明显小于实测信号图，达到了很好的剔粗差的效果。

分析表 5.26 可知，第 1 次 EMD 分解，各 IMF 分量与原始数据的互相关系数第一次取得极小值为 0.188 5，对应的 IMF4 为分界 IMF 分量；第 2 次 EMD 分解，互相关系数第一次取得极小值为 0.027 6，对应的 IMF6 为分界 IMF 分量；第 3 次 EMD 分解，−0.030 9 为相关系数第一次取得的极小值，对应的 IMF6 为分界 IMF 分量。综合表 5.26，绘制了剔除粗差之后的 GPS 高程时间序列信号与每次 EMD 分解获得的降噪信号(图 5.82)。从图 5.82 中可以看出，每次 EMD 降噪后的信号波形都非常平滑，说明本节方法与传统 EMD 方法都达到了降噪的目的。

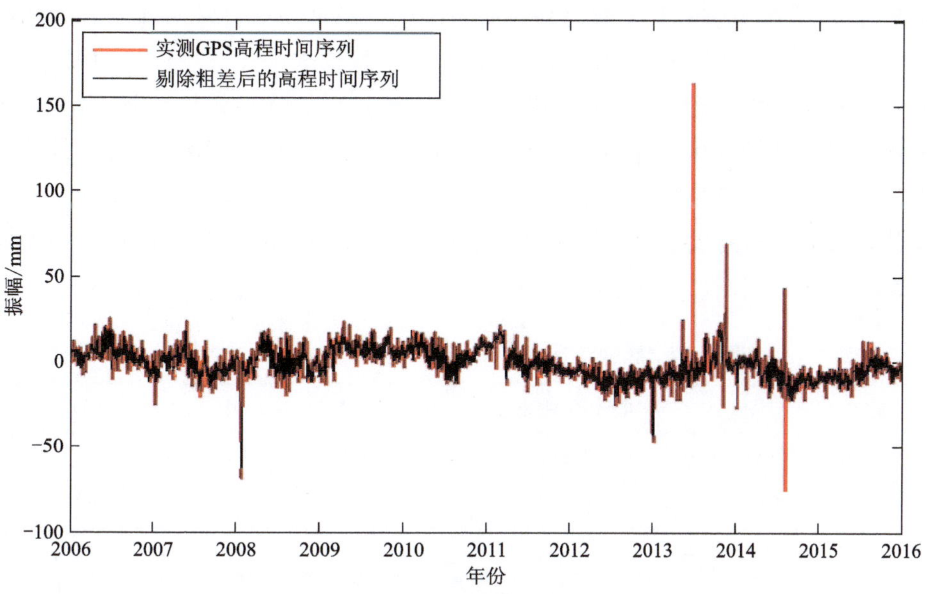

图 5.81　WUHN 站实测 GPS 高程时间序列

表 5.26　每次 EMD 分解的互相关系数

指标	$p1$	$p2$	$p3$	指标	$p1$	$p2$	$p3$
IMF1	0.278 7	0.636 2	0.822 6	IMF6	0.285 4	0.027 6	−0.030 9
IMF2	0.277 7	0.633 0	0.598 6	IMF7	0.500 3	0.034 3	0.028 1
IMF3	0.269 2	0.430 7	0.163 6	IMF8	0.196 8	−0.020 5	−0.021 8
IMF4	0.188 5	0.117 3	0.068 8	IMF9	0.323 6	0.013 7	0.000 9
IMF5	0.250 7	0.044 4	0.032 5	IMF10	−0.090 9	NaN	0.011 5

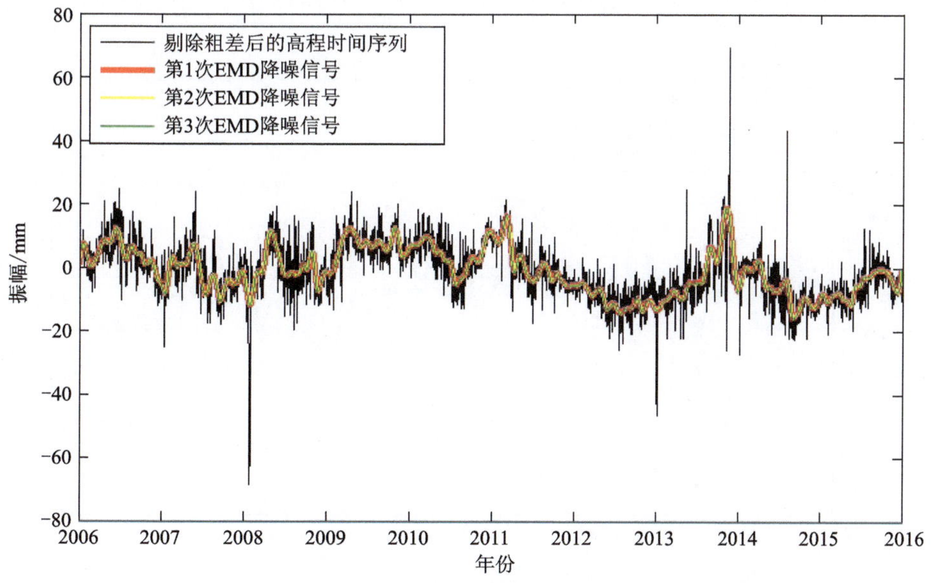

图 5.82　WUHN 站实测 GPS 高程时间序列与每次 EMD 降噪信号

表 5.27 计算了重构信号与原始高程时间序列的 RMSE、p、SNR 等单一评价指标值及复合评价指标 TD 值。分析表 5.27 可知，RMSE 与 p 指标值表明本节中改进的 EMD 方法降噪效果优于传统 EMD 方法，但是 SNR 值指标表明两种方法的降噪效果相反，可知针对真值未知的实测数据，单一评价指标不能有效地评价降噪效果。而复合评价指标 TD 综合考虑信号的细节信息和逼近信息，TD 为 0 时优于 TD 为 0.099 2 与 1 时的降噪效果，即经 3 次 EMD 分解的降噪效果优于经两次 EMD 分解的降噪效果，且效果都优于 EMD 方法，说明本节方法降噪更可靠。

表 5.27　重构信号与实测 GPS 高程信号的评价指标值

指标	RMSE	p	SNR	TD
第 1 次 EMD 分解	5.263 90	0.802 20	6.616 43	1.000 0
第 2 次 EMD 分解	5.262 16	0.802 26	6.557 62	0.099 2
第 3 次 EMD 分解	5.261 77	0.802 30	6.552 87	0.000 0

5.4.6.3　基于噪声统计特性的 EMD 方法在坐标时间序列中的应用

与 5.4.6.2 节实验数据相同，本节同样使用武汉(WUHN)站的实测高程(U)时间序列来进行降噪研究与分析。数据来源于中国地震局 GNSS 数据产品服务平台(http://www.cgps.ac.cn/)，所取数据为该站点 2006—2016 年跨度为 10 年的高程时间序列数据，采样间隔为 1/365.25 年，最大采样频率为 365.25Hz。由于实测数据中含有一些粗差，进行分析之前利用 Hector 软件对序列中较大的粗差进行剔除，时间序列作为本节降噪分析的原始数据序列。

图 5.83 给出了利用传统 EMD 方法与本节改进 EMD 方法降噪之后的波形对比图。从图 5.83 中可以明显看出，两种方法都能达到降噪的效果，而本节方法较之传统 EMD 方法得到的“干净”信号在拐点处更光滑且更清晰，验证了本节方法应用于 GPS 高程时间序列降噪的有效性。

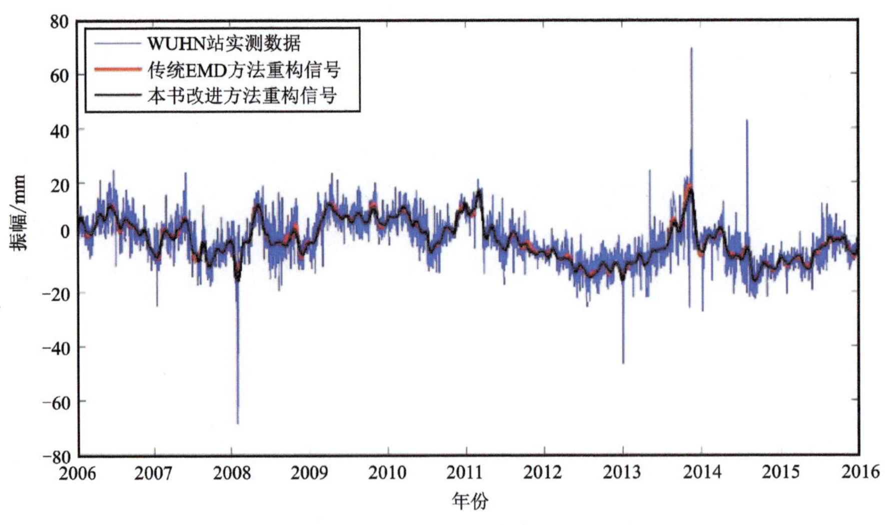

图 5.83　WUHN 站重构信号对比图

为了定量说明本节方法降噪的效果，表 5.28 计算了两种方法重构信号与 WUHN 站实测高程时间序列之间的 p、RMSE 与 SNR 等单一降噪评价指标值。分析表 5.28 可知，本节改进的 EMD 方法较之传统 EMD 方法，p 值与 SNR 值分别提高了 0.005 5 与 0.259 9，RMSE 值降低了 0.067 9，表明本节方法降噪效果优于传统 EMD 算法，与图 5.83 所得结果一致，体现了本书降噪方法的可靠性。

表 5.28　各降噪评价指标值

评价指标	SNR	RMSE	p
传统 EMD 方法	10.523 3	5.263 9	0.802 2
本书改进方法	10.783 2	5.196 0	0.807 7

5.4.6.4　基于分界 IMF 分量辨别方法在坐标时间序列中的应用

1. 平均周期与能量密度乘积改进 EMD 算法结果分析

为了进一步验证本节方法的可靠性，将基于平均周期与能量密度乘积的改进 EMD 算法应用于坐标时间序列中（鲁铁定和谢建雄，2021a）。本小节利用北京房山（BJFS）站的实测高程时间（U）序列来进行降噪研究与分析。数据来源于中国地震局 GNSS 数据产品服务平台（http://www.cgps.ac.cn/），所取数据为该站点 2002—2018 年跨度为 16 年的高程时间序列数据，采样间隔为 1/365.25 年，最大采样频率为 365.25Hz。由于实测数据中含有一些粗差，进行分析之前利用 Hector 软件对序列中较大的粗差进行剔除，同时对剔除粗差之后的序列进行趋势项估计，将剔除粗差之后的坐标高程时间序列作为本小节降噪分析的原始数据序列，所得结果如图 5.84 所示。从图 5.84 中可以看出，剔除粗差后的时间序列图的波动明显小于实测信号图，所估计的趋势项与 U 方向时间序列拟合效果也较好，且高程时间序列呈现出明显的周期性，说明确实达到了较好的剔粗差的效果。

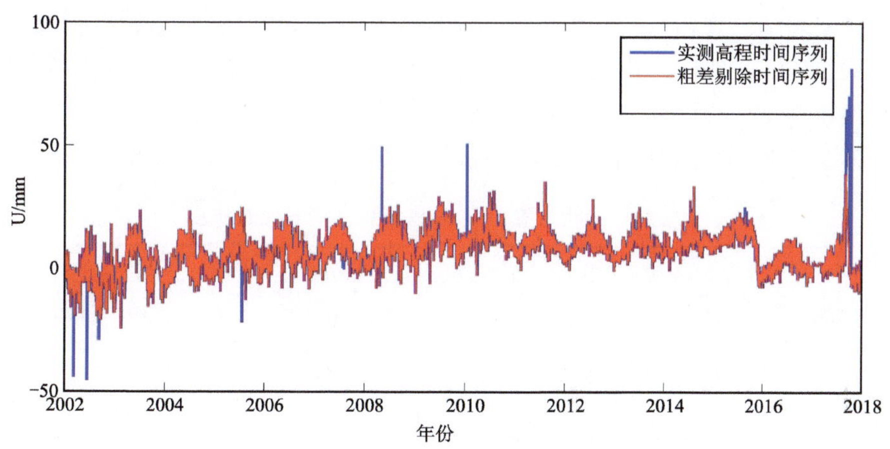

图 5.84　北京房山（BJFS）站高程时间序列

用 EMD 方法对 BJFS 站原始高程时间序列进行处理，得到 11 个本征模态分量(IMF)，计算各 IMF 分量与剔除粗差之后的高程时间序列的互相关系数，所得结果如图 5.85 所示。从图 5.85 中可以明显看出，第 5 个 IMF 与原数据序列的相关系数第一次取得局部极小值，即前 5 个高频 IMF 为噪声，剩余的为真实信号。

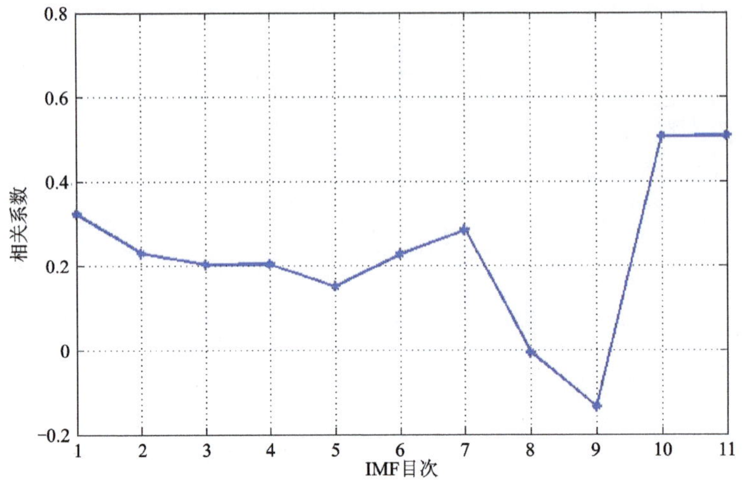

图 5.85　BJFS 高程方向各分量与原始信号所求得的相关系数图

利用各 IMF 分量的平均周期与能量密度的乘积指标确定分界 IMF，所得结果如表 5.29 所示。由表 5.29 可知，前 3 个 IMF 分量的平均周期与能量密度的乘积指标(ET_k)的平均值为 29.842，IMF4 的 ET_k 指标为 69.604，明显大于前 3 个 IMF 分量均值的两倍，即第 4 个 IMF 分量为分界 IMF，前 3 个为高频噪声分量，剩余的 IMF 分量为真实信号。本书自动确定分界 IMF 分量 K 值的办法，在满足 R 阈值的情况下，R 的取值依次分别为 1.303 5、1.648 6、2.332 4，当 R 为 2.332 4 时，停止筛选，此时自适应 K 值为 4，即前 3 个 IMF 分量为噪声，后 8 个 IMF 分量为真实信号，此结果与利用相关系数所求得的结果不一致。为了比较本节方法与平均周期和能量密度指标方法确定分界 IMF 的准确性，并且对最后的降噪效果进行评价，分别利用两种不同结果重构后信号与原始信号的相关系数，均方根误差以及信噪比进行了对比分析，结果如表 5.30 所示。由表 5.30 可知，本小节中改进的 EMD 算法在实测数据中能够直接给出分界 IMF 的 K 值，且相比于相关系数准则所得降噪信号，本小节方法所得降噪信号与原始信号的 ρ 值与 SNR 值更大，RMSE 值更小，表明本小节方法降噪效果比相关系数准则更佳。

表 5.29　实测数据 IMF 分量平均周期与能量密度

指标	$\bar{T}_k$	E_k	ET_k
IMF1	3.00	7.098	21.304
IMF2	6.54	4.245	27.769
IMF3	13.96	2.897	40.452
IMF4	26.95	2.583	69.604
IMF5	59.69	1.998	119.259

续表 5.29

指标	$\bar{T}_k$	E_k	ET_k
IMF6	144.18	12.333	1 778.230
IMF7	382.83	17.253	6 605.097
IMF8	1 233.56	9.557	11 788.850
IMF9	2 220.40	14.501	32 197.185
IMF10	5 551.00	72.981	405 119.647
IMF11	11 102.00	3.259	36 176.440

表 5.30　评价参数值

系数	ρ	RMSE	R_{sn}
相关系数准则	0.83	4.11	16.50
本书自适应方法	0.87	3.60	19.64

图 5.86 给出了部分 IMF 分量的波形，前 3 个 IMF 分量为高频噪声，第 4 个 IMF 分量为分界 IMF 函数。根据本小节提出的降噪思路，将前 3 个高频噪声分量进行重构，然后用原始高程时间序列减去重构后的高频噪声，得到降噪的高程时间序列，如图 5.87 所示。由图 5.87 可知，降噪后“干净”信号较之原始高程时间序列明显更清晰，验证了本小节方法应用于 GPS 高程时间序列降噪的有效性。本小节改进的 EMD 方法得到“干净”信号只需 $3N$ 次迭代运算，传统的 EMD 重构方法需要进行 $7N$ 次累加运算，减少了计算量。

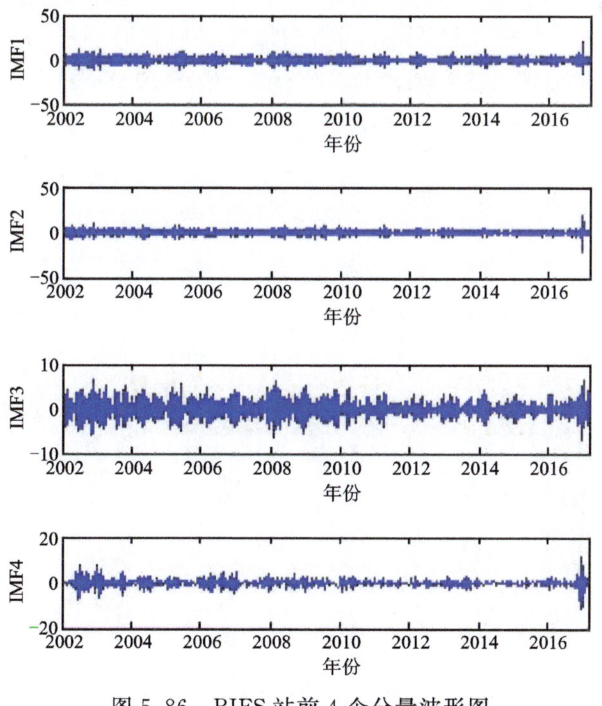

图 5.86　BJFS 站前 4 个分量波形图

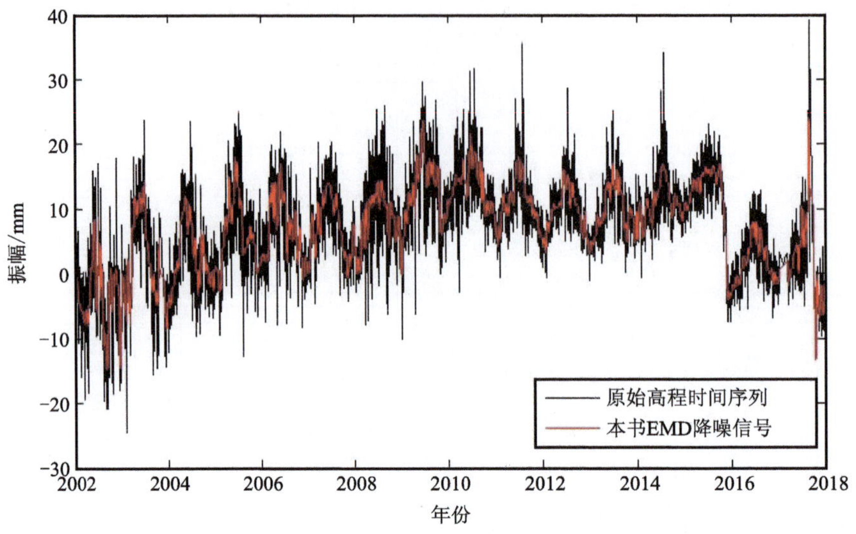

图 5.87　BJFS 原始高程时间序列与本书方法去噪所得时间序列

2. 基于复合评价指标改进 EMD 算法结果对比分析

本小节中不仅使用武汉(WUHN)站的实测高程(U)时间序列进行降噪研究，还利用乌鲁木齐(URUM)站 U 方向数据进行降噪分析。数据来源于中国地震局 GNSS 数据产品服务平台(http://www.cgps.ac.cn/)，URUM 站所取数据为该站点 2009—2016 年跨度为 7 年的高程时间序列数据，WUHN 站所取数据为 2006—2016 年共 10 年的高程时间序列数据，两站点采样间隔均为 1/365.25 年，最大采样频率皆为 365.25Hz。在进行 EMD 方法去噪之前，利用 Hector 软件对序列中较大的粗差进行剔除，将去掉粗差后的时间序列作为本小节降噪分析的原始数据序列，所得结果如图 5.88 与图 5.89 所示。从图 5.88、图 5.89 中可以看出，在某些时刻，原始数据序列图的波动明显小于实测信号图，表明 Hector 软件很好地剔除了实测数据中的粗差。

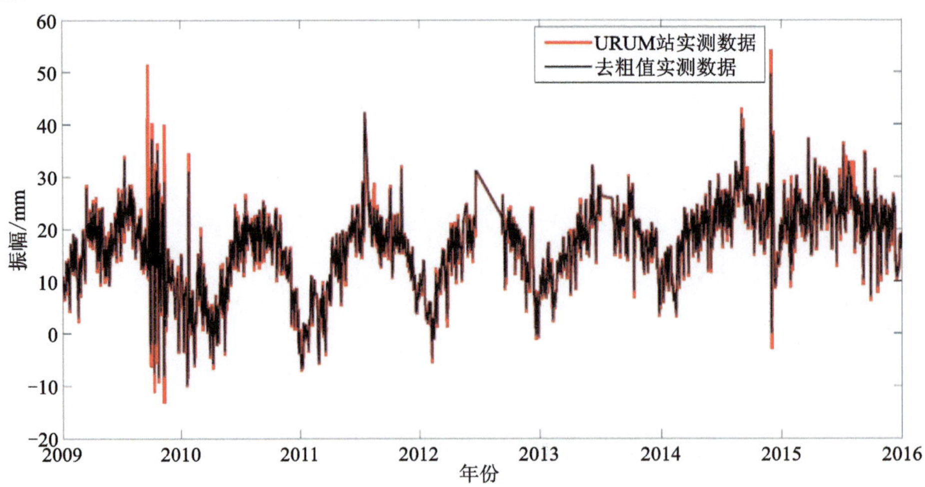

图 5.88　URUM 站实测 GPS 高程时间序列

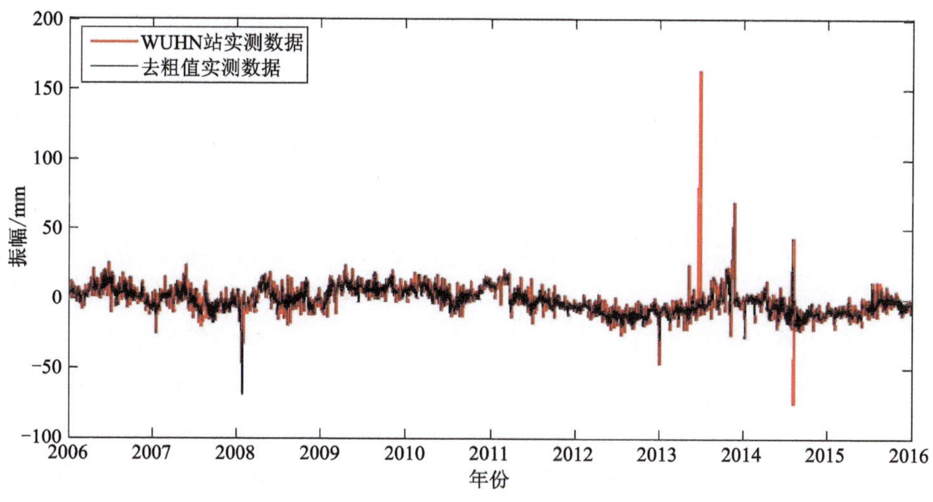

图 5.89　WUHN 站实测 GPS 高程时间序列

表 5.31 中列出了 URUM 站与 WUHN 站实测高程数据所计算得到的各 IMF 分量与原始信号之间的 p 值，以及利用本小节方法所计算得到的 TD 值。分析表 5.31 可知，基于 URUM 站实测高程时间序列数据，相关系数第一次取得极小值为 0.197 1，确定的分界 IMF 函数的 K 值为 3，R 值第一次取得符合条件值为 2.97，此时确定的 IMF 函数的 K 值也为 3。基于 WUHN 站实测高程时间序列数据，相关系数第一次取得极小值为 0.188 5，R 值第一次取得符合条件值为 1.56，两个准则确定的 IMF 函数的 K 值均为 4。综上分析可知，本小节给出的复合评价指标值准则能够准确确定分界 IMF 函数的 K 值，即可以准确找出信号与噪声模态的分界点，表明了本小节改进方法降噪的可靠性。

表 5.31　实测高程时间序列数据的相关系数与复合评价指标值

指标值	URUM 站实测数据		WUHN 站实测数据	
	p	TD	p	TD
IMF1	0.097 8	0.707 3	0.278 7	0.815 2
IMF2	0.257 9	0.184 9	0.277 7	0.127 6
IMF3	0.197 1	0.034 5	0.269 2	0.030 0
IMF4	0.228 9	0.011 6	0.188 5	0.006 4
IMF5	0.148 2	0.008 1	0.250 7	0.004 1
IMF6	0.404 1	0.007 9	0.285 4	0.003 3
IMF7	−0.078 1	0.008 4	0.500 3	0.002 8
IMF8	0.162 3	0.009 4	0.196 8	0.003 3
IMF9	−0.203 6	0.013 0	0.323 6	0.003 8
IMF10	0.424 3	0.008 2	0.090 9	0.003 5
IMF11	−0.128 3	0.006 6	NaN	NaN

5.4.6.5 小结

本节将 5.4.4 节与 5.4.5 节改进的 EMD 算法应用于“陆态网”基准站坐标时间序列降噪中。首先，本节介绍了“陆态网”的基本概念及其构成，并阐述了 GNSS 坐标时间序列的经典数学模型，指出了该类信号非线性、非平稳的特征。然后，将削弱模态混叠的改进 EMD 算法应用于武汉(WUHN)站高程坐标时间序列中，结果表明该方法能够很好地削弱模态混叠的现象，获得更佳的降噪效果。接着，将基于噪声统计特性的 EMD 方法同样应用于武汉(WUHN)站高程坐标时间序列降噪中，结果表明该改进算法得到的降噪结果更可靠。最后，将基于分界 IMF 分量的辨别方法应用于高程坐标时间序列中；将基于平均周期与能量密度乘积的改进 EMD 应用于北京房山(BJFS)站高程坐标时间序列降噪中，该方法能够准确识别信号与噪声的分界点，从而提高降噪的精度；将基于复合评价指标的改进 EMD 算法应用于武汉(WUHN)站与乌鲁木齐(URUM)站坐标高程时间序列中，与传统 EMD 算法相比，该算法同时考虑了各 IMF 分量与原始信号的平滑度与均方根误差，可以得到更可靠的分界 IMF 分量，实验结果表明该方法所得的降噪结果更优。

第6章　GNSS基准站坐标序列噪声模型的构建

目前,关于GPS坐标时间序列噪声模型的建立,已展开了相应的研究。国内外学者认为GPS坐标时间序列噪声特性的最优随机模型为白噪声＋闪烁噪声(White Noise＋Flicker Noise,即WN＋FN)(Agnew,1992;Zhang et al.,1997;Mao et al.,1999;Williams,2003;黄立人,2006;Langbein,2012;姜卫平等,2013)。此外,部分学者研究指出,GPS噪声模型的最佳模型为闪烁噪声＋少部分的随机游走噪声(random walk noise,FN＋RW)(Williams et al.,2004;Amiri-Simkooei et al.,2007;Hackl et al.,2011)。然而由于随机游走噪声难于探测,尤其是对时间跨度较短的时间序列。Williams等(2004)研究指出对于振幅为0.4mm/$a^{0.5}$量级的随机游走噪声,需要30年的时间序列,才能将其简单、准确地探测出来,即随机游走噪声的探测与时间序列跨度相关。除了上述模型,一些学者提出GPS坐标时间序列中,部分噪声模型可用幂律噪声模型(Power Law Noise,PLN)、高斯马尔科夫模型(Generalized Gauss Markov,GGM)、一阶高斯马尔科夫模型[First-Order Gauss Markov Noise,FOGMN等价于AR(1)模型]等表示(Langbein,2012;姜卫平等,2013;Dmitrieva et al.,2015;鲁铁定和谢建雄,2021b)。

通过对已有的研究成果分析可以得出以下结论:GPS站坐标序列的噪声特性实际情况下较为复杂,不同学者的研究即存在一定的共性,也显现出一定的差异。考虑到以下几个因素:第一,分析GPS坐标时间序列时,并未采用能足够代表基准站噪声特性的较为复杂的随机模型,大部分研究采用单一或者FN＋WN＋RW模型,未对多种模型及其组合模型进行分析;第二,累积的时间序列长度不够,不足以解算出GPS坐标时间序列中的长周期噪声分量(如随机游走噪声);第三,分析的站点地理位置不一致,得出的最佳噪声结果也会存在差异,地理环境因素(local environment)对噪声模型的影响缺乏研究;第四,噪声模型估计、评价准则的差异;第五,随着大尺度GPS坐标时间序列的累积,“WN＋FN”“FN＋WN＋RW”等最佳噪声摸索是否具有普遍性,是否仍然是最佳噪声模型,有待进一步研究。因此需要对GPS时间序列噪声模型进行更进一步的研究(鲁铁定等,2023)。

随着时间的推移,GPS基准站坐标时间序列不断增长,全球及区域IGS站已经积累了15～25年长度的时间序列,为探测低频噪声、随机游走噪声等提供了有利的条件。为进一步研究GPS坐标时间序列的最佳噪声模型,对GPS坐标时间序列进行更为全面的噪声分析提供了可能。

6.1 GNSS 基准站坐标序列噪声模型估计准则分析

研究指出 GPS 速度不确定性受 GPS 噪声模型的影响比较大，如果不对噪声模型进行准确估计，会引起速度的有偏估计(Langbein，2012)。当噪声模型选取不恰当时(如仅考虑白噪声时)，GPS 速率估计的方差可能被低估 5～11 倍(Mao et al.，1999；Hackl et al.，2011；Wang et al.，2012)。此外，Dmitrieva 等(2015)研究指出，对一些高精度 GPS 应用(如板块运动、框架维持等)，对长周(如 10 年跨度)期 GPS 坐标时间序列获得的速度不确定性的要求达 0.1mm/a，因此准确地估计出噪声模型具有重要的意义。

对噪声模型估计而言，主要有两类方法：功率谱分析法、极大似然估计法。功率谱分析法可以对噪声模型进行定性估计，但其对低频噪声的分辨率较低，不能准确估计出低频噪声分量，即模型估计精度较低；另外其计算较复杂，运行速率较低。因此对长周期的 GPS 坐标时间序列而言，需要寻求更加稳健、高效的估计方法(Langbein and Johnson，1997；Zhang et al.，1997；Santamaria-Gomez et al.，2011)。

针对功率谱分析的局限性，提出了极大似然估计的噪声估计方法(Mao et al.，1999；Williams et al.，2004；Langbein and Johnson，1997；Zhang et al.，1997；Williams，2008)。极大似然估计法能准确估计不同噪声模型及其对应的振幅，极大似然估计法根据估计出的极大似然对数值进行噪声模型判定。根据不同模型的 MLE，对应 MLE 最大的模型即为最佳噪声模型，如 CATS 软件(Williams，2008)中采用了 MLE 算法，通过估计得到的 MLE 值，可以判定噪声模型并获得相应噪声的振幅大小及速率等参数。经典的 MLE 存在一个缺陷，根据 MLE 估计原理，不同的噪声模型组合将得到不同的极大似然对数值，MLE 的值越大，结果越可靠。然而，当估计混合噪声模型时，待估计的未知参数增多，也会导致估计出的 MLE 值也随之越大。为了确保结果的可靠性，不能简单选择 MLE 值较大的模型作为最优噪声模型。为此，Langbein(2008)提出了一种保守估计准则判断不同模型的优劣，通过设定经验值进行零假设分析，确定最佳模型，但受经验值的影响较大，存在一定的局限性。

为了更加有效地对噪声模型进行估计，本书在传统 MLE 的基础上，采用赤池信息量(Akaike Information Criteria，AIC)和贝叶斯信息量(Bayesian Information Criteria，BIC)的方法进行模型判定(Akaike and Hirotugu，1974；Schwarz and Gideon，1978)，以获得更加稳健的噪声模型估计结果。AIC/BIC 是常用的模型确定方法之一，主要用于衡量统计模型拟合优良性。通常对一系列的数据(如时间序列)进行建模(或如噪声模型的确定)的时候，特别是模型的备选方案较多(如多种噪声模型及其组合)，由于存在诸多变量(如噪声模型)可供选用，选择不同的变量组合可以得到不同的模型，通过 AIC/BIC 的值评价不同模型的优劣，最终确定最佳模型，其基本原理如下：

$$\mathrm{AIC} = -2\ln(L) + 2k \tag{6.1}$$

$$\mathrm{BIC} = -2 \cdot \ln L + k \cdot \ln(n) \tag{6.2}$$

式中：L 为某一模型下的似然函数(likelihood)；n 为观测值个数；k 为模型的变量个数(model degrees of freedom)。根据 AIC/BIC 准则，似然函数 L 越大，对应的模型越好(或者说趋近于真实模型)，此时对应最小的 AIC/BIC 值。对于大多数情况下 AIC/BIC 的结果基本一致，此时直接选择 AIC/BIC 均较小的模型作为最佳模型。然而，仍然存在一些情况，AIC、BIC 的结果并不完全一致时，需要判断最佳模型。例如 AIC 判定准则存在一定的缺陷，当时间序列采样数较多时，各采样点之间的相关信息就越分散，这种情况下需要对其采用多变量复杂拟合模型，才能获得较高的估计结果。而 BIC 准则能克服这个缺陷。因此当 AIC/BIC 不一致时，优先考虑的模型应是 BIC 值最小的那一个，更加可靠的方法是结合序列的噪声谱进行比较，选择拟合结果较优的模型作为最佳模型。基于此，Bos 等(2008，2013b)开发了基于 AIC/BIC 平均标准的极大似然估计噪声模型软件 HECTOR，相比于 CATS 软件，HECTOR 软件运行速度快，能对数据有缺失的时间序列进行无偏噪声估计，并且能处理粗差，因此本书采取该软件对噪声模型进行估计分析，对更多的噪声模型组合进行探讨，同时考虑了观测墩类型、时间跨度等对噪声模型的影响，探讨不同环境下 GPS 坐标时间序列的最佳噪声模型，为站速度估计以及相关参数估计提供可靠的参考。

6.2　观测墩类型对基准站坐标序列噪声模型构建影响

本节对不同观测墩类型对 GPS 坐标时间序列噪声的影响进行分析。考虑到不同观测墩及天线类型的差异而产生的观测墩的不稳定性，以及不同观测墩周边地理位置不一致等可能对噪声模型产生一定的影响，因此有必要对其进一步进行深入分析，为最佳噪声模型的建立提供相应的依据。

6.2.1　观测墩类型分类

对于不同观测墩是否会对噪声模型产生一定的影响，国内外学者研究相对较少。Kloas 等(2015)的研究指出观测墩类型对 GPS 噪声模型的影响较大，如对于位于屋顶的观测墩，由于受热膨胀效应，站点存在随机游走的情况，进而这类观测墩随机游走噪声较明显。然而 Kloas 等的研究存在一定的局限性，主要表现在 4 个方面：①选择的备选噪声模型不足，仅对 FN＋WN＋RW 模型以及 FN＋RW 模型进行估计，一定程度上影响了研究成果的可靠性；②选取的时间序列周期较短，Williams 等(2004)的研究指出对于振幅为 0.4mm/a$^{0.5}$量级的随机游走噪声，需要 30 年的时间序列才能准确地将其探测出来，也就是当随机游走噪声的大小相对其他噪声较小时，比较难探测出来；③仅仅分析了 18 个波兰区域的 IGS 站，对混凝土观测墩(concrete pillars)以及建筑物上观测墩(buildings)进行了分析。一方面测站较少，使得估计结果存在一定的偶然性(如测站的区域性影响)；另一方面，观测墩类型缺乏系统的分类。针对上述情况，本节重点讨论不同观测墩类型对噪声模型的影响，选取的 IGS 站点见图 6.1。

为了保证分析结果的准确性，对全球区域范围内的 400 多个 IGS 站进行初步分析，时间序列产品(如未作特殊说明本章节所处理的时间序列均来自 SOPAC)采用 SOPAC 的单日解时间序列(ftp://garner.ucsd.edu)。对时间序列进行噪声估计之前，需要预先对序列进行粗差分析。GPS 坐标时间序列中包含影响数据质量的粗差，粗差的剔除通常可以依据“拉依达准则”(常被称为 3 倍中误差准则)，即若某个点在某些时刻的任何一个分量的误差大于 3 倍均方根分布或某个点在某些时刻偏离平均时间序列的偏离值大于 3 倍均方根分布。另外 Offset 对噪声模型也会产生较大的影响,噪声模型估计之前也需要对 Offset 进行改正。Gazeaux 等(2013)的研究指出 Offset 的最佳改正方法仍然是通过手动检查时间序列并进行改正。站点选取过程中综合考虑以下几个因素:①站点空间尺度较大,从图 6.1 可以看出,选取的站点分布于全球。由于南半 IGS 球站点较少,且稀疏,故选择的南半球站点相对较少。②为了更好地反映测站地理环境,对潜在的结果进行地球物理相关解释,所选的 IGS 站均有站点照片资料及观测日志(站点照片信息见 igscb.jpl.nasa.gov)。③时间序列数据缺失率较低,且累积了长周期的时间序列。最终选择了图 6.1 中的 140 个 IGS 观测站。将观测类型分为了 3 类:混凝土观测墩(包括扼流圈观测墩)、建筑物上的观测墩、积雪覆盖及海洋区域观测墩(图 6.2)。

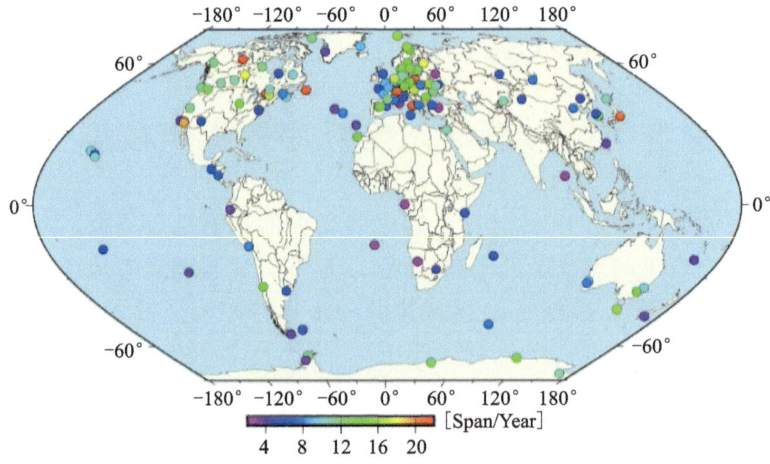

图 6.1 分析的 140 个不同类型观测墩

图 6.2 观测墩类型样例

6.2.2　最佳噪声模型估计结果

噪声模型估计过程中，采用 HECTOR 软件进行估计(Bos et al.，2013b)。Hector 软件是由 Machiel Bos 设计的一个在 Linux 操作系统下利用时间相关噪声模型对 GPS 坐标时间序列进行线性趋势估计的软件。Hector 能够正确处理缺失数据，允许周年、半周年和其他周期信号，线性趋势估计过程中允许在给定区间选择估计补偿，Hector 中包含多种噪声模型以便于进行噪声模型的估计分析，并能对时间序列进行粗差估计、功率谱估计等。HECTRO 采用极大似然估计方法进行噪声模型估计，并结合 AIC/BIC 确定最佳噪声模型，其理论见“6.1 最优噪声模型选择方法”。对所选的 140 个 IGS 站分别采用“幂律噪声”(power-law noise，PL)、“闪烁噪声”(flicker noise，FN)、“闪烁噪声＋随机游走噪声＋白噪声”(flicker plus Random walk plus White noise，FN＋RW＋WN)、“闪烁噪声＋白噪声”(flicker plus white noise，FN＋WN)、“幂律噪声＋白噪声”(PL＋WN)、“高斯-马尔可夫”(Generalized Gauss Markov，GGM)噪声模型进行最佳噪声模型估计，通过对 AIC/BIC 进行分析，表 6.1 为估计出的最佳噪声模型分布规律，表中数值为 E、N、U 坐标方向对应噪声模型(第一行)中 AIC/BIC 值最小情况下对应的 IGS 测站个数及所占比例(%)。

表 6.1　噪声模型估计结果(AIC/BIC)

方向	PL/个	占比/%	FN/个	占比/%	FN＋RW＋WN/个	占比/%	FN＋WN/个	占比/%	PL＋WN/个	占比/%	GGM/个	占比/%
East	16	11.4	2	1.4	15	10.7	22	15.7	33	23.6	52	37.1
North	49	35.0	5	3.6	9	6.4	50	35.7	7	5.0	20	14.3
Up	61	43.6	5	3.6	9	6.4	28	20.0	5	3.6	32	22.9
总计	126	30.0	12	2.9	33	7.9	100	23.8	45	10.7	104	24.8

从表 6.1 的结果可知，GPS 坐标时间序列呈现出多种噪声模型特性，并不是严格的单一噪声模型。对坐标东方向主要表现为 PL 模型约占 11.4%，FN 模型约占 1.4%，FN＋RW＋WN 模型约占 10.7%，FN＋WN 模型占 15.7%，PL＋WN 模型约占 23.6%，GGM 模型约占 37.1%。对坐标北方向主要表现为 PL 模型约占 35.0%，FN 模型约占 3.6%，FN＋RW＋WN 模型约占 6.4%，FN＋WN 模型占 35.7%，PL＋WN 模型约占 5.0%，GGM 模型约占 14.3%。在坐标垂向分量主要表现为 PL 模型约占 43.6%，FN 模型约占 3.6%，FN＋RW＋WN 模型约占 6.4%，FN＋WN 模型占 20.0%，PL＋WN 模型约占 3.6%，GGM 模型约占 22.6%。可以看出坐标北方向与垂向分量一致性较高。对三坐标分量的统计结果表明，GPS 坐标时间序列噪声模型主要表现为 PL 模型(约占 30%)、GGM(约占 24.8%)、FN＋WN(约占 23.8%)、PL＋WN(约占 10.7%)。另外，从表 6.1 可知，存在少部分点(约 7.9%)呈现出最佳噪声模型为“FN＋RW＋WN”噪声模型，而根据已有的研究，随机游走噪声主要源自观测墩的不稳定性，通过对呈现出“闪烁噪声＋白噪声＋随机游走”模型的测站观测墩类型进行分析发现，并不是所有的建筑物上观测墩呈现出随机游走特征；另外通过对不同类型的观测墩与噪声模

型之间进行分析，结果表明最佳噪声模型观测墩类型没有明显的一一对应关系，即噪声模型与观测墩类型没有明显的相关性；此外部分站点的GPS观测序列较短(其中最短序列长度为3年)，使得噪声模型估计结果存在一定的局限性，因此有必要对观测序列跨度对噪声模型的影响进行进一步的研究。

6.3 时间跨度对基准站坐标序列噪声模型构建影响

姜卫平和周晓慧(2014)的研究指出坐标时间序列跨度对噪声模型建立存在较大影响，并分析了1998—2009年内澳大利亚区域内10个IGS站不同跨度下噪声模型及其对相关参数的影响。其研究的局限性在于仅采用白噪声加闪烁噪声、幂律过程的噪声加白噪声两种混合模型进行分析；而近来的研究指出，GPS坐标序列最佳噪声模型呈现出多样性，单一噪声模型并不能完整地描述GPS坐标序列的最佳模型，因此需要对更多的噪声模型进行分析。另外为了探测出随机游走噪声需要15～20年坐标序列。针对上述问题，有必要对时间跨度对噪声模型的影响进行深入的分析，提高噪声模型建立的准确性，从而获取更为准确的测站速度及其不确定性，进而更加合理地、全面地分析板块的运动机制。

为了分析不同时间跨度对噪声模型的影响，选取比较稳定的、有代表性的IGS站进行分析是十分必要的。另外为了避免噪声模型的随机性，选取长时间的GPS坐标时间序列，并且其数据缺失率较低，因此我们采用IGS08的核心站(core station)，IGS08相关测站用于参考框架的维持，因此其稳定性较高，而IGS08核心站精度更加有保证，提供了可靠的数据基础，选取的IGS08站点分布见图6.3，图中所有站点至少包含18年的连续观测值，且数据缺失率小于5%，最终选取了24个符合上述要求的IGS站进行分析；选取的站点中，包含了部分具有区域代表性测站，如COCO测站，该站位于地震活跃区域，可能受地震影响，其噪声模型存在不确定性。另外，在GPS最佳噪声模型备选方面，考虑了更多的噪声模型组合，采用不同模型对时间跨度为5年、10年、12.5年 、15年和20(18.1—20.0)年5个时段的时间序列进行噪声分析并对结果进行对比。

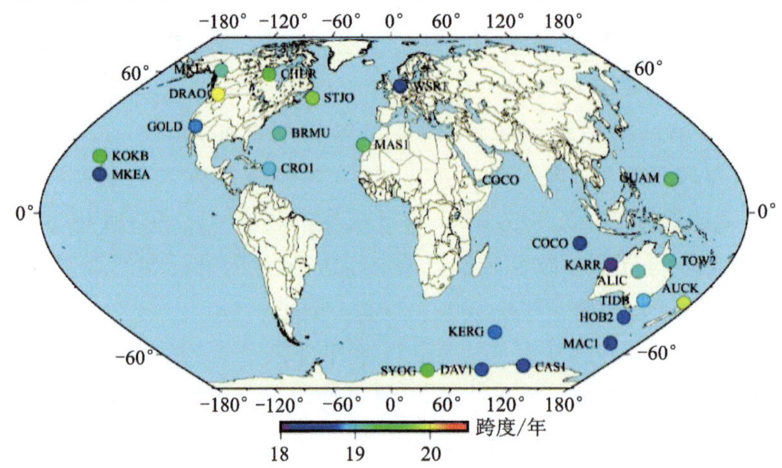

图6.3 用于估计跨度对时间序列噪声模型影响的24个IGS站

结合本章 6.2 节中初步得出的分析结果，即 GPS 坐标时间序列呈现出多种噪声模型特性，因此采用 FN＋RW、FN＋RW＋WN、FN＋WN、GGM、Power-law 备选噪声模型对不同跨度的时间序列，对 IGS 基准站各时段进行噪声分析。

6.3.1　不同时间跨度下不同噪声模型空间分布分析

不同跨度下最佳噪声模型总体分布规律见表 6.2～表 6.4(表中数字对应最佳模型包含的测站数)。

表 6.2　最佳噪声模型随时间变化分布规律(东方向)

东方向	跨度				
	5 年	10 年	12.5 年	15 年	20 年
Power-law	12	6	8	12	6
GGM	5	6	5	0	4
FN＋WN	6	12	10	11	13
FN＋RW＋WN	1	0	1	1	1

表 6.3　最佳噪声模型随时间变化分布规律(北方向)

北方向	跨度				
	5 年	10 年	12.5 年	15 年	20 年
Power-law	6	4	3	4	3
GGM	6	4	3	0	2
FN＋WN	10	13	12	13	12
FN＋RW＋WN	2	3	6	7	7

表 6.4　最佳噪声模型随时间变化分布规律(垂向)

垂向	跨度				
	5 年	10 年	12.5 年	15 年	20 年
Power-law	9	4	5	7	4
GGM	5	5	4	0	2
FN＋WN	6	11	10	12	13
FN＋RW＋WN	3	4	4	4	4
FN＋RW	1	0	1	1	1

从表 6.2～表 6.4 可知三坐标分量的最佳噪声模型整体上一致性比较好。当时间序列较短时，估计出的最佳噪声模型较发散。时间跨度为 5 年时，在东、北、垂直方向分别主要表现

为 PL 噪声、FN＋WN 噪声、PL 噪声模型，同时也包含其他噪声模型。随着时间跨度的增加，FN＋WN 噪声模型的比重有所上升。

当时间跨度大于 12.5 年时，E、N、U 三坐标序列分量的噪声模型趋于稳定，且主要表现为 FN＋WN 模型(约 50%)以及 PL 模型、GGM 模型。另外需要注意的是，随着时间跨度的增加，随机游走噪声模型(FN＋RW、FN＋RW＋WN)的比重有所增加，在时间跨度为 5～10 年时，仅 2～3 个测站呈现出最佳噪声模型为 FN＋RW＋WN，当时间跨度增大到 12.5～20 年时，约 7 个测站的最佳噪声模型呈现出 FN＋RW＋WN 模型。这表明随着时间跨度的增加，GPS 坐标序列中噪声的长周期分量(如随机游走噪声)变得显著，大跨度的时间序列为探测低频噪声的存在提供了条件，当时间序列不够长时，尤其是随机游走振幅较小时，被闪烁噪声等抑制，不能准确地探测出来。

6.3.2 不同时间跨度下噪声模型的演化过程分析

为了进一步分析不同跨度下噪声模型的演化情况，以所处理的 24 个站北方向为例，列出不同时间跨度下最佳噪声模型结果(表 6.5)。

表 6.5 最佳噪声模型随时间演化规律(以北方向为例)

站点	跨度				
	5 年	10 年	12.5 年	15 年	20 年
ALIC	FN＋WN	FN＋WN	FN＋WN	FN＋WN	FN＋WN
CAS1	PL	FN＋WN	FN＋WN	FN＋WN	FN＋WN
CRO1	PL	PL	PL	PL	PL
GOLD	FN＋WN	FN＋WN	PL	PL	FN＋WN
KARR	FN＋WN	FN＋WN	FN＋WN	FN＋WN	FN＋WN
MAC1	PL	PL	FN＋WN	FN＋WN	FN＋WN
STJO	PL	PL	PL	PL	PL
TOW2	FN＋WN	FN＋WN	FN＋WN	FN＋WN	FN＋WN
AUCK	PL	FN＋WN	FN＋WN	PL	FN＋WN
CHUR	PL	FN＋WN	FN＋WN	FN＋WN	FN＋WN
DAV1	FN＋RW＋WN	FN＋WN	FN＋WN	FN＋WN	FN＋WN
GUAM	GGM	PL	PL	PL	PL
KERG	PL	FN＋WN	PL	PL	PL
MAS1	GGM	GGM	GGM	PL	GGM
SYOG	PL	FN＋WN	FN＋WN	FN＋WN	FN＋WN
WHIT	GGM	GGM	GGM	FN＋WN	GGM
BRMU	GGM	GGM	GGM	FN＋WN	FN＋WN

续表 6.5

站点	跨度				
	5 年	10 年	12.5 年	15 年	20 年
COCO	FN+WN	FN+WN	FN+RW+WN	FN+RW+WN	FN+RW+WN
DRAO	FN+WN	FN+WN	FN+WN	FN+WN	FN+WN
HOB2	PL	PL	PL	PL	FN+WN
KOKB	PL	GGM	GGM	PL	GGM
MKEA	PL	GGM	PL	PL	PL
TIDB	GGM	GGM	GGM	PL	GGM
WSRT	PL	PL	PL	PL	PL

对表 6.5 中坐标北方向不同时间跨度下最佳噪声模型进行统计分析，结果表明 63% 的测站在 5 年时间跨度后噪声模型发生了改变，即 5 年的时间序列确定的噪声模型可靠性不高，存在较大的偶然因素；约 50%的测站在 10 年时间跨度后最佳噪声模型发生了改变，表明随着时间序列的增加，噪声模型趋于稳定。当时间跨度增大到 12.5 年时，67%的测站最佳噪声模型不再改变，当时间跨度增大到 15 年时 71%的测站噪声模型不再改变。

同样对坐标序列东方向最佳噪声模型随时间演化结果进行分析，结果表明，约 62%的测站在 5 年时间跨度后最佳噪声模型不再改变；当时间跨度增大到 10 年、12.5 年、15 年跨度后约 71%、71%、83%的测站最佳噪声模型不再发生改变。垂向坐标序列统计结果表明 58%的测站在 5 年时间跨度后最佳噪声模型发生了改变，10 年时间跨度后趋于稳定，约 71%的测站噪声模型不再变化。

上述分析结果表明当时间序列长度低于 5 年时，噪声模型的不确定性较大，为了获得可靠的噪声模型估计结果，10 年跨度是比较理想的时间跨度间隔。

6.4　幕式震颤与滑移对基准站坐标序列噪声模型构建影响

幕式震颤与滑移(Episodic Tremor and Slip)是一种大陆地区地震观测中未知的弱震动信号，分析 ETS 运动对 GPS 测站的影响有助于建立更为准确的 GPS 基准站运动模型，为地球动力学研究提供有价值的参考资料(贺小星和孙喜文，2020)。

6.4.1　ETS 对站速度及其不确定度影响分析

为探究 ETS 对 GPS 站坐标序列影响，选择间歇性震颤与滑移参数为 100 天，分析 ETS 对 GPS 站速度及速度不确定度的影响。图 6.4、图 6.5 为 ETS 对 GPS 站速度及速度不确定度变化规律曲线图。

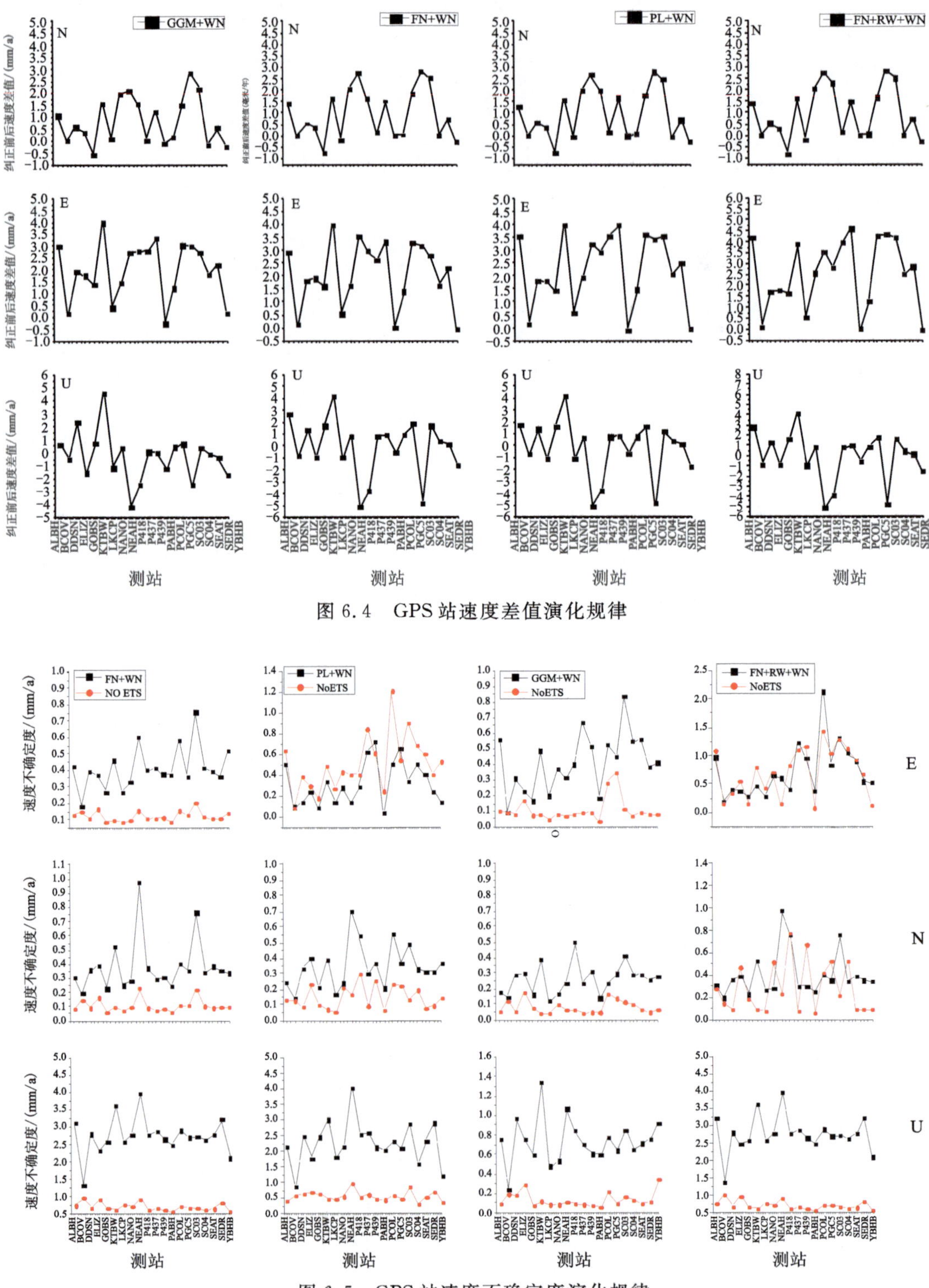

图 6.4 GPS站速度差值演化规律

图 6.5 GPS站速度不确定度演化规律

由图 6.4 可知，N 分量与 E 分量不同噪声模型下站速度差值曲线相似，大部分站速度演化规律一致，间歇性震颤与滑移纠正前后速度差值较小，其中最大站速度差值为 2.86mm/a，最小站速度差值为 0.01mm/a。U 分量间歇性震颤与滑移纠正前后站速度差值较大，最大差值约为 5.15mm/a，其中，BCOV、ELIZ、LKCP、NEAH、P418、SC03 站间歇性震颤与滑移纠正后站速度差值略有减小，但 U 分量速度差值均值绝对值约为 3.33mm/a，统计约 45%的 GPS 站间歇性震颤与滑移纠正后站速度增大，说明 U 分量上间歇性震颤与滑移对 GPS 站速度影响较为明显。

由图 6.5 可知，E 分量 PL＋WN 与 FN＋RW＋WN 噪声模型间歇性震颤与滑移纠正前后变化曲线差异较大，其中 GPS 站如 BCOV、NEAH、PCOL、SC03、YBHB、SEAT 等站纠正前后模型发生了变化，部分测站噪声模型特性由 FN＋WN 变为 PL＋WN，部分由 PL＋WN 噪声模型特性变为 FN＋RW＋WN，这种变化可能导致站速度不确定度的不稳定。FN＋WN 与 GGM＋WN 噪声模型间歇性震颤与滑移纠正前后，绝大部分变化曲线规律一致，且 FN＋WN 与 GGM＋WN 噪声模型纠正后站速度不确定度值较大；N 分量 FN＋WN、PL＋WN 与 GGM＋WN 三种组合噪声模型间歇性震颤与滑移纠正前后站速度不确定度变化规律一致，FN＋RW＋WN 噪声模型纠正前后站速度不确定度与 E 方向变化相似，其中 ELIZ、NANO、P439、PGC5、SC04 站速度不确定度纠正前比纠正后增大，出现这种变化可能的原因是站 ELIZ 于 2002 年、2004 年、2011 年及 2014 年 N 分量发生较大位移，最大为 11.217mm，NANO 站于 2003 年、2009 年及 2011 年 N 分量位移达到约 6.145mm，P439、PGC5 及 SC04 站等均在 2011 年 N 分量发生位移，部分站噪声模型特性由 FN＋WN 变为 FN＋RW＋WN 噪声模型特性，说明随机游走噪声成为站速度不确定度发生变化不可忽略的因素之一；U 分量站速度不确定度变化特征规律曲线一致，间歇性震颤与滑移纠正后的站速度不确定度比纠正前站速度不确定度均大。综上所述可知，间歇性震颤与滑移对站速度不确定度影响较大，因此在准确估计站速度不确定度时必须考虑间歇性震颤与滑移因素，否则可能导致过高估计站速度不确定度。

6.4.2　幕式震颤与滑移参数对噪声模型估计影响

ETS 对站速度及其不确定度分析时以间歇性震颤与滑移参数为 100 天为研究对象，为了准确探讨间歇性震颤与滑移参数对噪声模型的影响，分别取间歇性震颤与滑移参数为 30 天、80 天、100 天及 130 天，间歇性震颤与滑移参数变化引起站坐标时间序列组合噪声模型发生变化。当参数为 30 天且增加时，SC03 及 YBHB 站坐标序列噪声模型 PL＋WN 变为 FN＋WN 噪声模型，根据 SOPAC 的观测日志资料，SC03 与 YBHB 站 2011 年 107 年积日下垂分量分别发生了 6.357mm 与 8.319mm 的位移，站点受地震运动的影响，其站坐标序列噪声模型随之发生了变化。当间歇性震颤与滑移参数增加为 100 天时，E、N、U 三分量的噪声模型趋于稳定，主要表现为 FN＋WN 模型(约 85%)、GGM＋WN(约 75%)及 FN＋RW＋WN 噪声模型。此外，随着间歇性震颤与滑移参数的增加，随机游走噪声模型(FN＋RW＋WN)的比重有所增加，在参数为 30 天时，仅有 1 站呈现出 FN＋RW＋WN 模型，当间歇性震颤与滑移参数为 100 天时，有 8 站呈现出最优噪声模型为 FN＋RW＋WN，表明随着间歇性震颤与滑移参数的增加，GPS 站坐标序列中噪声的长周期分量(如随机游走噪声)变得显著。

为进一步探讨间歇性震颤与滑移参数的影响，分析参数为 30 天、80 天、100 天及 130 天的站速度变化规律，不同参数条件下 N、E 与 U 三分量站速度变化见图 6.6。

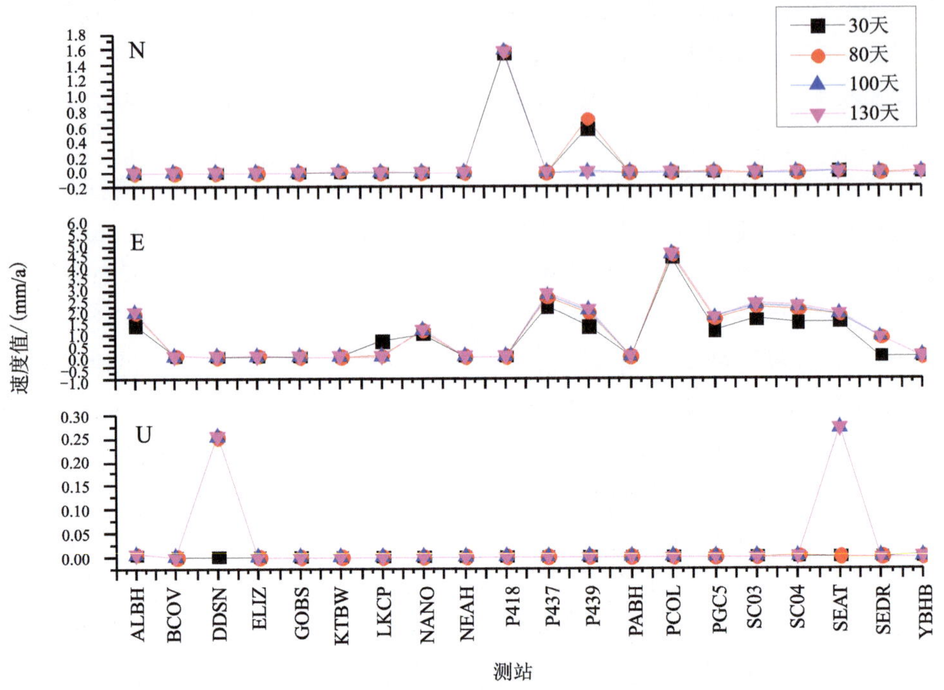

图 6.6 不同参数条件下站速度变化规律

由图 6.6 可知，N 分量约 90%的 GPS 站速度估计趋于稳定，其中 P418 站速度估计偏大，P439 站随间歇性震颤与滑移参数的增大速度估计减小，两站均在 2011 年 107 年积日下东方向发生了约 6.2mm 的位移；E 分量各站速度随间歇性震颤与滑移参数的增加，站速度变化相对稳定；U 分量约 90%的站速度估计较小，趋于 0，其中 DDSN 站与 SEAT 站变化较大，经查 SOPAC 的观测日志资料，DDSN 站于 2008 年、2011 年均发生了不同程度的 Offset(同震形变引起)，SEAT 站于 1998 年、2001 年、2011 年均发生 9～12mm 的位移，两站点受地震运动的影响，其速度变化较大。综上表明，随着间歇性震颤与滑移参数增加(80～130 天)，绝大部分测站速度估计值趋于稳健。

6.5 非线性信号对基准站坐标序列噪声模型构建影响分析

GPS 坐标序列中存在季节性的非线性变化，主要源自未改正的负载效应及 CME。在实际应用中，往往需要对非线性信号进行改正。因此有必要对负载效应及其 CME 对噪声模型的影响进行分析，探讨负载效应与 CME 对噪声模型的影响及其规律。为了分析负载效应和 CME 对噪声模型的影响，采用图 6.7 所示站点，经负载与空间滤波后的坐标序列进行相应的噪声模型估计分析。

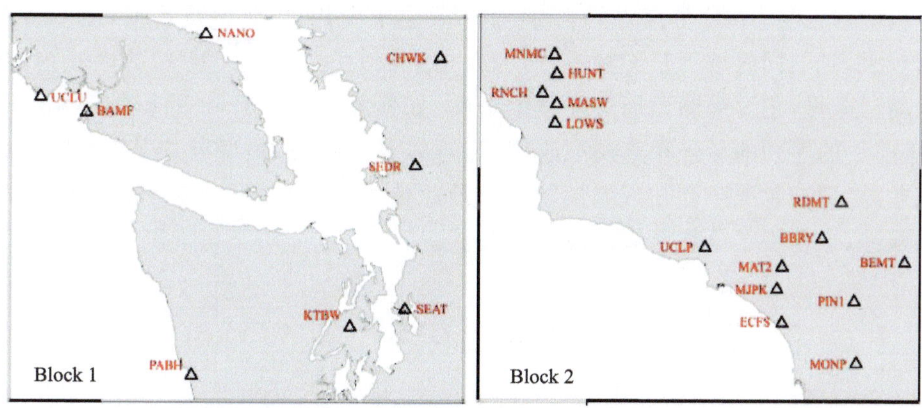

图 6.7　分析的站点及其空间分布

噪声数据处理采用极大似然估计进行，表 6.6 为图 6.7 所示中区域 1 内站点负载效应及 CME 改正前后三坐标分量的最佳噪声模型结果。

表 6.6　区域 1 中测站滤波前后最佳噪声模型

站点	East		North		Up	
	改正前	改正后	改正前	改正后	改正前	改正后
BAMF	PL+WN	FN+WN	PL+WN	FN+WN	PL	FN+WN
CHWK	PL+WN	FN+WN	PL+WN	FN+WN	FN+WN	PL
KTBW	PL+WN	FN+WN	FN+WN	PL	PL	FN+WN
NANO	PL+WN	FN+WN	FN+WN	FN+WN	PL	FN+WN
PABH	PL+WN	FN+WN	FN+WN	FN+WN	PL	FN+WN
SEAT	PL+WN	FN+WN	FN+WN	FN+WN	PL	PL
SEDR	PL+WN	FN+WN	FN+WN	FN+WN	FN+WN	FN+WN
UCLU	PL+WN	PL+WN	FN+WN	PL+WN	PL	FN+WN

从表 6.6 可知经负载改正及滤波后，三坐标分量的噪声模型(约 70%)发生了改变，且负载效应与 CME 改正之前，区域 1 中站点三坐标的噪声模型一致性比较好，改正前 E 方向主要表现为 PL+WN 模型，改正后主要呈现出 FN+WN 型，且 95%以上的站点噪声模型发生了改变。在北方向，负载及 CME 修正前主要表现为 FN+WN 模型，部分站最佳模型为 PL+WN 模型。同样对于区域 2，负载及 CME 修正前，E 方向主要呈现出 PL+WN 模型(约 64.2%)，与区域 1 不同的是，区域 2 中存在 5 个站(HUNT、MNMC、LOWS、MASW、MNMC、RWCH) E、N 分量的最佳噪声模型为 FN+RW+WN，即存在随机游走噪声，主要受帕克菲尔德地震影响。负载及 CME 修正前区域 2 中站点 E、N、U 三分量最佳噪声模型主要表现出 FN+WN、FN+RW+WN、PL、GGM 模型特性，相比于区域 1、区域 2 中噪声模型更具多样性，且经负载及 CME 改正后 90%以上站点模型发生了改变，与区域 1 不同的是，区域 2 中站点修正后，经 MLE 估计获得的站点最佳模型也不一致，这也表明不同测站的时间序列噪声模型存在

差异。经负载修正与 CME 分离之后，噪声模型发生了变化，表明负载效应与 CME 对噪声模型的影响较大，且不同区域下其影响不一致，在相对较大(相对于区域 1)的区域内，其噪声模型也存在局部差异，主要受测站周边环境的影响(如强震信号、Offset 的影响等)。通过负载、CME 改正前后的序列的最佳噪声模型改变，也可以得出结论，负载效应与 CME 在大尺度空间下存在差异，即有色噪声存在区域性特征。因此传统下的 CME 具有一致的空间响应存在一定的局限性，也印证了分块区域滤波的必要性。

6.6 小结

本章系统性地对 IGS 基准站噪声模型建立及其影响因素进行探讨，结果表明 IGS 站坐标序列噪声模型呈现出多样性且存在区域性规律。随着时间跨度的增加，噪声模型、站速度及其不确定度逐步由发散趋于稳定，确定了 10 年时间跨度为理想的噪声模型估计尺度。另外随着时间跨度的增加，随机游走噪声模型的比重有所增加，表明当时间序列不够长时，尤其是随机游走振幅较小时，被闪烁噪声等抑制，随机游走噪声不能被准确地探测出来。

主要参考文献

常恬君，过仲阳，徐丽丽，2019. 基于 Prophet-随机森林优化模型的空气质量指数规模预测[J]. 环境污染与防治(7)：758-761.

陈俊勇，2003. 关于中国采用地心 3 维坐标系统的探讨[J]. 测绘学报(4)：283-288.

陈俊勇，2005. 国际地球参考框架 2000(ITRF2000)的定义及其参数[J]. 武汉大学学报(信息科学版)(9)：753-756，761.

陈俊勇，2007. 大地坐标框架理论和实践的进展[J]. 大地测量与地球动力学(1)：1-6.

陈俊勇，党亚民，2009. 全球导航卫星系统的进展及建设 CORS 的思考[J]. 地理空间信息，7(3)：1-4.

程军圣，于德介，杨宇，2005. Hilbert-Huang 变换端点效应问题的探讨[J]. 振动与冲击(6)：40-42，47，136.

邓军，雷昌奎，曹凯，等，2018. 采空区煤自燃预测的随机森林方法[J]. 煤炭学报，43(10)：144-152.

邓拥军，王伟，钱成春，等，2001. EMD 方法及 Hilbert 变换中边界问题的处理[J]. 科学通报(3)：257-263.

董泽，贾昊，2020. 基于 EWT-LOF 的热工过程数据异常值检测方法[J]. 仪器仪表学报，41(2)：126-134.

鄂栋臣，詹必伟，姜卫平，等，2005. 应用 GAMIT/GLOBK 软件进行高精度 GPS 数据处理[J]. 极地研究(3)：173-182.

方匡南，吴见彬，朱建平，等，2011. 随机森林方法研究综述[J]. 统计与信息论坛，26(3)：32-38.

盖强，张海勇，徐晓刚，2005. Hilbert-Huang 变换的自适应频率多分辨分析研究[J]. 电子学报(3)：563-566.

高静，2014. 经验模态分解的改进方法及应用研究[D]. 北京：北京理工大学.

葛娜，孙连英，石晓达，等，2019. Prophet-LSTM 组合模型的销售量预测研究[J]. 计算机科学，46(S1)：446-451.

郭翔，2016. EMD 在 GPS 信号去噪中的应用研究[D]. 南昌：东华理工大学.

何书元，2003. 应用时间序列分析[M]. 北京：北京大学出版社.

何玉晶，杨力，2011. 基于拉格朗日插值方法的 GPS IGS 精密星历插值分析[J]. 测绘工程，20(5)：60-62，66.

贺小星，2013. GPS 台站时间序列分析及其地壳形变应用[D]. 南昌：东华理工大学.

贺小星，花向红，鲁铁定，等，2017. 时间跨度对GPS坐标序列噪声模型及速度估计影响分析[J]. 国防科技大学学报，39(6)：12-18.

贺小星，花向红，周世健，等，2014. PCA与KLE相结合的区域GPS网坐标序列分析[J]. 测绘科学，39(7)：6.

贺小星，姜卫平，周晓慧，等，2018. GPS坐标时间序列广义共模误差分离方法[J]. 测绘科学，43(10)：7-15.

贺小星，孙喜文，2020. ETS对GPS站坐标时间序列噪声模型建立影响分析[J]. 测绘工程，29(2)：12-16，22.

胡爱军，2008. Hilbert-Huang变换在旋转机械振动信号分析中的应用研究[D]. 保定：华北电力大学.

胡劲松，杨世锡，2007. EMD方法基于径向基神经网络预测的数据延拓与应用[J]. 机械强度(6)：894-899.

胡守超，伍吉仓，孙亚峰，2009. 区域GPS网三种时空滤波方法的比较[J]. 大地测量与地球动力学(3)：95-99.

黄博华，杨勃航，李明贵，等，2002. 一种改进的MAD钟差粗差探测方法[J]. 武汉大学学报(信息科学版)，47(5)：1-10.

黄超，杨颖，熊卫东，等，2015. 基于Bernese 5.0的区域CORS数据自动处理系统[J]. 山东科技大学学报(自然科学版)，34(5)：75-81.

黄立人，2006. GPS基准站坐标分量时间序列的噪声特性分析[J]. 大地测量与地球动力学，26(2)：31-38.

黄文喜，祝芙英，翟笃林，2021. BP神经网络和ARMA模型在中纬度TEC短期预测中的对比分析[J]. 大地测量与地球动力学，41(3)：262-267.

黄焱，田林亚，白云，等，2014. GNSS坐标时间序列噪声特征分析[J]. 全球定位系统，39(4)：16-20，25.

姜卫平，李昭，刘鸿飞，等，2013. 中国区域IGS基准站坐标时间序列非线性变化的成因分析[J]. 地球物理学报(7)：2228-2237.

姜卫平，李昭，刘万科，等，2010. 顾及非线性变化的地球参考框架建立与维持的思考[J]. 武汉大学学报(信息科学版)(6)：665-669.

姜卫平，马一方，邓连生，等，2016. 毫米级地球参考框架的建立方法与展望[J]. 测绘地理信息，41(4)：1-6.

姜卫平，王锴华，邓连生，等，2015. 热膨胀效应对GNSS基准站垂向位移非线性变化的影响[J]. 测绘学报(5)：473-480.

姜卫平，王锴华，李昭，等，2018. GNSS坐标时间序列分析理论与方法及展望[J]. 武汉大学学报(信息科学版)，43(12)：359-370.

姜卫平，周晓慧，2014. 澳大利亚GPS坐标时间序列跨度对噪声模型建立的影响分析[J]. 中国科学：地球科学，44(11)：2461-2478.

李军，高咏梅，2010. GAMIT、GIPSY和BERNESE软件解算结果的比较研究[J]. 全球定位系统,35(3):5-9.

李英冰,2003.固体地球的环境变化响应[D].武汉:武汉大学.

李征航,黄劲松,2010.GPS 测量与数据处理[M].2 版.武汉:武汉大学出版社.

刘陈希,2017.基于 EMD-ICA 的地震资料去噪方法研究[D].青岛:中国石油大学(华东).

刘大杰,2000.工程测量[J].测绘通报(2):42.

刘大杰,陶本藻,2000.实用测量数据处理方法[M].北京:测绘出版社.

刘经南,刘晖,邹蓉,等,2009.建立全国 CORS 更新国家地心动态参考框架的几点思考[J].武汉大学学报(信息科学版),34(11):1261-1265,1284.

刘霖雯,刘超.江成顺,2007.EMD 新算法及其应用[J].系统仿真学报(2):446-447,464.

卢辰龙,匡翠林,戴吾蛟,等,2014.采用变系数回归模型提取 GPS 坐标序列季节性信号[J].大地测量与地球动力学,34(5):94-100.

鲁铁定,何锦亮,贺小星,等,2024.参数优化变分模态分解的 GNSS 坐标时间序列降噪方法[J].武汉大学学报(信息科学版),49(10):1856-1866.

鲁铁定,罗新赣,孙喜文,2024.改进 BIC 的 GNSS 站坐标时序有色噪声特性分析[J].导航定位学报,12(2):53-61.

鲁铁定,徐华卿,贺小星,等,2023.等价条件闭合差最小范数分量的 GNSS 坐标时间序列噪声估计[J].武汉大学学报(信息科学版),48(8):1331-1339.

鲁铁定,钱文龙,贺小星,等,2020a.一种基于噪声统计特性的改进 EMD 降噪方法[J].测绘通报,(11):71-75.

鲁铁定,钱文龙,贺小星,等,2020b.一种削弱信噪混叠的 EMD 降噪方法[J].大地测量与地球动力学(2):111-116.

鲁铁定,陶蕊,程远明,等,2022.优化 EWT-NLM 的自适应 GNSS 高程时间序列降噪方法[J].大地测量与地球动力学,42(5):451-456.

鲁铁定,汪鑫,卢立果,等,2020.排序对模糊度解算中降相关性能的影响分析[J].大地测量与地球动力学,40(5):470-475.

鲁铁定,汪鑫,鲁春阳,2021.一种改进的 GNSS 高维模糊度快速降相关算法[J].大地测量与地球动力学,41(5):511-515.

鲁铁定,谢建雄,2021a.EEMD-多尺度排列熵的 GPS 高程时间序列降噪方法[J].大地测量与地球动力学,41(2):111-115,220.

鲁铁定,谢建雄,2021b.变分模态分解结合样本熵的变形监测数据降噪[J].大地测量与地球动力学,41(1):1-6.

孟倩,2018.基于随机森林视角的空气质量分类预测[J].重庆工商大学学报(自然科学版),35(3):30-34.

钱荣荣,2016.基于经验模态分解的动态变形数据分析模型研究[D].徐州:中国矿业大学.

钱文龙,鲁铁定,贺小星,等,2020.GPS 高程时间序列降噪分析的改进 EMD 方法[J].大地测量与地球动力学,40(3):242-246,269.

孙喜文,鲁铁定,贺小星,等,2024. 顾及RMLE的GNSS时序噪声特性及环境负载修正[J]. 导航定位学报,12(1):21-27,42.

田云锋,2011. GPS位置时间序列中的中长期误差研究[D]. 北京:中国地震局地质研究所.

田云锋,沈正康,2011. GPS观测网络中共模分量的相关加权叠加滤波[J]. 地震学报(2):198-208.

王国举,尤宝平,2012. GAMIT/GLOBK 10.40在Ubuntu10.10系统下安装详解[J]. 全球定位系统(4):67-70.

王晓飞,王波,陆玉玉,等,2020. 基于Prophet-LSTM模型的PM2.5浓度预测研究[J]. 软件导刊,19(3):133-136.

王兴,刘莹,王春晖,等,2016. 海洋盐度分布的插值方法应用与对比研究[J]. 海洋通报,35(3):324-330.

王振龙,2007. 应用时间序列分析[M]. 北京:科学出版社.

席旭刚,武昊,罗志增,2014. 基于EMD自相关的表面肌电信号消噪方法[J]. 仪器仪表学报,35(11):2494-2500.

肖根如,甘卫军,殷海涛,2010. GIPSY软件的GPS数据处理策略及应用[J]. 地球物理学进展,25(4):1508-1515.

徐杰,孟黎,唐诗华,2008. GAMIT/GLOBK批处理在高精度海量数据处理中的应用[J]. 测绘科学,33(6):187-188.

徐绍铨,张华海,杨志强,等,2008. GPS测量原理与应用[M]. 3版. 武汉:武汉大学出版社.

许家琪,2019. GNSS坐标时间序列噪声模型建立影响因素研究[D]. 南昌:东华理工大学.

燕爱玲,2007. 河川径流时间序列的分形特征研究[D]. 西安:西安理工大学.

杨博,张风霜,韩月萍,2010. GPS连续站水平分量时间序列共模误差识别的欧拉-小波法[J]. 大地测量与地球动力学(3):100-104.

杨厚明,鲁铁定,孙喜文,等,2024. SSA-VMD与小波分解结合的GNSS坐标时序降噪方法[J]. 大地测量与地球动力学,44(4):360-365,390.

杨世锡,胡劲松,吴昭同,等,2004. 基于高次样条插值的经验模态分解方法研究[J]. 浙江大学学报(工学版)(3):12-15.

杨元喜,2010. 北斗卫星导航系统的进展、贡献与挑战[J]. 测绘学报,39(1):1-6.

杨元喜,李金龙,徐君毅,等,2011. 中国北斗卫星导航系统对全球PNT用户的贡献[J]. 科学通报,56(21):1734-1740.

翟笃林,张学民,熊攀,等,2019. Prophet时序预测模型在电离层TEC异常探测中的应用[J]. 地震,39(2):48-64.

占伟,黄立人,刘志广,等,2013. 数据缺失对GNSS时间序列分析的影响[J]. 大地测量与地球动力学,33(2):49-53.

张丹,2014. EMD经验筛法的研究及改进[D]. 石家庄:河北科技大学.

张飞鹏,程宗颐,黄城,等,2002. 利用GPS监测中国地壳的垂向季节性变化[J]. 科学通报

(18):1370-1377,1442.

张恒璟,程鹏飞,2014.基于EEMD的GPS高程时间序列噪声识别与提取[J].大地测量与地球动力学,34(2):79-83.

张凯选,马传宁,2016.结合三次样条和时序模型的桥墩沉降预测[J].测绘科学,41(12):229-232,253.

张明敏,刘盼,周海龙,等,2019.两种高程坐标预测模型的精度对比分析[J].测绘工程,28(4):13-18.

张鹏,蒋志浩,秘金钟,等,2007.我国GPS跟踪站数据处理与时间序列特征分析[J].武汉大学学报(信息科学版)(3):251-254.

张诗玉,钟敏,闫昊明,等,2004.我国GPS基准站地壳垂直位移周年变化的气象激发[J].测绘科学(2):34-36.

张郁山,梁建文,胡聿贤,2003.应用自回归模型处理EMD方法中的边界问题[J].自然科学进展(10):48-53.

赵庆海,杨华忠,万鑫,2009.GPS观测数据质量与观测环境的相关性研究[J].全球定位系统(3):7-10.

钟佑明,秦树人,2006.HHT的理论依据探讨:Hilbert变换的局部乘积定理[J].振动与冲击(2):12-15,19,180.

周江存,孙和平,2007.高精度GPS观测中的负荷效应[J].地球科学进展,22(10):1036-1040.

朱建军,章浙涛,匡翠林,等,2015.一种可靠的小波去噪质量评价指标[J].武汉大学学报(信息科学版),40(5):688-694.

AGNEW D C,1992. The time-domain behavior of power-law noises[J]. J. Geophys. Res.,19(4):333-336.

AKAIKE H,1974. A new look at the statistical model identification. Automatic Control [J]. IEEE Transactions on Automatic Control,19(6):716-723.

ALTAMIMI Z,COLLILIEUX X,MéTIVIER L,2011. ITRF2008:an improved solution of the international terrestrial reference frame[J]. Journal of Geodesy,85(8):457-473.

AMIRI-SIMKOOEI A R,2013. On the nature of GPS draconitic year periodic pattern in multivariate position time series[J]. Journal of Geophysical Research:Solid Earth,118(5):2500-2511.

ANDREW M F,2007. Afterslip(and only afterslip) following the 2004 Parkfield, California,earthquake[J]. Geophysical Research Letters,34(6):16.

BLEWITT G,KREEMER C,HAMMOND W C,et al.,2013. Terrestrial reference frame NA12 for crustal deformation studies in North America[J]. J. Geodyn.,72:11-24.

BLEWITT G,LAVALLEE D,CLARKE P,et al.,2001. A new global mode of Earth deformation:Seasonal cycle detected[J]. Science,294(5550),2342-2345.

BLEWITT G,LAVALLéE D,2002. Effect of annual signals on geodetic velocity[J].

Journal of Geophysical Research: Solid Earth, 107(B7): ETG 9-1-ETG 9-11.

BOCK Y, WDOWINSKI S, FANG P, et al., 1997. Southern California Permanent GPS Geodetic Array: Continuous measurements of regional crustal deformation between the 1992 Landers and 1994 Northridge earthquakes[J]. J. Geophys. Res., 102(B8): 18013-18033.

BOGUSZ J, KLOS A, 2016. On the significance of periodic signals in noise analysis of GPS station coordinates time series[J]. GPS solutions, 20(4): 655-664.

BOS M S, FERNANDES R M S, WILLIAMS S D P, et al., 2008. Fast Error Analysis of Continuous GPS Observation[J]. Journal of Geodesy, 82(3): 157-166.

BOS M S, FERNANDES R M S, WILLIAMS S D P, et al., 2013. Fast error analysis of continuous GNSS observations with missing data[J]. J. Geodesy, 87(4): 351-360.

BOS M S, PENNA N T, BAKER T F, et al., 2015. Ocean tide loading displacements in western Europe: 2. GPS-observed anelastic dispersion in the asthenosphere[J]. J. Geophys. Res., 120(9): 6540-6557.

BOUSQUET J, KHALTAEV N, CRUZ A A, et al., 2008. Allergic rhinitis and its impact on asthma (ARIA) 2008[J]. Allergy, 63: 8-160.

BRUNI S, ZERBINI S, RAICICH F, et al., 2014. Detecting discontinuities in GNSS coordinate time series with STARS: case study, the Bologna and Medicina GPS sites[J]. J. Geodesy, 88(12): 1203-1214.

CHEN Q, HUANG N, RIEMENSCHNEIDER S, et al., 2006. A B-spline approach for empirical mode decompositions [J]. Advances in Computational Mathematics, 24 (1-4): 171-195.

CHEN Q, VAN DAM T, SNEEUW N, et al., 2013. Singular spectrum analysis for modeling seasonal signals from GPS time series[J]. J. Geodyn., 72: 25-35.

COLLILIEUX X, ALTAMIMI Z, COULOT D, et al., 2010. Impact of loading effects on determination of the International Terrestrial Reference Frame[J]. Adv. Space. Res., 45(1): 144-154.

DMITRIEVA K, SEGALL P, DEMETS C, 2015. Network-based estimation of time-dependent noise in GPS position time series[J]. J. Geodesy, 89(6): 591-606.

DONG D, DICKEY J O, CHAO Y, et al., 1997. Geocenter variations caused by atmosphere, ocean and surface ground water[J]. Geophysical Research Letters, 24(15): 1867-1870.

DONG D, FANG P, BOCK Y, et al., 2002. Anatomy of apparent seasonal variations from GPS-derived site position time series[J]. J. Geophys. Res., 107(B4): 20-75.

DONG D, FANG P, BOCK Y, et al., 2006. Spatiotemporal filtering using principal component analysis and Karhunen-Loeve expansion approaches for regional GPS network analysis[J]. J. Geophys. Res., 111(B3): B03405.

DONG D, GROSS R S, DICKEY J O, 1996. Seasonal variations of the Earth's gravitational field:An analysis of atmospheric pressure, ocean tidal, and surface water excitation[J]. Geophys. Res. Lett. ,23(7):725-728.

DRAGERT,H. , WANG, K. , ROGERS, G. , 2004. Geodetic and seismic signatures of episodic tremor and slip in the northern Cascadia subduction zone[J]. Earth, planets and space,56(12):1143-1150.

DUCARME B,TIMOFEEV V Y,EVERAERTS M,et al. ,2008. A Trans-Siberian Tidal Gravity Profile(TSP) for the validation of the ocean tides loading corrections[J]. Journal of Geodynamics,45(2-3):73-82.

FERENC M, NICOLAS J, DAM T V, et al. , 2014. An estimate of the influence of loading effects on tectonic velocities in the Pyrenees[J]. Studia Geophysica et Geodaetica,58(1):56-75.

FUKUMORI I,2002. A partitioned Kalman filter and smoother[J]. Monthly Weather Rev,130:1370-1383.

GAZEAUX J, WILLIAMS S, KING M, et al. , 2013. Detecting offsets in GPS time series:First results from the detection of offsets in GPS experiment[J]. J. Geophys. Res. 118(5):2397-2407.

GRIFFITHS J,RAY J R,2013. Sub-daily alias and draconitic errors in the IGS orbits[J]. GPS solutions,17(3):413-422.

GRIFFITHS J, RAY J, 2016. Impacts of GNSS position offsets on global frame stability,Geophys[J]. J. Int. ,204(1):480-487.

HE X,HUA X,YU K,et al. ,2015. Accuracy enhancement of GPS time series using principal component analysis and block spatial filtering[J]. Adv. Space Res,55(5):1316-1327.

HEKIMOGLU S,KOCH K R,2000. "How can reliability of the test for outliers be measured. "[J]. Allgemeine Vermessungs-Nachrichten,107(7):247-53.

HOSKING J R M,1981. Lagrange-multiplier tests of multivariate time-series models[J]. Journal of the Royal Statistical Society:Series B(Methodological),43(2):219-230.

JIANG W,LI Z,VAN DAM T,et al. ,2013. Comparative analysis of different environmental loading methods and their impacts on the GPS height time series[J]. J. Geodesy,87(7):687-703.

KALNAY E,1996. The NCEP/NCAR 40-year reanalysis project[J]. Bull Am Meteorol Soc,77:437-47.

KASDIN N J,1995. Discrete simulation of colored noise and stochastic processes and 1/f/sup α/power law noise generation[J]. Proc IEEE,83:802-827.

KENYERES A, BRUYNINX C, 2004. EPN coordinate time series monitoring for reference frame maintenance[J]. GPS solutions,8(4):200-209.

KIM S B, LEE T, FUKUMORI I, 2007. Mechanisms Controlling the Interannual Variation of Mixed Layer Temperature Averaged over the Nio-3 Region[J]. J. Climate,20:3822-3843.

KUUSNIEMI H, LACHAPELLE G, TAKALA J H, 2004. Position and velocity reliability testing in degraded GPS signal environments[J]. GPS solute,8(4):226-237.

LANGBEIN J,BOCK Y,2004. High-rate real-time GPS network at Parkfield: Utility for detecting fault slip and seismic displacements[J]. Geophysical Research Letters,31(15):289-302.

LANGBEIN J, JOHNSON H, 1997. Correlated errors in geodetic time series: Implications for time-dependent deformation[J]. J. Geophys. Res. ,102(B1):591-603.

LI Z, JIANG W, DING W, et al. , 2014. Estimates of Minor Ocean Tide Loading Displacement and Its Impact on Continuous GPS Coordinate Time Series[J]. Sensors,14(3): 5552-5572.

MANGIAROTTI S, CAZENAVE A, SOUDARIN L, et al. , 2001. Annual vertical crustal motions predicted from surface mass redistribution and observed by space geodesy [J]. Journal of Geophysical Research:Solid Earth(1978—2012),106(B3):4277-4291.

MANGIAROTTI S, CAZENAVE A, SOUDERAUB L, et al. , 2001. Annual vertical crustal motions predicted from surface mass redistributions and observed by space geodesy [J]. J. Geophys. Res,106:4277.

MAO A,HARRISON C G,DIXON T H,1999. Noise in GPS coordinate time series[J]. J. Geophys. Res. ,104(B2):2797-2816.

NIKOLAIDIS R,2002. Observation of geodetic and seismic deformation with the Global Positioning System[D]. San Diego:University of California.

OLIVARES G,TEFERLE F N,2013. A Bayesian Monte Carlo Markov chain method for parameter estimation of fractional differenced Gaussian processes[J]. IEEE T SIGNAL PROCES. ,61(9):2405-2412.

PENNA N T,STEWART M P,2003. Aliased tidal signatures in continuous GPS height time series[J]. Geophysical research letters,30(23):2184.

RAY J, ALTAMIMI Z, COLLILIEUX X, et al. , 2008. Anomalous harmonics in the spectra of GPS position estimates[J]. GPS Solut. ,12(1):55-64.

RAY J,GRIFFITHS J,COLLILIEUX X, et al. ,2013. Subseasonal GNSS positioning errors[J]. Geophysical Research Letters,40(22):5854-5860.

RIETBOEK R,FRITSCHE M,BRUNNABEND S E,et al. ,2012. Global surface mass from a new combination of GRACE,modelled OBP and reprocessed GPS data[J]. Journal of Geodynamics,59/60:64-71.

RODELL M,HOUSER P R,JAMBOR U,et al. ,2004. The Global Land Data Assimilation System[J]. Bull. Amer. Meteor. Soc. ,85(3):381-394.

SCARGLE J D,1982. Studies in astronomical time series analysis. Ⅱ-Statistical aspects of spectral analysis of unevenly spaced data[J]. The Astrophysical Journal,263:835-853.

SCHAFFRIN B,BOCK Y,1988. A unified scheme for processing GPS phase observations [J]. Bulletin Geodesique,62:142-160.

SCHWARZ G E, 1978. Estimating the dimension of a model[J]. The annals of statistics, 6(2):461-464.

TAYLOR S J, LETHAM B, 2017. Forecasting at scale[J]. American Statistician, 72(1): 100-108.

TREGONING P, VAN DAM T M, 2005. Effects of atmospheric pressure loading and seven-parameter transformations on estimates of geocenter motion and station heights from space geodetic observations[J]. Geophys. Res., 110:3408.

VAGHEFI M, MAHMOODI K, AKBARI M, 2019. Detection of outlier in 3D flow velocity collection in an open-channel bend using various data mining techniques[J]. Iranian Journal of Science and Technology-Transactions of Civil Engineering, 43(2):197-214.

VAN DAM T M, HERRING T A, 1994. Detection of atmospheric pressure loading using very long baseline interferometry measurements[J]. J. Geophys. Res., 99:4505-5417.

VAN DAM T M, WAHR J, 1987. Displacements of the earth′s surface due to atmospheric loading: Effects on gravity and baseline measurements[J]. J. Geophys. Res., 92: 1282-1256.

VAN DAM T, COLLILIEUX X, WUITE J, et al., 2012. Nontidal ocean loading: amplitudes and potential effects in GPS height time series[J]. Journal of Geodesy, 86(11): 1043-1057.

WANG W, ZHAO B, WANG Q, et al., 2012. Noise analysis of continuous GPS coordinate time series for CMONOC[J]. Adv. Space. Res., 49(5):943-956.

WDOWINSKI S, BOCK Y, ZHANG J, et al., 1997. Southern California permanent GPS geodetic array: Spatial filtering of daily positions for estimating coseismic and postseismic displacements induced by the 1992 landers earthquake[J]. Journal of Geophysical Research: Solid Earth, 102(B8):18057-18070.

WILLIAMS S D P, 2003. The effect of coloured noise on the uncertainties of rates estimated from geodetic time series[J]. J. Geodesy, 76(9-10):483-494.

ZHANG J, BOCK Y, JOHNSON H, et al., 1997. Southern California Permanent GPS Geodetic Array: Error analysis of daily position estimates and site velocities[J]. J. Geophys. Res., 102(B8):18035-18055.

ZUMBERGE J F, HEFLIN M B, JEFFERSON D C, et al., 1997. Precise point positioning for the efficient and robust analysis of GPS data from large networks[J]. J. Geophys. Res., 102(B3):5005-5017.